高等职业院校技能应用型教材·软件技术系列

C语言程序设计
（第4版）（微课版）

章晓勤　主　编
王　林　副主编

电子工业出版社
Publishing House of Electronics Industry
北京·BEIJING

内 容 简 介

如何让读者在短时间内掌握C语言程序设计的方法，是编者编写本书的目的。本书包括10章：第1~3章介绍C语言的基础知识及基本程序结构；第4~6章着重介绍数组、指针和函数的相关内容；第7章简要介绍编译预处理；第8章介绍结构体和链表；第9章介绍文件的相关内容；第10章介绍实训项目。

本书内容实用且通俗易读，体系合理，既可作为高等职业院校学生的C语言课程的教材，也可作为培训机构的教材。

未经许可，不得以任何方式复制或抄袭本书之部分或全部内容。
版权所有，侵权必究。

图书在版编目（CIP）数据

C语言程序设计：微课版 / 章晓勤主编．—4版．—北京：电子工业出版社，2023.5
ISBN 978-7-121-44976-5

Ⅰ．①C… Ⅱ．①章… Ⅲ．①C语言－程序设计－高等学校－教材 Ⅳ．①TP312.8

中国国家版本馆CIP数据核字（2023）第017557号

责任编辑：薛华强　　　　特约编辑：田学清
印　　刷：三河市双峰印刷装订有限公司
装　　订：三河市双峰印刷装订有限公司
出版发行：电子工业出版社
　　　　　北京市海淀区万寿路173信箱　　邮编：100036
开　　本：787×1092　1/16　印张：20　字数：512千字
版　　次：2004年9月第1版
　　　　　2023年5月第4版
印　　次：2023年7月第2次印刷
定　　价：59.80元

凡所购买电子工业出版社图书有缺损问题，请向购买书店调换。若书店售缺，请与本社发行部联系，联系及邮购电话：（010）88254888，88258888。
质量投诉请发邮件至zlts@phei.com.cn，盗版侵权举报请发邮件至dbqq@phei.com.cn。
本书咨询联系方式：（010）88254569，xuehq@phei.com.cn，QQ1140210769。

前言

C语言是目前应用范围最广、使用人数最多的高级程序设计语言,也是学习程序设计语言的首选。"C语言程序设计"是计算机、电子等相关专业的必修课程。本书的前3版曾是安徽省省级高校教学研究项目"任务驱动—两段教学模式"实践的结晶,也曾获得省级优秀教学成果奖、省级优秀教材奖、省级规划教材等荣誉称号。本书在第3版的基础上进行修订。

本书总结了编者多年的教学经验,采用以实例为先导、注重实际应用的模式。编者充分考虑了读者的知识能力和接受水平,采取精选内容、分散难点、由浅入深的写作思路,通过大量的例题和实训帮助读者掌握复杂的概念。各章的实训力求增加任务的趣味性,从而激发读者学习的积极性。在章节的编排上,力求结构合理;在例题的选取上,力求先易后难、结合实际。本书将实例与知识点、算法和实训相结合,以提高读者的动手能力。

本书使用的C语言编译系统为Dev-C++,同时介绍了Visual C++ 2010开发环境的使用。本书中的所有源程序均符合C99标准。与其他教材相比,本书具有以下特点。

(1)以实例为先导,强化实践、突出技能。充分考虑了高等职业院校学生的学习基础、学习习惯和接受能力,以实例为先导、注重实际应用,并且体现职业性特色。通过大量的例题,实用、有趣的实训和课程设计,激发学生学习的兴趣,提高学生学习的积极性、主动性。

(2)体现"教、学、做"一体化的教学模式。充分体现"教、学、做"一体化的教学模式,并且按照以下顺序编写:提出问题→解决问题→分析问题→引入知识点→内容详解。通过问题的提出,引起学生的好奇心;通过解决问题的源程序代码,激发学生的探究心理;通过分析问题,引入新的知识点,并对内容进行详细介绍,让学生可以充分掌握知识,进而提升获得感。学生能够在"做"中"学",逐步掌握程序设计的基本技能。

(3)通俗易懂、深入浅出、易教易学。在内容的编排上,结构清晰,内容前导与后续过渡自然,对初学者容易混淆的概念进行了重点提示和讲解,便于教师指导和学生自学。在例题的选取上,先易后难、深入浅出,注重实训、课程设计与知识点的结合,提高学生的动手能力。在文字的叙述上,条理清晰,语言流畅,便于阅读。

(4)增加了校企合作开发的实训项目。第10章是校企合作开发的实训项目,该项目在安徽电子信息职业技术学院"科大讯飞班"已经连续使用多次,实训效果得到了明显提升。

(5)增加了微课资源。在每章的重要知识点、经典算法和趣味例题等方面,增加微课二维码,方便学生学习进而巩固学习效果。

教师可以根据实际情况自行安排学时数。在学习过程中，例题、知识点和实训应同步进行。根据学时情况，有些实训和课程设计可以在教师指点后放到课余时间学习。

本书由章晓勤担任主编并负责总体设计，由王林担任副主编，杨军、刘影、张红梅、彭莉芬、夏红霞、李媛媛、夏克付参与编写。其中，第1章和第7章由王林编写，第2章和第3章由章晓勤编写，第4章由杨军编写，第5章和第10章由刘影编写，第6章由张红梅编写，第8章由彭莉芬编写，第9章和附录由夏红霞编写。

帮助读者轻松学习C语言是编者编写本书的宗旨，但由于编者水平有限，书中难免存在不足之处，恳请各位读者批评指正。

编　者

目 录

第1章 C语言概述···1
1.1 C语言产生的背景··1
1.2 C语言的特点···2
1.3 C语言程序的结构··2
    1.3.1 C语言程序的基本单位···2
    1.3.2 C语言函数的格式···2
    1.3.3 关键字··4
1.4 C语言程序的集成开发环境··5
    1.4.1 Dev-C++的安装和使用··5
    1.4.2 Visual C++ 2010 的安装和使用···9
    实训1 认识C语言程序··16
本章小结··17
习题1···17

第2章 数据类型、运算符与表达式···19
2.1 C语言的数据类型···19
2.2 常量与变量···20
    2.2.1 直接常量和符号常量··20
    2.2.2 变量··22
    2.2.3 常变量··22
2.3 整型数据···23
    2.3.1 整型常量··23
    2.3.2 整型变量··24
    实训2 使用整型数据···27
2.4 实型数据···28
    2.4.1 实型常量··28
    2.4.2 实型变量··29
    实训3 使用实型数据···30

2.5 字符型数据 ··· 31
2.5.1 字符常量 ··· 31
2.5.2 字符变量 ··· 32
2.5.3 字符串常量 ··· 34
实训 4 使用字符型数据 ··· 35
2.6 算术运算符和算术表达式 ··· 36
2.7 赋值运算符和赋值表达式 ··· 38
2.8 关系运算符和关系表达式 ··· 43
2.9 逻辑运算符与逻辑表达式 ··· 44
2.10 逗号运算符和逗号表达式 ··· 46
2.11 位运算 ··· 47
2.11.1 位逻辑运算符 ··· 48
2.11.2 移位运算符 ··· 50
2.11.3 位赋值运算符 ··· 50
2.11.4 不同长度的数据进行位运算 ··· 51
实训 5 使用运算符和表达式 ··· 51
本章小结 ··· 54
习题 2 ··· 54

第 3 章 基本程序结构 ··· 58
3.1 C 语言程序的 3 种基本结构 ··· 58
3.2 C 语言语句 ··· 59
3.2.1 C 语言语句的类型 ··· 59
3.2.2 赋值语句 ··· 60
3.3 数据的输入/输出 ··· 61
3.3.1 字符输入/输出函数——putchar()函数和 getchar()函数 ··· 61
3.3.2 格式输入/输出函数——printf()函数和 scanf()函数 ··· 63
实训 6 使用输入/输出函数 ··· 69
3.4 顺序结构的程序设计 ··· 72
3.5 选择结构的程序设计 ··· 73
3.5.1 if 语句 ··· 73
3.5.2 switch 语句 ··· 78
实训 7 if 语句和 switch 语句的使用 ··· 80
3.6 循环结构的程序设计 ··· 85
3.6.1 goto 语句 ··· 85
3.6.2 while 语句、do-while 语句和 for 语句 ··· 86
3.6.3 循环语句的嵌套结构 ··· 91
3.6.4 break 语句和 continue 语句 ··· 93

实训 8　while 语句、do-while 语句和 for 语句的使用 ··············· 95
　课程设计 1　猜数字游戏 ··· 103
　本章小结 ··· 105
　习题 3 ··· 105

第 4 章　数组 ··· 111

　4.1　一维数组 ·· 111
　　　4.1.1　一维数组的定义、引用和初始化 ······························· 112
　　　4.1.2　一维数组的应用 ·· 116
　　　实训 9　一维数组的使用 ·· 117
　4.2　二维数组 ·· 121
　　　4.2.1　二维数组的定义 ·· 122
　　　4.2.2　二维数组的引用 ·· 122
　　　4.2.3　二维数组的初始化 ·· 123
　　　实训 10　二维数组的使用 ··· 124
　4.3　字符数组 ·· 128
　　　4.3.1　字符数组的定义、引用和初始化 ······························· 128
　　　4.3.2　字符串的输入/输出 ··· 129
　　　4.3.3　字符串处理函数 ·· 131
　　　实训 11　字符数组的使用 ··· 133
　课程设计 2　数组的增、删、改、查 ······································· 134
　本章小结 ··· 136
　习题 4 ··· 137

第 5 章　指针 ··· 143

　5.1　指针和指针变量 ·· 143
　　　5.1.1　变量的地址 ·· 143
　　　5.1.2　变量的指针和指针变量 ··· 144
　　　5.1.3　取地址运算符和指针运算符 ··································· 144
　　　实训 12　指针的初步应用 ··· 145
　5.2　指针与数组 ··· 146
　　　5.2.1　指针与一维数组 ·· 146
　　　5.2.2　指针与二维数组 ·· 149
　　　5.2.3　指针数组和指向指针的指针 ··································· 151
　　　5.2.4　指针数组作为 main()函数的形参 ····························· 153
　　　实训 13　指针的应用 ··· 154
　本章小结 ··· 158
　习题 5 ··· 158

第 6 章 函数 164

6.1 函数的定义 164
实训 14 建立和使用函数 166

6.2 函数的参数与返回值 168
6.2.1 形式参数与实际参数 168
6.2.2 参数的值传递方式和地址传递方式 169
实训 15 参数的值传递方式和地址传递方式的应用 171
6.2.3 参数类型 172
实训 16 函数参数传递的方式 174
6.2.4 函数的返回值 175
实训 17 函数的返回值的应用 176

6.3 函数的调用 178
6.3.1 调用函数的基本问题 178
6.3.2 函数的嵌套调用 180
6.3.3 函数的递归调用 181
实训 18 嵌套调用与递归调用的实现 183

6.4 函数与指针 185
6.4.1 返回指针值的函数 185
6.4.2 指向函数的指针 186

6.5 变量作用域和存储类别 188
6.5.1 局部变量 188
6.5.2 全局变量 189
6.5.3 变量的存储类别 191
实训 19 局部变量和全局变量的使用 194

6.6 内部函数和外部函数 195
6.6.1 内部函数 195
6.6.2 外部函数 195

课程设计 3 模拟自动取款机 196
本章小结 199
习题 6 200

第 7 章 编译预处理 204

7.1 预处理命令概述 204
7.2 宏定义 205
7.2.1 不带参数的宏定义 205
7.2.2 带参数的宏定义 207
7.3 文件包含 210

7.4 条件编译 ··· 211
    实训 20　定义宏和使用宏 ·· 213
本章小结 ··· 216
习题 7 ·· 216

第 8 章　结构体和链表 ·· 220

8.1 结构体 ··· 220
    8.1.1　结构体的定义、引用和初始化 ································· 220
    8.1.2　结构体数组和结构体指针 ·· 227
    8.1.3　结构体与函数 ·· 230
    实训 21　结构体的应用 ·· 233
8.2 链表 ··· 234
    8.2.1　链表的概念 ··· 234
    8.2.2　链表的实现 ··· 235
    8.2.3　链表的操作 ··· 238
8.3 共用体类型和枚举类型 ·· 242
    8.3.1　共用体类型的定义、使用和初始化 ···························· 242
    8.3.2　枚举类型的定义、使用和初始化 ······························· 244
8.4 类型定义 ·· 245
课程设计 4　学生管理程序 ··· 246
本章小结 ··· 251
习题 8 ·· 251

第 9 章　文件 ··· 256

9.1 文件类型指针 ·· 258
9.2 文件的打开与关闭 ·· 259
9.3 文件的读/写操作 ·· 261
    实训 22　文件加密程序的实现及文件的读/写操作 ················ 264
9.4 文件定位与出错检测 ··· 269
    9.4.1　文件定位函数——fseek()函数 ··································· 269
    9.4.2　出错检测函数——ferror()函数 ·································· 269
9.5 其他文件函数 ·· 270
    实训 23　文件定位操作 ·· 271
课程设计 5　学生管理程序（文件版本） ································ 273
本章小结 ··· 278
习题 9 ·· 279

第 10 章 实训项目 ·················· 281

10.1 趣味程序 ·················· 281
10.1.1 移动的心 ·················· 281
10.1.2 彩色文字 ·················· 284
10.1.3 五子棋 ·················· 285
10.1.4 姓名大作战 ·················· 289

10.2 密码管理系统 ·················· 291
10.2.1 系统基本需求 ·················· 291
10.2.2 结构设计 ·················· 295
10.2.3 功能函数的实现 ·················· 296
10.2.4 项目总结 ·················· 301

附录 A 常用字符与标准 ASCII 码的对照表 ·················· 302

附录 B 运算符的优先级和结合性 ·················· 304

附录 C 常用库函数 ·················· 306

第1章 C语言概述

1.1 C语言产生的背景

C语言的原型为ALGOL 60语言（简称A语言）。经过不断地简化、提炼，贝尔实验室的Dennis M. Ritchie最终设计出了一种新的语言——C语言，并且在安装UNIX系统的DEC PDP-11计算机上首次实现。C语言的发展历程如下。

1963年，剑桥大学将ALGOL 60语言发展为CPL。1967年，剑桥大学的Martin Richards对CPL进行简化，产生了BCPL（Basic Combined Programming Language）。1970年，贝尔实验室的Ken Thompson在BCPL的基础上设计出了比较先进的语言，并取名为B语言，但B语言过于简单，功能有限。1973年，贝尔实验室的Dennis M. Ritchie又在B语言的基础上设计出了C语言。C语言既保持了BCPL和B语言的精练，以及接近硬件的优点，又克服了它们过于简单、数据无类型等的缺点。

C语言是一种面向过程的计算机程序设计语言，是目前众多计算机语言中优秀的结构化程序设计语言之一。C语言发展迅速，之所以成为最受欢迎的语言之一，主要是因为它具有强大的功能。许多系统软件（如DBASE IV）都是使用C语言编写的。在C语言诞生以前，系统软件主要是使用汇编语言编写的。虽然使用汇编语言可以实现对计算机硬件的直接操作，但是需要依赖计算机硬件，可读性和可移植性都很差。一般的高级语言难以实现对计算机硬件的直接操作，所以人们希望有一种计算机语言既有高级语言的优点，又有低级语言的功能，C语言就是在这种背景下产生的。

随着微型计算机的普及，出现了许多C语言版本。但是由于没有统一的标准，因此这些C语言之间存在一些不一致的地方。为了改变这种情况，美国国家标准协会（American National Standards Institute，ANSI）于1989年发布了第一个完整的C语言标准——ANSI C，简称C89，1990年该标准被国际标准化组织（International Organization for Standardization，ISO）采纳，随后在做了一些必要的修正和完善后，ISO又于1999年发布了C99标准。C99

标准得到了几乎所有编译器的支持，本书中的所有源程序也都符合 C99 标准。

1983 年，在 C 语言的基础上，贝尔实验室的 Bjarne Strou-strup 推出了 C++。C++进一步扩充和完善了 C 语言，成为一种面向对象的程序设计语言。

1.2　C 语言的特点

1. C 语言是中级语言

C 语言把高级语言的基本结构和语句与低级语言的实用性结合起来，可以像汇编语言一样对位、字节和地址进行操作。

2. C 语言是结构化语言

结构化语言的特点是程序的各部分除必要的数据交流外彼此独立。这种结构化方式可以使程序层次清晰，便于程序员使用、维护及调试。同时，C 语言是以函数形式提供给用户的，这些函数不仅方便调用，还具有多种循环、条件语句控制程序流向，从而使程序完全结构化。

3. C 语言功能齐全

C 语言具有多种数据类型，并引入了指针，可以使程序效率更高。C 语言也具有强大的图形功能，以及较强的计算功能、逻辑判断功能等。

4. C 语言适用范围广

C 语言可以用于开发许多系统软件和大型应用软件，如 UNIX 系统、Linux 系统等。在程序需要对硬件进行操作的场合，C 语言明显优于其他高级语言，各种硬件设备的驱动程序（如显卡驱动程序、打印机驱动程序）都是用 C 语言编写的。C 语言在图形图像、动画处理、数值计算、嵌入式系统、网络通信程序、游戏软件开发等领域也具有广泛的应用。

总的来说，C 语言的优势在于：简洁、紧凑、灵活方便；运算符、数据结构丰富；语法限制不太严格，程序自由度大；可以直接对硬件进行操作；程序执行效率高；可移植性好等。

凡事有利必有弊，C 语言也具有一定的缺点，如数据安全性不高等。

1.3　C 语言程序的结构

1.3.1　C 语言程序的基本单位

组成 C 语言程序的基本单位是函数。每个 C 语言程序都是由一个主函数（main()）和若干其他函数组成的，或者仅由 main()函数构成。

C 语言程序的结构

1.3.2　C 语言函数的格式

函数类型　函数名(形参表)

```
{
    函数体
}
```

为了说明 C 语言程序的结构的特点，下面先介绍几个程序。这几个程序由简到难，体现了 C 语言程序在组成结构上的特点。读者可以通过这几个例题来了解 C 语言程序的基本结构和书写格式。

【例 1.1】仅由 main()函数构成的 C 语言程序示例一。

```
#include <stdio.h>
int main()
{
    printf("Hello,world!\n");
    return 0;
}
```

程序的运行结果如下：

```
Hello,world!
```

注意：

（1）C 语言程序的基本单位是函数。函数也叫模块，是完成某个整体功能的最小单位。

（2）C 语言函数从左花括号"{"开始，到对应的右花括号"}"结束。

【例 1.2】仅由 main()函数构成的 C 语言程序示例二。

```
#include <stdio.h>              //载入头文件 stdio.h
int main()                      //求两数之和
{
    int a,b,sum;
    a=123;
    b=321;
    sum=a+b;
    printf("sum=%d\n",sum);
    return 0;
}
```

程序的运行结果如下：

```
sum=444
```

注意：

（1）语句是组成 C 语言函数的基本单位，具有独立的程序功能，每条语句必须以分号结尾。

（2）以"//"为标记的称为注释语句，注释语句不是 C 语言的语句，只是对程序进行解释说明，不会被系统编译和执行。它的目的主要是帮助程序员阅读和理解程序，增强程序的可读性。除了这种写法，还可以使用"/* */"作为注释标记。

（3）书写风格。

① 书写位置：在一行中可以编写多条语句，每条语句之间用分号隔开；注释语句可以出现在任何位置。

② 缩进格式：属于不同层次结构的语句通常从不同的位置开始，按照阶梯状编写，使程序的结构清晰，易于阅读。

【例 1.3】 由 main()函数和一个其他函数 max()构成的 C 语言程序示例三。

```c
#include <stdio.h>
int max(int x, int y)              //定义函数 max()
{
    int z;
    if (x>y) z=x;
    else z=y;
    return z;
}
int main()
{
    int n1, n2, z;
    printf("Input two numbers: ");
    scanf("%d,%d", &n1,&n2);
    z= max(n1, n2);                //函数调用
    printf("max=%d\n",z);          //输出函数的返回值
    return 0;
}
```

运行程序，根据提示进行操作：

```
Input two numbers: 3,8↙      //符号"↙"表示按 Enter 键
max = 8
```

注意：

（1）max()是用户自定义函数，定义之后可以在程序中调用。

（2）printf()是由系统定义的标准函数，无须定义在程序中，可以直接调用。

（3）main()函数可以在任何位置。C 语言程序执行时总是从 main()函数开始，最后以 main()函数结束。一个程序中有且只能有一个 main()函数。

1.3.3 关键字

将上面程序中出现的 int、if、return 称为关键字。关键字是由 C 语言规定的具有特定作用的字符串，又称为保留字。通过学习后面各章，读者会逐渐了解它们的含义，并掌握它们的正确用法。C 语言中的关键字共有 37 个，根据关键字的作用，可以分为数据类型关键字、控制语句关键字、存储类型关键字、其他关键字 4 类，以及 C99 标准中新增的关键字。

（1）数据类型关键字（12 个）：int、long、short、char、float、double、enum、signed、struct、union、unsigned 和 void。

（2）控制语句关键字（12 个）：break、case、continue、default、do、else、for、goto、if、return、switch 和 while。

（3）存储类型关键字（4 个）：auto、extern、register 和 static。

（4）其他关键字（4个）：const、sizeof、typedef 和 volatile。
（5）C99 标准中新增的关键字（5个）：inline、restrict、_Bool、_Complex 和 _Imaginary。

1.4　C 语言程序的集成开发环境

常见的 C 语言程序的集成开发环境有 Turbo C、Win-Tc、Borland C++、Visual C++、Dev-C++和 GCC 等。为了方便读者更好地进行 C 语言编程实践，本章将对 Dev-C++和 Visual C++ 2010 这两种集成开发环境的使用进行介绍。

在集成开发环境中运行一个 C 语言程序的大致过程如下：新建文件→编辑程序→编译→连接→运行，详细步骤如下。

（1）启动并进入 C 语言程序集成开发环境。

（2）新建一个 C 语言程序的源文件（文件扩展名为.c）。

（3）进入程序编辑界面，输入源程序。

（4）对源程序进行编译。若编译成功，则进行下一步操作；否则先返回编辑界面修改源程序，再重新编译，直至编译成功。编译成功后文件的扩展名为.obj。

（5）与库函数进行连接。若连接成功，则进行下一步操作；否则先返回编辑界面修改源程序，再重新连接，直至连接成功。连接成功后生成可执行文件，其扩展名为.exe。

（6）运行可执行程序。通过观察程序的运行结果，验证程序的正确性。若不是预期结果，则说明出现逻辑错误，必须先修改源程序，再重新编译、连接和运行，重复该过程，直至程序正确。

（7）当新建文件时，必须指定文件名称以.c 作为扩展名，这样编译系统才会按照 C 语言的语法标准进行编译。否则，创建出来的文件为 C++文件，系统编译可能会出现错误。

1.4.1　Dev-C++的安装和使用

Dev-C++（Dev-Cpp）是 Windows 环境下的轻量级 C/C++ 集成开发环境，集成了功能强大的源码编辑器、MingW64/ TDM-GCC 编译器、GDB 调试器和 AStyle 格式整理器等众多自由软件，适合 C/C++初学者使用，近年来越来越受到人们的喜爱。另外，Dev-C++是目前大多数程序设计竞赛的指定上机开发环境。本书实训部分的内容默认使用 Dev-C++作为集成开发环境。

Dev-C++的安装和使用

1. 安装 Dev-C++

Dev-C++是一款自由软件，可以从互联网上免费获取其安装程序。在安装 Dev-C++的过程中采用默认设置，按照提示一步步操作即可。可以将 Dev-C++安装在任意位置，但是路径中最好不要包含中文字符。安装完成后，首次启动 Dev-C++还需要进行语言、字体和主题风格的设置。语言建议设置为简体中文，如图 1.1 所示，字体和主题风格选择默认设置即可，如图 1.2 所示。

Dev-C++安装完成后，初始界面如图 1.3 所示。

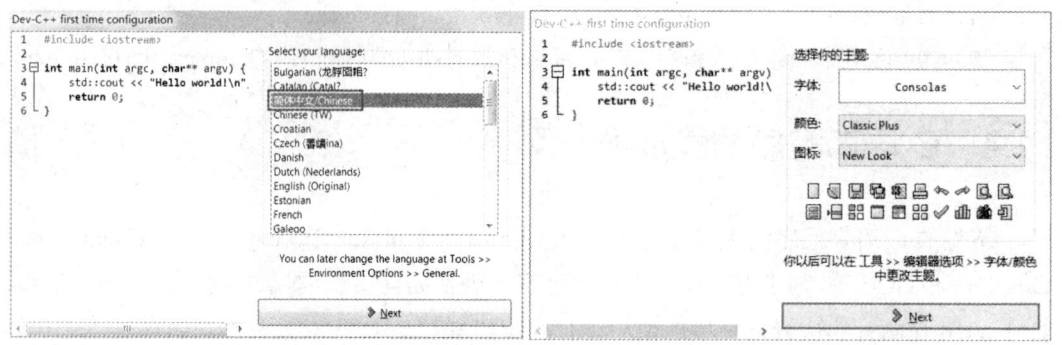

图 1.1 设置语言

图 1.2 设置字体和主题风格

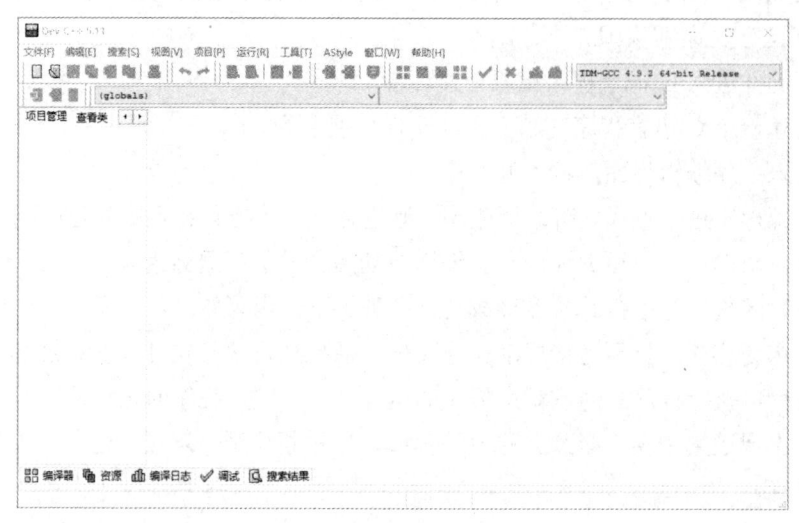

图 1.3 初始界面

2．新建源文件

在 Dev-C++的菜单栏中选择"文件"→"新建"→"源代码"命令，或者按 Ctrl+N 组合键，新建一个空白的源文件，如图 1.4 所示。

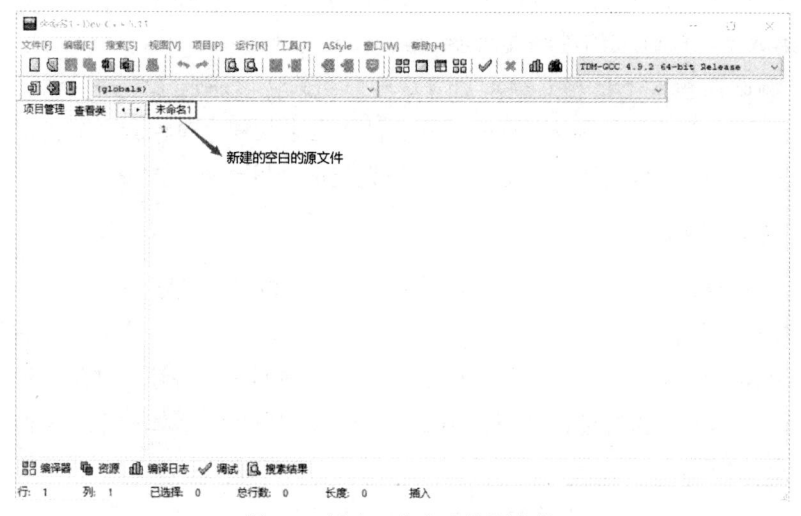

图 1.4 新建一个空白的源文件

3. 编辑程序

在空白的源文件中输入 C 语言程序的代码，如图 1.5 所示。

图 1.5　输入 C 语言程序的代码

操作提示：代码的字号可以在按住 Ctrl 键的同时，滑动鼠标滚轮进行放大或缩小。

在 Dev-C++的菜单栏中选择"文件"→"保存"命令，或者按 Ctrl+S 组合键，保存源文件。Dev-C++默认将文件保存为 C++程序源文件（后缀名为.cpp），而 C 语言程序源文件的后缀名为.c，在保存源文件时，一定要手动添加源文件的后缀名.c。本例的文件名为 hello.c，如图 1.6 所示。

4. 编译程序

在 Dev-C++的菜单栏中选择"运行"→"编译"命令，或者按 F9 键，就可以完成 hello.c 源文件的编译工作。如果代码没有错误，则在下方的"编译日志"选项卡中可以看到编译成功的提示，如图 1.7 所示。

图 1.6　保存源文件

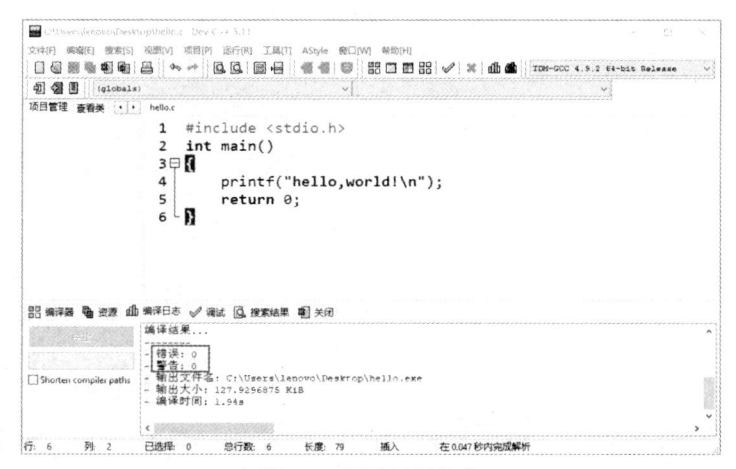

图 1.7　程序编译结果

编译完成后，打开源文件所在的目录，可以看到多了一个名为 hello.exe 的文件，这就是最终生成的可执行文件。之所以没有看到目标文件，是因为 Dev-C++将编译和连接这两个步骤合二为一，将它们统称为编译，并且在连接完成后删除了目标文件。

5．运行程序

在 Dev-C++的菜单栏中选择"运行"→"运行"命令，或者按 F10 键，就可以运行上一步生成的 hello.exe 文件，查看程序的输出结果，如图 1.8 所示。

图 1.8 程序的输出结果

一般使用菜单栏中的"运行"→"编译运行"命令，或者按 F11 键，这样就能够一键完成编译→连接→运行的全过程，更加便捷，效率也更高。

6．调试程序

程序编译过程中出现错误，如果是简单的语法错误，那么 Dev-C++会对出错行进行高亮显示，修改程序上下文中的错误后，重新编译程序。如图 1.9 所示，第 5 行的编译错误提示是第 4 行末尾缺失 ";" 导致的。根据编译错误提示进行程序的查错和改错，可以在具体实践中逐步积累经验。

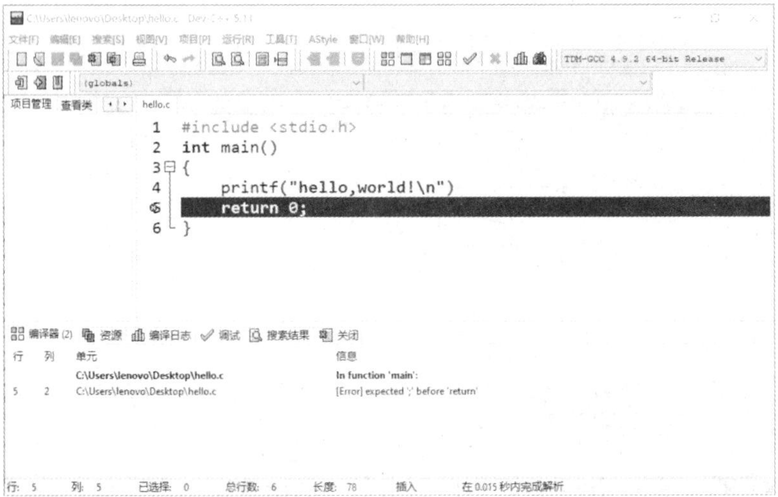

图 1.9 编译错误提示

Dev-C++还具有强大的断点调试功能，限于篇幅，更多更详细的使用技巧请读者自行查阅 Dev-C++的帮助文档。

1.4.2 Visual C++ 2010 的安装和使用

Visual C++是 Microsoft 推出的基于 Windows 平台、可视化的集成开发环境。Visual C++的源程序按照 C++的要求编写，同时支持几乎全部的 C 语言功能，并且加入了 Microsoft 提供的 MFC（Microsoft Foundation Class）类库。MFC 类库中封装了大部分 Windows API 函数和 Windows 控件，包含的功能涉及整个 Windows 系统。这样，开发人员不必从头设计和管理一个标准 Windows 应用程序所需的程序，而是从一个比较高的起点编程，故节省了大量的时间。另外，MFC 类库中提供了大量的代码，用于指导用户在编程时实现某些技术和功能。因此，使用 Visual C++提供的高度可视化的应用程序开发工具和 MFC 类库，可以使应用程序开发变得简单。

Visual C++2010 的安装和使用

2018 年 3 月，教育部考试中心决定将全国计算机等级考试的 C 语言上机环境由此前的 Visual C++ 6.0 改为 Visual C++ 2010 学习版。

1. 安装 Visual C++ 2010

解压缩 Visual C++ 2010 Express 安装包，双击 autorun.exe 程序开始安装，进入"欢迎使用安装程序"界面，取消勾选"是，向 Microsoft Corporation 发送有关我的安装体验的信息"复选框，单击"下一步"按钮，如图 1.10 所示。

选中"我已阅读并接受许可条款"单选按钮，单击"下一步"按钮，如图 1.11 所示。

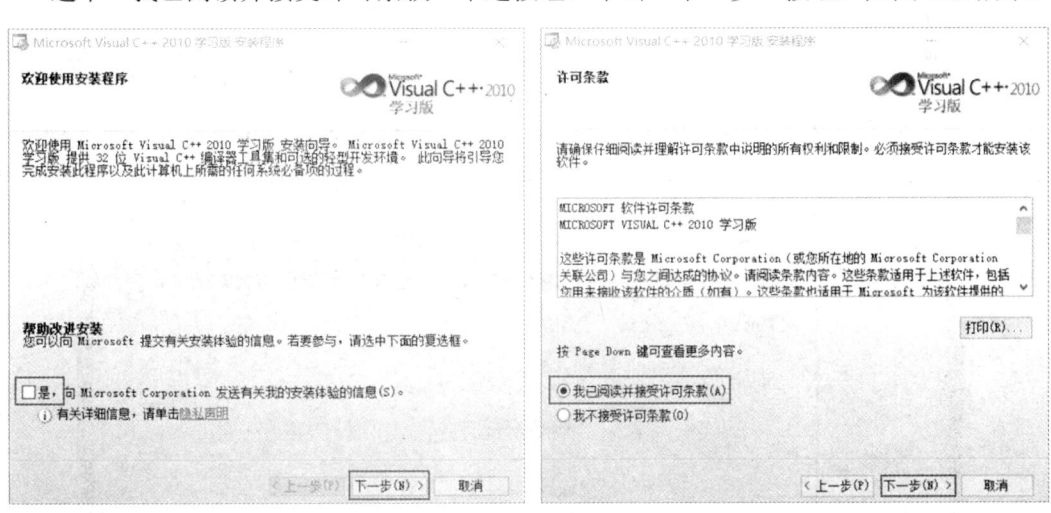

图 1.10 安装程序欢迎界面   图 1.11 "许可条款"界面

取消勾选"安装选项"界面中的复选框，单击"下一步"按钮，如图 1.12 所示。

建议将 Visual C++ 2010 安装到默认位置，若需要安装到其他磁盘，则直接把默认路径前面的 C 磁盘符改为其他的磁盘符，如图 1.13 所示。

等待下载需要的安装包，下载完成后会自动开始安装，如图 1.14 所示。

安装完成后单击"退出"按钮，如图 1.15 所示。

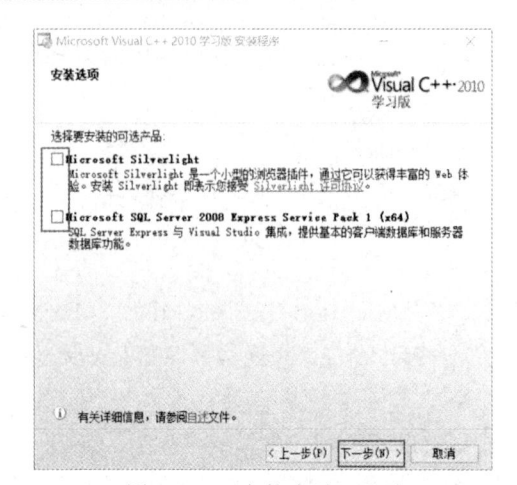

图1.12 "安装选项"界面

图1.13 选择安装路径

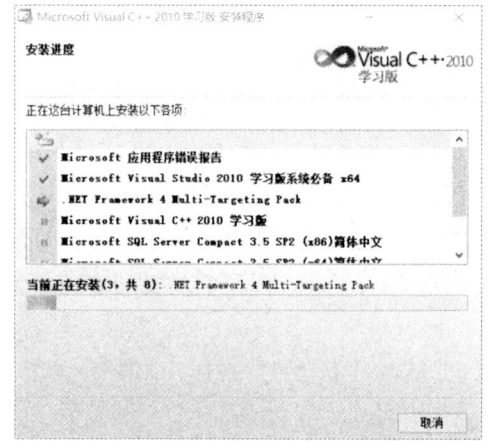

图1.14 "安装进度"界面

图1.15 "安装完成"界面

在计算机桌面的"开始"菜单中找到"Microsoft Visual Studio 2010 Express"文件夹，启动"Microsoft Visual C++ 2010 Express"，软件起始界面如图1.16所示。

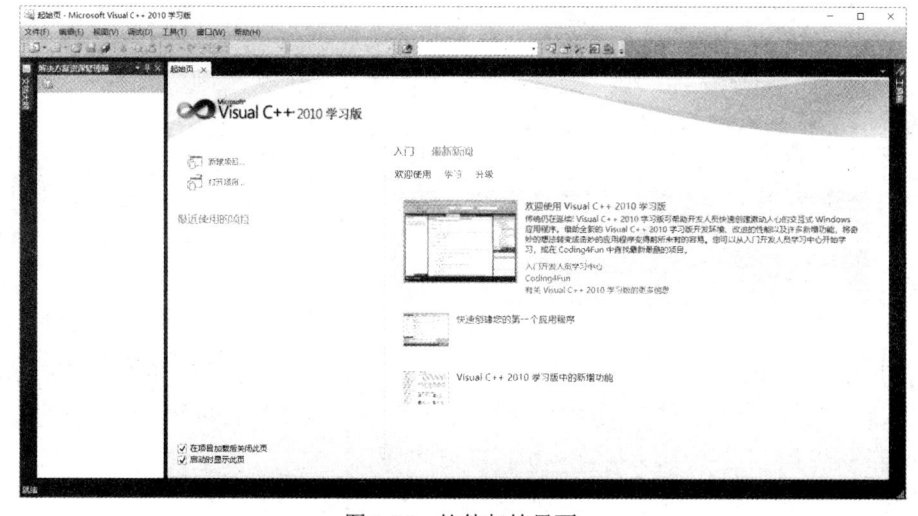

图1.16 软件起始界面

2．新建项目

在如图 1.16 所示的软件起始界面中单击"新建项目"链接，或者在菜单栏中选择"文件"→"新建"→"项目"命令，弹出的对话框如图 1.17 所示。在左窗格中展开"Visual C++"节点，在中间窗格中选择"Win32 控制台应用程序"选项，在下面的"名称"文本框中输入项目的名称（名称可以任意命名，本例的项目名称为 HelloWorld），在"位置"下拉列表中选择项目并存储在计算机中。

图 1.17　"新建项目"对话框

单击"确定"按钮，打开"欢迎使用 Win32 应用程序向导"界面，如图 1.18 所示。单击"下一步"按钮，打开"应用程序设置"界面，如图 1.19 所示，在"附加选项"选项组中勾选"空项目"复选框，其他保持默认设置，单击"完成"按钮。

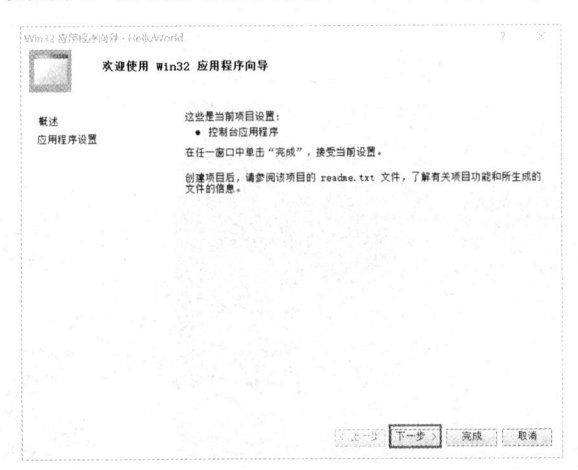

图 1.18　"欢迎使用 Win32 应用程序向导"界面

至此，项目创建成功，如图 1.20 所示。

3．新建源文件

如图 1.21 所示，右击项目名称"HelloWorld"，在弹出的快捷菜单中选择"添加"→"新建项"命令。

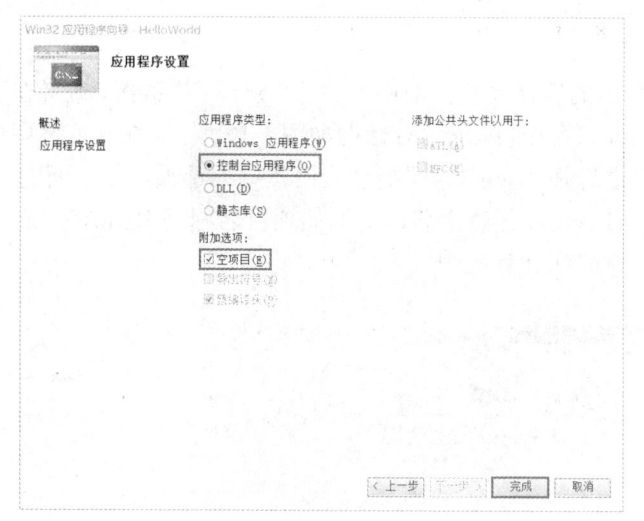

图 1.19 "应用程序设置"界面

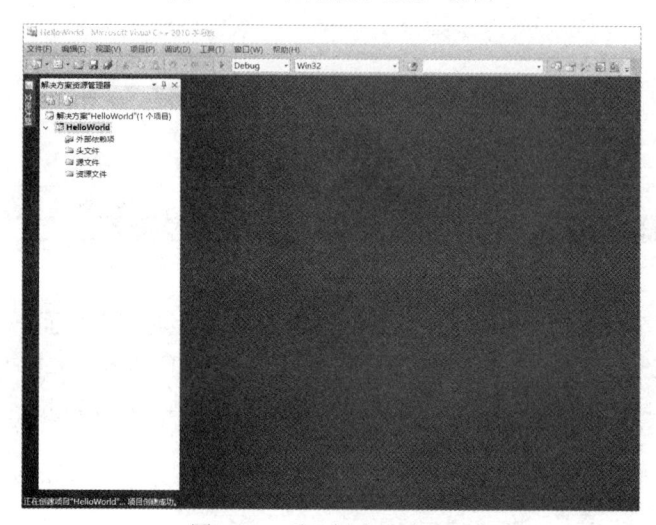

图 1.20 项目创建成功界面

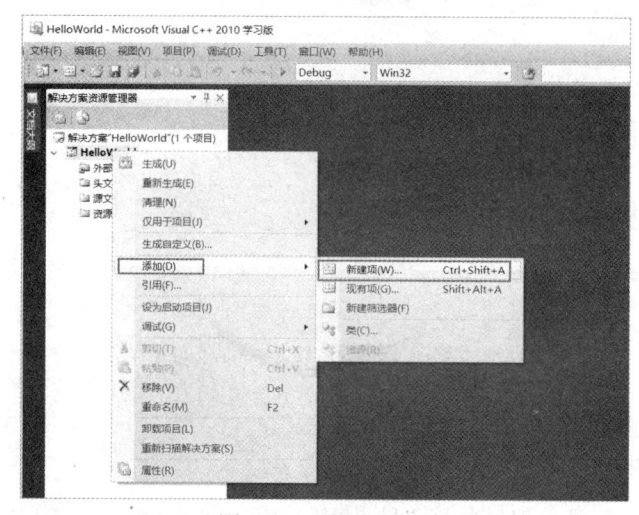

图 1.21 添加新建项

在弹出的对话框中，展开左窗格中的"Visual C++"节点，在中间窗格中选择"C++文件"选项，在下面的"名称"文本框中输入 C 语言程序的名称（注意：不要忘记加上文件的后缀名.c），"位置"保持默认设置，单击"添加"按钮进入下一步操作，如图 1.22 所示。

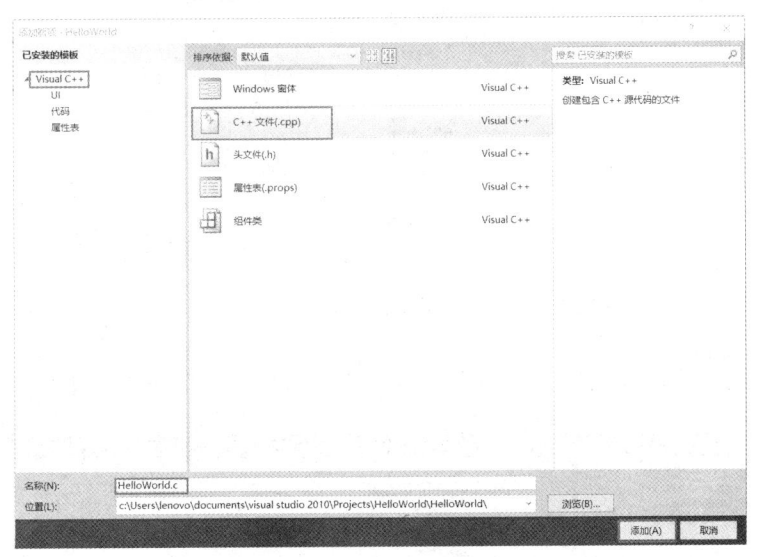

图 1.22　添加文件

至此，成功在项目中新建了源文件，如图 1.23 所示。

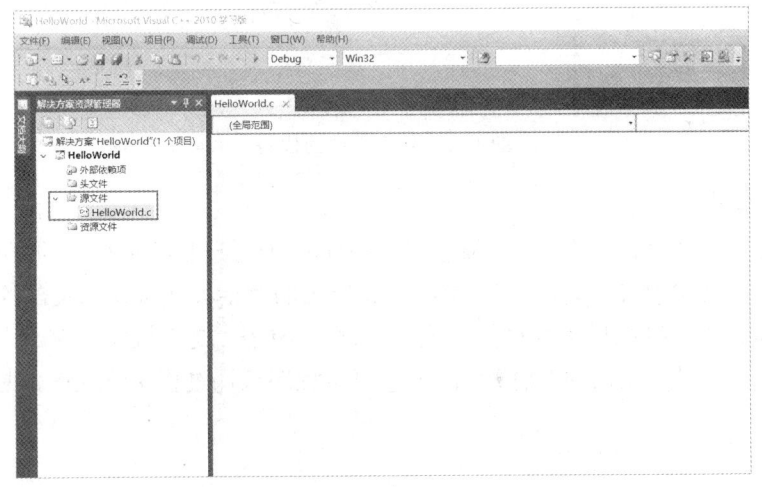

图 1.23　新建源文件

4．编辑程序

先对编辑器进行配置，然后在菜单栏中选择"工具"→"选项"命令，在左窗格中选择"文本编辑器"→"C/C++"→"常规"节点，勾选"显示"选区中的"行号"复选框，方便代码的查找和定位，如图 1.24 所示。常规配置还包括在如图 1.24 所示的界面的左窗格中展开的"环境"节点进行字号和颜色的设置。

输入程序的代码，如图 1.25 所示。若在输入程序的代码的过程中出现错误，则直接在"编辑"面板中修改即可。Visual C++ 2010 具有智能输入功能，若输入的代码出现错误，则自动在其下方出现警示的红色波浪线，极大地方便了用户。

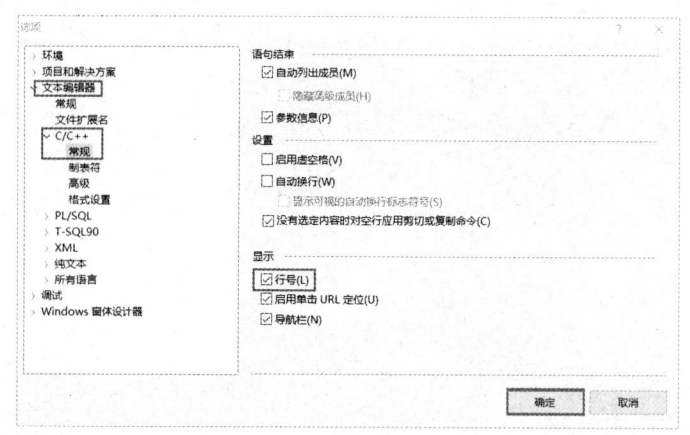

图 1.24　勾选"显示"选区中的"行号"复选框

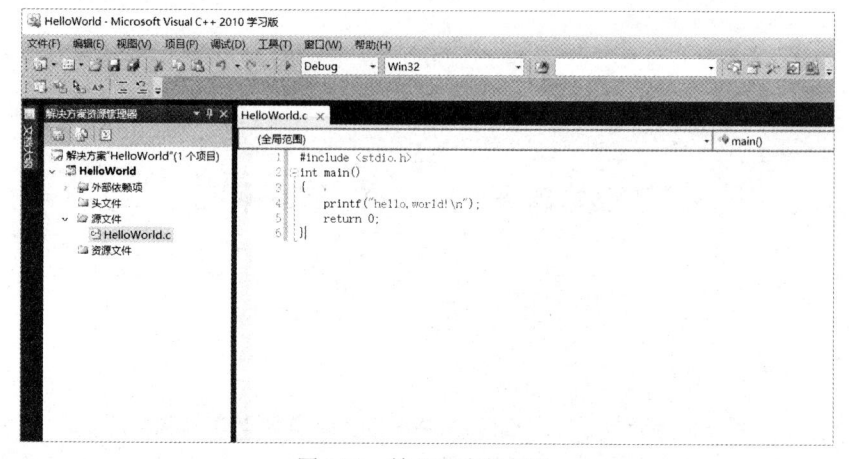

图 1.25　输入程序的代码

5．编译程序

单击工具栏中的"调试"按钮（绿色三角图标），或者选择菜单栏中的"调试"→"启动调试"命令，或者按 F5 键，打开如图 1.26 所示的对话框（若勾选底部的"不再显示此对话框"复选框，则以后不会再打开该对话框），单击"是"按钮。由此，自动完成编译→连接过程，调试结束后在"输出"面板中显示程序编译过程中产生的信息，如图 1.27所示。

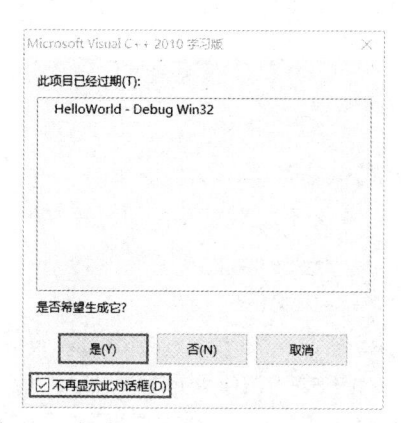

图 1.26　勾选"不再显示此对话框"复选框

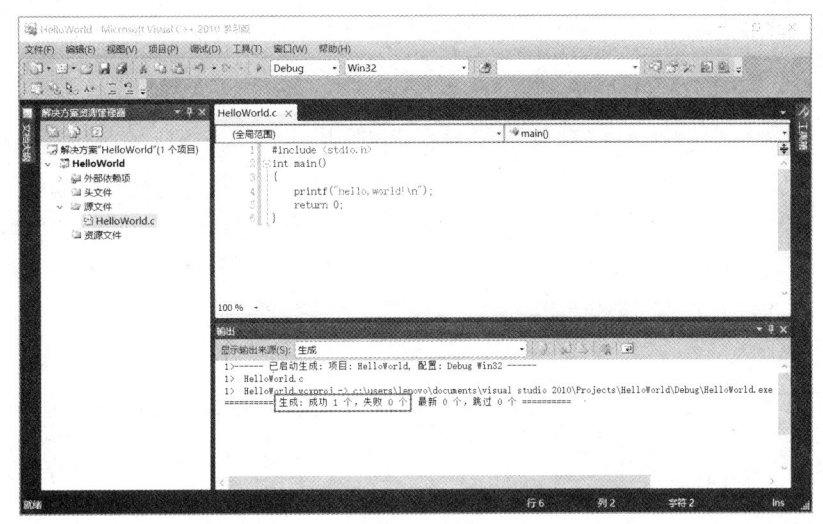

图 1.27　程序编译过程中产生的信息

6．运行程序

按 Ctrl+F5 组合键，运行程序，查看程序的运行结果，如图 1.28 所示。

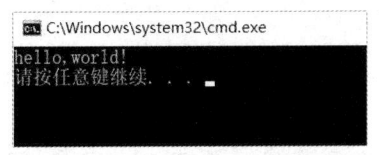

图 1.28　程序的运行结果

7．调试程序

当程序编译过程中出现错误时，就需要调试程序，根据"输出"面板中的错误提示信息进行查错和改错。例如，将本例中第 4 行的输出语句 printf("hello,world!\n");最后的分号删除，再次按 F5 键启动调试，打开如图 1.29 所示的对话框，表示当前编译发生了错误，询问是否运行上次成功的程序，单击"否"按钮，程序编译失败，显示如图 1.30 所示的出错信息。

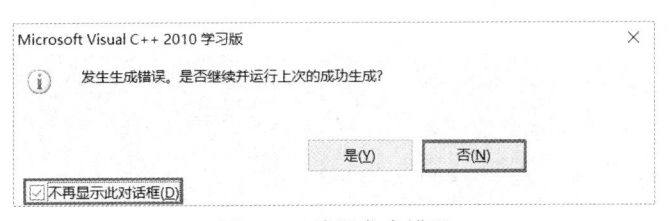

图 1.29　编译发生错误

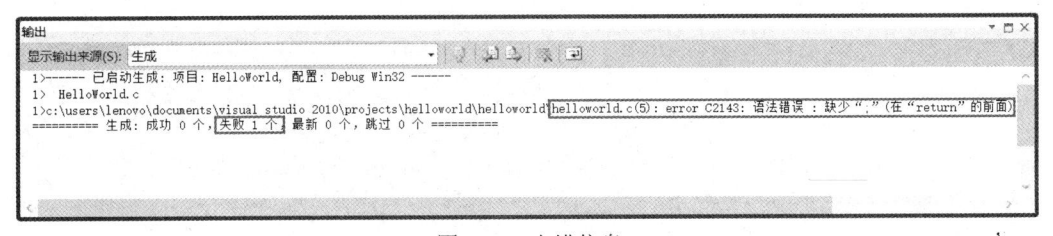

图 1.30　出错信息

"输出"面板中的第 3 行显示：

…\helloworld.c(5): error C2143: 语法错误：缺少";"（在"return"的前面）

其中，(5)表示程序的第 5 行，error C2143 表示程序中出现了编号为 2143 的错误，错误原因为在 return 语句的前面（第 4 行语句的末尾）缺少";"。此时，双击"输出"面板中的第 3 行，第 3 行会高亮显示，并且在"编辑"面板中有一个标记指向了程序的第 5 行，如图 1.31 所示。在第 4 行末尾添加";"以后，再次按 F5 键启动调试，程序编译正确。

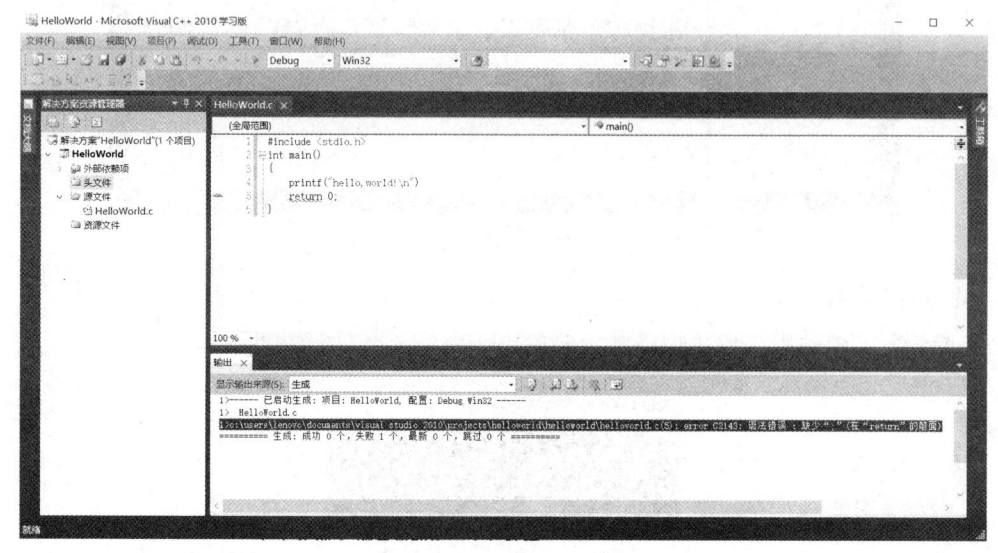

图 1.31 定位出错代码行

实训 1 认识 C 语言程序

1. 实训目的

（1）熟悉 Dev-C++和 Visual C++ 2010。

（2）学会寻求 Dev-C++和 Visual C++ 2010 的系统帮助。

（3）认识 C 语言程序的基本结构和编写格式。

2. 实训内容

（1）编写程序求 37 + 29 的值。

① 启动 Dev-C++或 Visual C++ 2010。

② 新建一个 C 语言程序的源文件。

③ 在"编辑"面板中输入、编辑如下程序。

```
#include <stdio.h>
int main(){
    int x, y,sum;           //变量定义语句：定义 3 个整型变量，即 x、y、sum
    x=37;                   //可执行语句：将 37 赋值给变量 x
    y=29;                   //可执行语句：将 29 赋值给变量 y
    sum=x+y;                //可执行语句：将 x+y 的值赋值给变量 sum
    printf("sum=%d\n",sum); //可执行语句，%d 为转换格式，输出十进制整数 sum
    return 0;
}
```

④ 编译该程序。
⑤ 学习看提示信息、查错、改错，简单调试程序。
⑥ 运行该程序。
⑦ 查看程序的运行结果。
⑧ 保存该程序的源文件。

（2）已知圆的半径为 3 厘米，求该圆的面积和周长。

① 启动 Dev-C++或 Visual C++ 2010。
② 新建一个 C 语言程序的源文件。
③ 在"编辑"面板中输入、编辑如下程序。

```c
#include <stdio.h>
int main(){
    float r=3.0,pi=3.14,s,l;    //变量定义语句：定义4个变量，即r、pi、s、l
                                //r赋值为3.0, pi赋值为3.14
    s=pi*r*r;                   //可执行语句：计算面积s的值
    l=2*pi*r;                   //可执行语句：计算周长l的值
    printf("r=%f,s=%f,l=%f\n",r,s,l);  //可执行语句：输出半径r、面积s、周长l
    return 0;
}
```

④ 编译该程序。
⑤ 学习看提示信息、查错、改错，简单调试程序。
⑥ 运行该程序。
⑦ 查看程序的运行结果。
⑧ 保存该程序的源文件。

3．实训思考

通过上面的练习，你对 Dev-C++和 Visual C++ 2010 了解了多少？知道 C 语言程序的运行过程了吗？

本章小结

本章主要介绍了 C 语言程序的基础知识，包括 C 语言产生的背景、C 语言的特点、C 语言程序的结构和 C 语言程序的集成开发环境。希望读者通过学习本章，能够从总体上了解和认识 C 语言程序，并且能够编写简单的 C 语言程序。

习题 1

1．选择题

（1）以下叙述中正确的是（　　）。

A．C 语言程序将从源程序中的第一个函数开始执行
B．可以在程序中由用户指定任意一个函数作为主函数，程序将从此函数开始执行

C．C 语言规定必须用 main 作为主函数名，程序将从此函数开始执行，并以此函数结束

D．main 可作为用户标识符，用于命名任意一个函数作为主函数

（2）C 语言程序源文件的后缀是（　　）。

　　A．.exe　　　　　　B．.c　　　　　　C．.obj　　　　　　D．.cp

（3）以下叙述中正确的是（　　）。

A．C 语言程序中的注释只能出现在程序的开始位置和语句的后面

B．C 语言程序的编写格式严格，要求一行只能写一条语句

C．C 语言程序的编写格式自由，一条语句可以在多行中

D．用 C 语言编写的程序只能放在一个程序文件中

（4）计算机能直接执行的程序是（　　）。

　　A．源程序　　　　　B．目标程序　　　C．汇编程序　　　D．可执行程序

（5）下列叙述中错误的是（　　）。

A．计算机不能直接执行用 C 语言编写的源程序

B．C 语言程序经过编译后，生成的后缀为.obj 的文件是二进制格式的

C．后缀为.obj 的文件经过连接，生成的后缀为.exe 的文件是二进制格式的

D．后缀为.obj 和.exe 的二进制文件都可以直接运行

（6）C 语言程序的基本单位是（　　）。

　　A．函数　　　　　　B．过程　　　　　C．子程序　　　　D．子例程

（7）在下列选项中，合法的 C 语言关键字是（　　）。

　　A．integer　　　　　B．sin　　　　　 C．string　　　　　D．void

（8）在下列选项中，（　　）是 C 语言提供的合法的关键字。

　　A．swicth　　　　　B．cher　　　　　C．default　　　　D．Case

（9）以下叙述中正确的是（　　）。

A．C 语言程序总是从定义的第一个函数开始执行

B．在 C 语言程序中，要调用的函数必须放在 main()函数中定义

C．C 语言程序总是从 main()函数开始执行

D．C 语言程序中的 main()函数必须放在程序的开始部分

（10）在 C 语言中，每条语句必须以（　　）结束。

　　A．回车符　　　　　B．冒号　　　　　C．逗号　　　　　D．分号

（11）以下叙述中正确的是（　　）。

A．在一个源程序中，main()函数必须在最开始的位置

B．C 语言程序可以由多个文件组成，每个文件中都可以有一个主函数 main()

C．程序的注释部分不影响程序的运行结果

D．在对一个 C 语言程序进行编译时，可以发现注释中的拼写错误

2．简述 C 语言程序的构成。

3．简述 C 语言程序上机的基本步骤，并说明扩展名.c、.obj 和.exe 的含义。

4．参照实训 1 编写一个 C 语言程序：已知一个长方形的长（a）为 4 厘米，宽（b）为 3 厘米，求长方形的面积（s）并输出。

第 2 章 数据类型、运算符与表达式

在使用计算机的过程中，数据的存储和处理是必不可少的。C 语言为用户提供了各种标准的数据类型，也允许用户自己定义新的数据类型。本章主要介绍 C 语言的标准的数据类型的相关运算。

2.1 C 语言的数据类型

众所周知，计算机使用二进制数来存储各种信息，如图像、字符、音乐等，那么计算机是如何区分这些信息的？这主要取决于计算机如何解释这些二进制数。例如，65 解释为数字是 65，而解释为字符则是'A'，这种不同的解释是人们对信息存储做出的规定，也就是数据的组织形式。

数据类型

C 语言是如何规定数据的存储形式的？C 语言的数据类型如图 2.1 所示，分为基本类型、构造类型、指针类型和空类型。

```
                    ┌ 整型
                    │ 实型（浮点型）┌ 单精度型
          基本类型 ┤              └ 双精度型
                    │ 字符型
                    └ 布尔型
数据类型 ┤
                    ┌ 数组类型
          构造类型 ┤ 结构体类型
                    │ 共用体类型
                    └ 枚举类型
          指针类型
          空类型
```

图 2.1　C 语言的数据类型

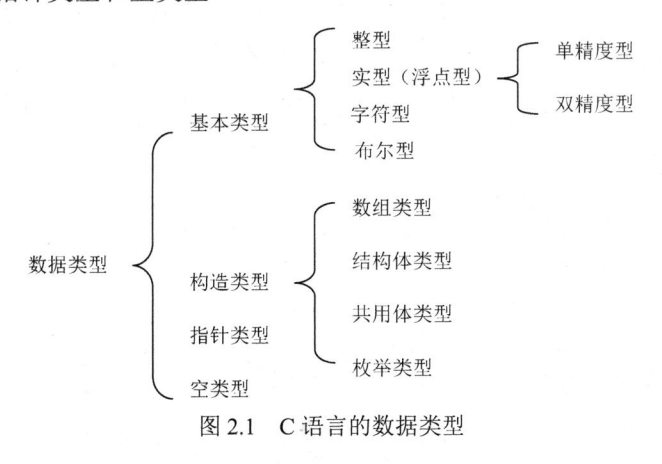

基本类型可以分为整型、实型、字符型和布尔型。其中，布尔型是 C99 标准中新增的数据类型。

构造类型的数据可以分解成若干"成员"或"元素",每个成员既可以是基本类型也可以是构造类型。构造类型可以分为数组类型、结构体类型、共用体类型和枚举类型。

指针是 C 语言中一种重要的数据类型,用于描述内存单元的地址。

空类型用关键字 void 描述,是一种特殊的数据类型,一般用于对函数的类型进行说明。

本章主要介绍基本数据类型中的整型、实型、字符型和布尔型,其余数据类型在以后各章陆续介绍。

2.2 常量与变量

在程序运行过程中,值不会发生变化的量称为常量;在程序运行过程中,值可以发生变化的量称为变量。

给变量所取的名字叫变量名,变量名必须遵循标识符的命名规则。所谓的标识符是用来标识变量、符号常量、数组、函数、文件等名字的有效字符序列。

标识符

C 语言规定标识符只能由字母、数字和下画线 3 种字符组成,并且第一个字符必须为字母或下画线。例如,sum、day、_class、student_No 和 a123 都是合法的标识符。

需要注意以下几点。

(1)用户选用的标识符不能和 C 语言的关键字重名,如 if 和 for 都是不合法的标识符。

(2)在 C 语言中,大写字母和小写字母是两个不同的字符,如 max 和 MAX 是两个不同的标识符。

(3)标识符的长度在不同的 C 语言编译系统中有不同的规定。许多编译系统规定前 8 个字符有效,而 Dev-C++ 规定前 63 个字符有效,超过部分被忽略。

2.2.1 直接常量和符号常量

1. 直接常量(字面常量)

直接常量和符号常量

【例 2.1】已知每千克青菜的价格为 6.5 元,请问买 5 千克需要多少钱?

```
#include <stdio.h>
int main() {
    float sum;                    //定义变量 sum
    sum=6.5*5;                    //给变量赋值
    printf("总价=%f\n",sum);      //输出
    return 0;
}
```

程序的运行结果如下:

总价=32.500000

显而易见,程序中的 6.5 和 5 都是常量,按其字面形式又可以区分为不同的类型,6.5 是实型常量,5 是整型常量。

2. 符号常量

所谓的符号常量,就是用一个标识符来代表一个常量。

【例 2.2】 符号常量的使用。

将例 2.1 改写为如下形式：

```
#include <stdio.h>
#define PRICE 6.5                //宏定义语句
int main() {
    float sum;                   //定义变量 sum
    int num;                     //定义变量 num
    num=5;                       //给变量赋值
    sum=PRICE*num;               //给变量赋值
    printf("总价=%f\n",sum);     //输出
    return 0;
}
```

程序的运行结果如下：

```
总价=32.500000
```

程序中用标识符 PRICE 来表示常量 6.5，PRICE 就是一个符号常量。为了与变量进行区分，习惯用大写字母表示符号常量，用小写字母表示变量。但这并不是 C 语言的规定，仅仅是一种习惯，目的是方便阅读程序。

在使用符号常量之前必须先定义，其一般形式如下：

```
#define 标识符 常量
```

其中，#define 是一条预处理命令（预处理命令都以"#"开头），称为宏定义命令（在第 7 章中将详细介绍）。其作用是把该标识符定义为其后的常量值。一经定义，以后在程序中所有出现该标识符的地方均以该常量值代之。

常量的值在其作用域内不能改变，也不能再被赋值。例如：

```
#define PRICE 6.5
int main() {
    …
    PRICE=4.5;       //这里试图改变符号常量 PRICE 的值
    …
}
```

程序在编译时，系统会给出错误的提示信息。

使用符号常量有以下几点好处。

（1）方便阅读程序。在程序设计中，如果直接给出常量，那么阅读程序的人很难立刻看出各常量的含义；而使用符号常量可以起到"见名识义"的效果，从而提高程序的可读性。

（2）方便修改程序。在程序中可能会出现多处使用同一个常量的情况，如果需要修改该常量，那么程序员修改程序的操作不但烦琐而且容易遗漏，导致程序的运行结果出现错误。当使用符号常量时，只需修改定义处即可，做到"一改全改"。

在例 2.2 中，如果青菜的单价上涨，由每千克 6.5 元上涨为 8.5 元，那么只需要把常量定义语句修改为如下形式：

```
#define PRICE 8.5
```

这样，程序中所有的 PRICE 全都改为 8.5。

2.2.2 变量

每个变量都必须有一个名字,在程序中才能对其进行操作。变量名应该是合法的 C 语言标识符。每个变量在内存中占用一定的存储单元,在存储单元中保存的是该变量的值。

需要注意的是,变量名和变量值是两个不同的概念。变量名实际上是一个符号地址,即变量在内存中的存储位置。在程序运行过程中,从变量中取值,实际上是通过变量名找到相应的内存地址,从存储单元中读取数据;而对变量的赋值操作也是先通过变量名找到相应的内存地址,然后将数据写入存储单元中。变量名与变量值的关系如图 2.2 所示。

不同类型的变量在内存中占据的存储单元的数量及存储格式也不相同。C 语言要求对所使用的变量进行强制性定义,即对变量要"先定义,后使用",这样做的目的主要体现在以下几方面。

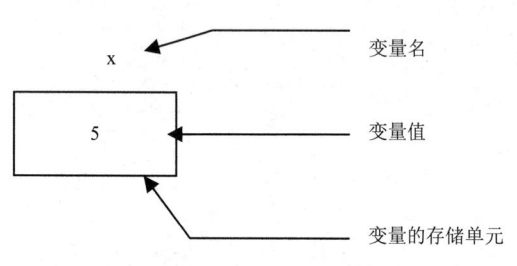

图 2.2 变量名与变量值的关系

(1)保证程序中变量名的正确使用,凡是未被定义的不能用作变量名。

例如,有以下程序:

```
#include <stdio.h>
int main(){
    int a=45;
    int b=32;
    int sum=0;
    svm=a+b;
    printf("sum=%d\n",sum);
    return 0;
}
```

程序的第 6 行错将 sum 写为 svm,在编译时,系统会报告 svm 未定义,并给出错误的提示"'svm' undeclared"。如果 C 语言中没有对变量进行强制定义,程序也可以执行,但结果为 0,这样的错误很难被发现。

(2)变量在定义时被指定为某一数据类型,在编译时就能为其分配相应的存储单元。例如,在 Dev-C++中,为整型变量分配 4 字节的存储单元,为单精度型变量分配 4 字节的存储单元。

(3)在定义时指定变量的类型,以便于在编译程序时检查对该变量的运算是否合法。例如,整型变量可以进行求余运算,而单精度型变量不可以进行求余运算。

2.2.3 常变量

C99 标准允许使用常变量。常变量是使用 const 关键字修饰的变量。

【例 2.3】常变量的使用。

将例 2.2 改写为如下形式:

```
#include <stdio.h>
```

```
int main() {
    float sum;
    const float price=6.5;
    int num;
    num=5;
    sum=price*num;
    printf("总价=%f\n",sum);
    return 0;
}
```

程序的运行结果如下：

```
总价=32.500000
```

const 关键字用来定义只读变量，在定义时必须初始化，并且不能被修改。它与符号常量宏定义的效果相似，但是存在差异。定义符号常量用#define 指令（预编译指令）。只是用符号常量代表一个字符串，在预编译时仅进行字符串替换。预编译后，就不存在符号常量。符号常量的名字是不分配存储单元的。常变量是占用存储单元的，并且有变量值，只是该值不能被改变。

2.3 整型数据

整型数据就是我们常说的整数。

2.3.1 整型常量

整型常量就是整常数。在 C 语言中，整型常量可以用以下 3 种形式表示。

1．十进制整常数

十进制整常数就是通常整数的写法，数码取值为 0～9，如 123、−5 和+256 等。

2．八进制整常数

八进制整常数必须以数字 0 开头，即将 0 作为八进制整常数的前缀，数码取值为 0～7。

015（十进制形式为 13）、0101（十进制形式为 65）和 0177777（十进制形式为 65 535）是合法的八进制整常数。

256（无前缀 0）和 0392（包含非八进制数码 9）不是合法的八进制整常数。

3．十六进制整常数

十六进制整常数必须以数字 0 和字母 X（或 x）开头，即 0X 或 0x，数码取值为数字 0～9 和字母 A～F（或 a～f）。

0X2A（十进制形式为 42）、0XA0（十进制形式为 160）和 0XFFFF（十进制形式为 65 535）是合法的十六进制整常数。

5A（无前缀 0X）和 0X3H（包含非十六进制数码）不是合法的十六进制整常数。

注意：在程序中是根据前缀来区分各种进制数的，因此，在使用常数时不要混淆前缀，否则会造成结果不正确。

2.3.2 整型变量

1．整型变量在内存中的存储形式

计算机内部的数据是以二进制形式存储在内存中的。例如，定义一个整型变量 i，并给变量赋初值 12：

```
short int i;
i=12;
```

在 Dev-C++中，每个整型变量在内存中占 4 字节，而每个短整型变量在内存中占 2 字节，其中最高位为符号位，正数的符号位为 0，负数的符号位为 1。

十进制数 12 的二进制形式为 1100，在内存中实际存储的情况如下：

| 0 | 0 | 0 | 0 | 0 | 0 | 0 | 0 | 0 | 0 | 0 | 0 | 1 | 1 | 0 | 0 |

实际上，在计算机中，为了方便计算，整数值是以补码表示的。一个正整数的补码就是其二进制表示形式，而负整数的补码的求解方法是将该数的绝对值的二进制形式按位取反后再加 1。

例如，求-12 的补码。

（1）-12 的绝对值为 12。

（2）12 的二进制形式如下：

| 0 | 0 | 0 | 0 | 0 | 0 | 0 | 0 | 0 | 0 | 0 | 0 | 1 | 1 | 0 | 0 |

（3）按位取反：

| 1 | 1 | 1 | 1 | 1 | 1 | 1 | 1 | 1 | 1 | 1 | 1 | 0 | 0 | 1 | 1 |

（4）再加 1 的结果为如下形式：

| 1 | 1 | 1 | 1 | 1 | 1 | 1 | 1 | 1 | 1 | 1 | 1 | 0 | 1 | 0 | 0 |

可以看出，左边的第一位就是符号位。

2．整型变量的分类

整型的类型说明符是 int，C 语言提供了以下 4 种整数类型。

（1）基本型：以 int 表示。

（2）短整型：以 short int 或 short 表示。

（3）长整型：以 long int 或 long 表示。

（4）无符号型：存储单元中的所有二进制位都用来表示数值，没有符号位。无符号型可以通过与上述 3 种类型进行匹配来构成。

① 无符号整型：以 unsigned int 或 unsigned 表示。

② 无符号短整型：以 unsigned short 表示。

③ 无符号长整型：以 unsigned long 表示。

若不指定为无符号型，则默认为有符号类型（signed）。无符号型变量只能存储不带符

号的整数，不能存储负整数。

表 2.1 列举了 Dev-C++ 的各种整数类型在内存中占用的字节数及数值范围。

表 2.1　各种整数类型

类型说明符	数值范围		占用的字节数
int	−2147483648～2147483647	即 -2^{31}～$(2^{31}-1)$	4
unsigned	0～4294967295	即 0～$(2^{32}-1)$	4
short	−32768～32767	即 -2^{15}～$(2^{15}-1)$	2
unsigned short	0～65535	即 0～$(2^{16}-1)$	2
long	−2147483648～2147483647	即 -2^{31}～$(2^{31}-1)$	4
unsigned long	0～4294967295	即 0～$(2^{32}-1)$	4

下面以整数 12 为例来介绍不同的类型在内存中的存储形式。

int 型：

| 00 | 00 | 00 | 00 | 00 | 00 | 00 | 00 | 00 | 00 | 00 | 00 | 00 | 00 | 11 | 00 |

short int 型：

| 00 | 00 | 00 | 00 | 00 | 00 | 11 | 00 |

long int 型：

| 00 | 00 | 00 | 00 | 00 | 00 | 00 | 00 | 00 | 00 | 00 | 00 | 00 | 00 | 11 | 00 |

unsigned 型：

| 00 | 00 | 00 | 00 | 00 | 00 | 00 | 00 | 00 | 00 | 00 | 00 | 00 | 00 | 11 | 00 |

unsigned short 型：

| 00 | 00 | 00 | 00 | 00 | 00 | 11 | 00 |

unsigned long 型：

| 00 | 00 | 00 | 00 | 00 | 00 | 00 | 00 | 00 | 00 | 00 | 00 | 00 | 00 | 11 | 00 |

需要说明的是，C99 标准没有规定各类整型数据占用内存的字节数，只要求短整型不长于整型，长整型不短于整型。某种类型的数据占用的内存随着编译系统的不同而不同，可以使用 sizeof 运算符计算某种数据类型占用的内存。

在 C99 标准中新增了双长整型（long long int），一般分配 8 字节，但是在许多 C 语言的编译系统中尚未实现。

3．整型变量的定义及初始化

C 语言程序中有多种方法为变量提供初值，在定义变量的同时为变量赋初值的方法称为初始化。

变量的定义及初始化的一般形式如下：

类型说明符　变量1 [=值1],变量2[=值2],…;

例如：

```
int a, b, c;                    //定义a、b、c为整型变量
long x=15;                      //定义x为长整型变量，且赋初值15
unsigned p=3, q;                //定义p和q为无符号整型变量，为p赋初值3
```

在定义变量时，需要注意以下几点。

（1）允许在一个类型说明符后面定义多个相同类型的变量。类型说明符与变量名之间至少用一个空格间隔，各变量名之间用逗号间隔。

（2）最后一个变量名之后必须以";"结尾。

（3）变量的定义必须放在变量的使用语句之前，一般放在函数体的开头部分。

【例2.4】整型变量的定义与使用。

```
#include <stdio.h>
int main(){
    int a=12,b=-24,c,d,u=10;        //定义a、b、c、d和u为整型变量
    c=a+u;
    d=b+u;
    printf("a+u=%d, b+u=%d\n",c,d); //输出语句
    return 0;
}
```

程序的运行结果如下：

```
a+u=22, b+u=-14
```

4．整型数据的溢出

当数据超出所定义的数据类型的范围时，就会产生溢出。下面举例说明。

【例2.5】整型数据的溢出。

```
#include <stdio.h>
int main(){
    short int a,b;
    a=32765;
    b=a+5;
    printf("a=%d,b=%d\n",a,b);
    return 0;
}
```

在Dev-C++中运行程序，结果如下：

```
a=32765,b=-32766
```

读者一定会认为变量b的值应该是32770，怎么会是-32766呢？这是因为短整型表示的数值范围为-32768～32767，变量b的值已经超出了该范围，产生溢出，所以无法得到正确的结果。

【例2.6】无符号整型数据的溢出。

```
#include <stdio.h>
int main(){
  unsigned short int a,b;
  a=65535;
```

```
    b=a+100;
    printf("a=%u,b=%u\n",a,b);
    return 0;
}
```

在 Dev-C++中运行程序，结果如下：

```
a=65535,b=99
```

请读者自行分析出现这种结果的原因。

如何避免整数的溢出？应该根据具体情况将整数相应地表示为长整型、无符号型或无符号长整型。

5．整型常数的后缀

在基本整型表示范围内的常量，要说明其是长整型数，可以用字母"L"或"l"作为后缀来表示。

例如，158L、358000L、012L 和 0X15L 等。

同样，无符号型数也可以用后缀表示，整型常数的无符号型数的后缀为字母"U"或"u"。

例如，358u、0x38Au 和 235LU 均为无符号型数。

前缀和后缀可以同时使用，以表示各种类型的数，如 0XA5Lu 表示十六进制无符号长整型数。

实训 2　使用整型数据

1．实训目的

掌握整型数据，选择合适的整型变量存储数据。

2．实训内容

（1）编写程序，求圆的面积。

```
#include <stdio.h>
#define PI 3.14159    //定义符号常量
int main(){
    float s;
    int r=2;
    s=PI*r*r;
    printf("s=%f\n",s);
}
```

程序的运行结果如下：

```
s=12.566360
```

在实际应用中，应根据需要选择适当的数据类型，以保证程序的正确性。

（2）某校二年级共有 5 个班级，这 5 个班级分别有 41 人、39 人、37 人、40 人和 42 人。求二年级的总人数。

```
#include <stdio.h>
int main(){
```

```
    unsigned int a,b,c,d,e,sum;
    a=41;
    b=39;
    c=37;
    d=40;
    e=42;
    sum=a+b+c+d+e;
    printf("总人数=%u",sum);
    return 0;
}
```

在上述程序中，班级人数用 a、b、c、d 和 e 这 5 个变量来存储，sum 用来储放二年级的总人数，因为人数不可能为负数，所以把上述变量均定义为无符号整型。

3. 实训思考

在实际应用中，选择合适的数据类型是必要的，为什么？

2.4 实型数据

2.4.1 实型常量

实型也称为浮点型，实型常量也称为实数或浮点数。在 C 语言中，实数只使用十进制形式表示。实数有两种形式，分别为小数形式和指数形式。

（1）小数形式：由数码 0~9 和小数点组成。例如，0.0、25.0、5.789、0.13、300.、-267.8230 和.5 等均为合法的实型常量。

需要注意的是，实型常量中必须有小数点。

（2）指数形式：由十进制数、阶码标志（小写字母"e"或大写字母"E"）及阶码（只能为整数，可以带符号）组成。

例如，2.1E5（等于 $2.1×10^5$）、3.7E-2（等于 $3.7×10^{-2}$）和-2.8E-2（等于$-2.8×10^{-2}$）均为合法的实型常量。

以下几个不是合法的实型常量。

- 345（无小数点）。
- E7（阶码标志"E"之前无数字）。
- 53.-E3（负号的位置不正确）。
- 2.7E（无阶码）。

在 Dev-C++中，实型常量不分单精度、双精度，都按双精度处理。但可以添加后缀"f"或"F"，即表示该数为单精度浮点数，如 128f 和 128.0 是等价的。

【例 2.7】实型常量的举例。

```
#include <stdio.h>
int main(){
    printf("%f\n",128.);
    printf("%f\n",128);
```

```
    printf("%f\n",128.0f);
    return 0;
}
```

在 Dev-C++中运行程序，结果如下：

```
128.000000
128.000000
128.000000
```

在 printf("%f\n",128);语句中，由于 128 不是一个实型常量，因此在有些编译环境下（如 Visual C++）输出为 0.000000。

2.4.2 实型变量

1．实型数据在内存中的存储形式

在 Dev-C++中，单精度型数据占 4 字节（32 位），按指数形式存储。

例如，实数 3.14159 在内存中的存储形式如下：

+	.314159	+	1
数符	小数部分	指符	指数

需要说明的是，小数部分占的位（bit）数越多，数的有效数字就越多，精度越高。指数部分占的位数越多，表示的数值范围就越大。

2．实型变量的分类

在 Dev-C++中，实型变量分为 3 种：单精度型（float）、双精度型（double）和长双精度型（long double）。在实际应用中，长双精度型用得比较少。

实型变量的分类如表 2.2 所示。

表 2.2　实型变量的分类

类型说明符	占用的字节数	有效数字	数值范围
float	4	6~7	$10^{-37} \sim 10^{38}$
double	8	15~16	$10^{-307} \sim 10^{308}$
long double	16	18~19	$10^{-4931} \sim 10^{4932}$

3．实型变量的定义及初始化

实型变量的定义及初始化形式与整型变量的定义及初始化形式类似。

例如：

```
double a,b,c;              //定义 a、b、c 为双精度型变量
float x=1.2, y=3.5;        //定义 x 为单精度型变量，初值为 1.2
                           //定义 y 为单精度型变量，初值为 3.5
```

4．实型数据的舍入误差

由于实型变量是由有限的存储单元组成的，因此能提供的有效数字也是有限的。下面先引用一个例子。

【例 2.8】实型数据的舍入误差。

```
#include <stdio.h>
int main(){
    float a=1.234567E10, b;
    b=a+20;
    printf("a=%f\n",a);
    printf("b=%f\n",b);
    return 0;
}
```

程序的运行结果如下:

```
a=12345669632.000000
b=12345669632.000000
```

对于上述结果，读者可能会产生质疑，变量 b 明明比变量 a 大 20，为什么结果都是 12345669632.000000 呢？这是因为变量 a 是浮点数，尾数只能保留 6～7 位有效数字，变量 b 所加的 20 被舍弃。因此，在进行计算时，要避免一个大数和一个小数直接相加或相减。

需要注意的是，如果实型数据（float）的运算超出了所表示的最大范围，就会产生溢出，这时可以把数据定义为双精度型或长双精度型。

实训 3 使用实型数据

1. 实训目的

正确使用实型常量，选择合适的实型变量存储数据。

2. 实训内容

（1）已知三角形的底为 2.8 厘米，高为 4.3 厘米，求三角形的面积。

```
#include <stdio.h>
int main(){
    float d=2.8, h=4.3, s;
    s=d*h/2;
    printf("s=%f",s);
    return 0;
}
```

程序的运行结果如下:

```
s=6.020000
```

（2）编写程序将 27.5℃转换为华氏温度显示。

转换公式为

$$c = \frac{5}{9}(f-32)$$

```
#include <stdio.h>
int main(){
    float f=27.5,c;
    c=5.0/9*(f-32);
    printf("c=%f",c);
```

```
    return 0;
}
```

程序的运行结果如下：

```
c=-2.500000
```

3．实训思考

在 c=5.0/9*(f-32);语句中为什么使用 5.0/9，能否改为 c=5/9*(f-32);？

2.5 字符型数据

2.5.1 字符常量

字符常量是用一对单引号引起来的一个字符，如'a'、'B'、'='、'+'和'?'都是字符常量。

字符常量和字符变量

在 C 语言中，字符常量有以下几个特点。

（1）字符常量只能用单引号引起来，不能用双引号或其他符号。
（2）字符常量只能是单个字符，不能是多个字符。
（3）字符可以是字符集中的任意字符。

字符集是一套允许使用的字符的集合，在中小型计算机和微型机上广泛采用的是 ASCII 字符集。常用字符与标准 ASCII 码的对照表请参考附录 A。但是当数字被定义为字符型时，其含义就会发生变化，如'5'和 5 是不同的。

转义字符是一种特殊的字符常量，以反斜线"\"开头，后跟一个或若干个字符。转义字符与字符原有的意义不同，而是具有特定的含义，故称为转义字符。例如，在例 2.8 中，printf("a=%f\n", a);语句中的"\n"就是一个转义字符，表示回车换行。

转义字符主要用来表示键盘上的控制代码或特殊符号，常用的转义字符如表 2.3 所示。

表 2.3　常用的转义字符

转义字符	转义字符的意义	ASCII 码
\n	回车换行	10
\t	横向跳到下一制表位置（Tab）	9
\b	退格（Backspace）	8
\r	回车（不换行）	13
\f	走纸换页	12
\\	反斜线符（\）	92
\'	单引号符	39
\"	双引号符	34
\a	鸣铃	7
\ddd	1～3 位八进制数所代表的字符	
\xhh	1～2 位十六进制数所代表的字符	

从广义上来说，C 语言字符集中的任何一个字符均可用转义字符来表示，表 2.3 中的 \ddd 和\xhh 正是为此而提出的。ddd 和 hh 分别为八进制和十六进制的 ASCII 码。例如，\101

和\x41 表示大写字母"A",\141 和\x61 表示小写字母"a",\134 表示反斜线,以及\x0A 表示换行等。

【例 2.9】 转义字符的使用。

```c
#include <stdio.h>
int main(){
    printf("\"China\"\n");
    printf("An\tHui\n");
    return 0;
}
```

程序的运行结果如下:

```
"China"
An      Hui
```

2.5.2 字符变量

字符变量用来存储字符数据,即存储单个字符。

字符变量的类型说明符是 char。字符变量的定义及初始化格式与整型变量的定义及初始化格式相同。

例如:

```c
char ch1='x';              //定义 ch1 为字符变量,并且初值为'x'
char ch2='y';              //定义 ch2 为字符变量,并且初值为'y'
unsigned char ch3;         //定义 ch3 为无符号字符变量
```

在 C 语言中,每个字符变量被分配 1 字节的内存空间,因此,一个字符变量只能存储一个字符。字符变量是以 ASCII 码值的形式存储的。字符型数据的取值范围为-128~127,无符号字符型数据的取值范围为 0~255,ASCII 码值为 0~127。

例如,字母"x"的 ASCII 码值是 120,字母"y"的 ASCII 码值是 121,上述定义的字符变量 ch1 和 ch2 在内存中的存储情况如下。

字符变量 ch1:

0	1	1	1	1	0	0	0

字符变量 ch2:

0	1	1	1	1	0	0	1

【例 2.10】 为字符变量赋整型数值。

```c
#include <stdio.h>
int main(){
    char ch1, ch2;
    ch1=120;
    ch2=121;
    printf("%c,%c\n",ch1,ch2);
    printf("%d,%d\n",ch1,ch2);
    return 0;
}
```

程序的运行结果如下：

```
x,y
120,121
```

本例中的 ch1 和 ch2 均为字符变量，为什么可以给其赋予整型数值，又能以整型输出呢？

在 C 语言中，字符变量在内存中存储的是其对应的 ASCII 码值，字符型和整型密切相关，可以把字符型看作一种特殊的整型。因此，C 语言允许对字符变量赋予整型数值，允许把字符变量按整型输出；同样，也允许对整型变量赋予字符型值，把整型变量按字符型输出。

从上述程序的运行结果来看，变量 ch1 和 ch2 的输出形式取决于 printf()函数的格式串中的格式符。当格式符为"%c"时，对应输出的变量值为字符；当格式符为"%d"时，对应输出的变量值为整数。

需要说明的是，整型变量为 4 字节，字符变量为 1 字节，当整型变量按字符型处理时，只有低 8 位字节参与处理。

【例 2.11】将小写字母转换为大写字母并输出。

```
#include <stdio.h>
int main(){
  char ch1, ch2;
  ch1='a';
  ch2='b';
  ch1=ch1-32;
  ch2=ch2-32;
  printf("%c,%c\n%d,%d\n",ch1,ch2,ch1,ch2);
  return 0;
}
```

程序的运行结果如下：

```
A, B
65, 66
```

在本例中，ch1 和 ch2 被定义为字符变量并赋予字符值，C 语言允许字符变量参与数值运算，即允许字符变量用其 ASCII 码值参与运算。由于大写字母和小写字母的 ASCII 码值相差 32，因此在运算后先把小写字母转换为大写字母，然后分别以字符型和整型输出。

大小写字母转换的实现及分析

【例 2.12】整型变量和字符变量的转换。

```
#include <stdio.h>
int main(){
    char a='\256';
    int b;
    b=a;
    printf("b=%d", b);
    return 0;
}
```

程序的运行结果如下：

```
b=-82
```

在上述程序中，字符变量 a 被赋值为转义字符'\256'，其十进制形式的 ASCII 码值为 174，那么把字符变量 a 的值赋给整型变量 b 之后，b 的值为什么不是 174，而是-82 呢？这是因为如果把字符变量按整型变量处理，就需要把字符的 ASCII 码值由 1 字节扩展为 4 字节。例如，字符'\256'的扩展情况如下。

1 字节：10101110

扩展为 4 字节：11111111 11111111 11111111 10101110

这种扩展称为带符号位的扩展，即用字符 ASCII 码值的最高位填充扩展字节（高 8 位）。

如果把字符变量定义为无符号型，那么将该字符变量赋给整型变量时，整型变量的高 8 位全部填入 0，即数值不变。

【例 2.13】将无符号字符类型转换为整型。

```
#include <stdio.h>
int main(){
    unsigned char a='\256';
    int b;
    b=a;
    printf("b=%d",b);
    return 0;
}
```

程序的运行结果如下：

```
b=174
```

2.5.3 字符串常量

字符串常量是由一对双引号引起来的字符序列，如"CHINA"、"C program"和"@"等都是字符串常量。

字符串常量

字符串常量和字符常量的区别如下。

（1）字符常量是由单引号引起来的字符，而字符串常量是由双引号引起来的字符序列。

（2）字符常量只能是一个字符，而字符串常量可以是多个字符。

（3）可以把一个字符常量赋予一个字符变量，但不能把一个字符串常量赋予一个字符变量。在 C 语言中没有专门的字符串变量，可以用一个字符数组来存储一个字符串，第 4 章会详细介绍。

（4）字符常量占 1 字节的内存空间，而字符串常量所占内存空间的字节数等于其字符的个数加 1。C 语言规定，在字符串的结尾加一个字符串结束的标志'\0'（ASCII 码值为 0），以便系统据此判断字符串是否结束。

例如，字符串"CHINA"的字符长度为 5，在内存中占 6 字节：

| C | H | I | N | A | \0 |

又如，字符常量'a'和字符串常量"a"虽然都只有一个字符，但它们在内存中的存储情况是不同的。

字符常量'a'在内存中占 1 字节,可以表示为如下形式:

| a |

字符串常量"a"在内存中占 2 字节,可以表示为如下形式:

| a | \0 |

需要注意的是,""也是一个字符串,称为空字符串。空字符串在内存中也要占 1 字节的存储空间来保存'\0'。

实训 4　使用字符型数据

1. 实训目的

熟练使用字符型数据。

2. 实训内容

(1)将小写字母 j 转换为大写字母并输出。

```
#include <stdio.h>
int main(){
    char ch='j';
    ch=ch-'a'+'A';
    printf("%c\n",ch);
    return 0;
}
```

由于大写字母和小写字母的 ASCII 码值是连续的,因此字母 j 和 J 的差值与字母 a 和 A 的差值是相等的。使用上述程序中的语句 ch=ch-'a'+'A';可以将小写字母转换为大写字母。

请思考:用语句 ch=ch-32;替换语句 ch=ch-'a'+'A';能否实现相同的功能?

(2)按以下格式输出某个学生的成绩。

　　数学　　英语
　　80.5　　90.0

```
#include <stdio.h>
int main(){
    float math=80.5, english=90;
    printf("数学\t英语\n");
    printf("%.1f\t%.1f\n", math,english);//%.1f 使输出小数时保留 1 位小数
    return 0;
}
```

上述程序使用了转义字符"\t"和"\n",请读者自行分析转义字符的作用。

(3)下面给出一个程序。

```
#include <stdio.h>
int main(){
    char ch1='a',ch2='b';
    char ch3='\101',ch4='\102';
    printf("%c\t%c\n",ch1,ch2);
```

```
        printf("%cA\b\t%c\n",ch3,ch4);
        return 0;
}
```

请上机运行该程序，并分析产生结果的原因。

3. 实训思考

在 C 语言中，字符型数据和整型数据可以通用吗？

2.6 算术运算符和算术表达式

计算机通过各种运算完成对数据的处理，如对数据可以进行加、减、乘、除等算术运算，也可以进行关系运算、逻辑运算和位运算等。

用来表示各种运算的符号称为运算符，使用运算符把各种运算对象（常量、变量和函数等）连接起来的且符合 C 语言语法规则的式子称为表达式。只有一个运算对象的运算符称为单目运算符，有两个运算对象的运算符称为双目运算符，有 3 个运算对象的运算符称为三目运算符。

当一个表达式中有多个运算符时，需要考虑先运算哪个运算符，后运算哪个运算符，这就是运算符的优先级问题。优先级相同的运算符还有运算方向的规定，即结合性。自左向右进行运算的结合方向称为左结合性；自右向左进行运算的结合方向称为右结合性。因此，在表达式中，各运算对象参与运算的先后顺序不仅要遵守运算符优先级的规定，还要受到运算符结合性的制约。

C 语言具有丰富的运算符，本章只介绍算术运算符、赋值运算符、关系运算符、逻辑运算符和位运算符，其他运算符将在后续章节中介绍。

1. 算术运算符

C 语言中的算术运算符有 5 种，即 "+"、"-"、"*"、"/" 和%，分别表示加法运算符、减法运算符、乘法运算符、除法运算符和求余（或取模）运算符。这些运算符的运算规则和数学中的基本一致。

下面说明以下几点。

（1）减法运算符：既是双目运算符又是单目运算符，当作为单目运算符时，表示取负值，如-5 和-x 等。

（2）除法运算符：当运算对象都是整型数据时，结果也为整型，舍去小数部分。若运算对象中有一个是实型数据，则结果为实型。

（3）求余运算符：要求运算对象必须为整型数据，结果是整除后的余数。例如，a%b，结果为两数相除后的余数，结果的符号与 a 相同。

【例 2.14】除法运算符的应用举例。

```
#include <stdio.h>
int main(){
    printf("%d,%d\n",20/7,-20/7);
    printf("%f,%f\n",20.0/7,-20.0/7);
    return 0;
}
```

程序的运行结果如下：
```
2,-2
2.857143,-2.857143
```

本例中的 20/7 和-20/7 的运算结果均为整型，而 20.0/7 和-20.0/7 由于有实数参与运算，因此结果为双精度型。

【例 2.15】 求余运算符的应用举例。

```c
#include <stdio.h>
int main(){
    printf("%d\n",100%3);
    printf("%d,%d\n",(-5)%3,5%3);
    printf("%d,%d\n",(-5)%(-3),5%(-3));
}
```

程序的运行结果如下：
```
1
-2,2
-2,2
```

对于这个结果很多读者会觉得困惑，为什么 5%3 和 5%(-3)的结果都是 2？这是因为 C 语言规定，求余运算结果的符号和被除数的符号相同。

2. 算术表达式

用算术运算符和括号将运算对象连接起来的且符合 C 语言语法规则的式子称为算术表达式。单个的常量、变量和函数可以看作表达式的特例。用表达式求值按运算符的优先级和结合性规定的顺序进行。

a+b、(a*2)/c、(x+r)*8-(a+b)/7 和 sin(x)+sin(y)等是算术表达式的例子。

在 5 种算术运算符中，单目运算符 "-" 的优先级最高，其次是乘法运算符、除运算符和求余运算符，最后是加法运算符和减法运算符。算术运算符的结合性是自左向右，即先左后右。

3. 自增运算符和自减运算符

自增运算符为 "++"。
自减运算符为 "--"。

自增运算符和自减运算符的作用分别是使变量的值自增 1 和自减 1。自增运算符和自减运算符均为单目运算符，具有右结合性，其优先级高于算术运算符的优先级。

例如，++i 与 i++都可以使变量 i 的值加 1，相当于 i=i+1，但是二者有不同之处。

如果初值 i=1，那么表达式++i 的值为 2，此时 i 的值也为 2；如果初值 i=1，那么表达式 i++的值为 1，此时 i 的值为 2。

++i 与 i++、--i 与 i--的区别如下。
- ++i、--i：变量 i 的值先自增（自减）1，然后参与其他运算，即先改值后用。
- i++、i--：变量 i 先参与其他运算，然后 i 的值自增（自减）1，即先用后改值。

特别是，当自增运算符和自减运算符出现在比较复杂的表达式或语句中时，常常很难弄清楚，因此读者应仔细分析。

【例2.16】自增运算符和自减运算符的应用举例。

```c
#include <stdio.h>
int main(){
    int x=8,y=8,i=8;
    x++;
    ++y;
    printf("%d,%d\n",x,y);
    printf("%d\n",++i);
    printf("%d\n",--i);
    printf("%d\n",i++);
    printf("%d\n",i--);
    return 0;
}
```

程序的运行结果如下：

```
9,9
9
8
8
9
```

对于自增运算符和自减运算符，需要注意以下几点。

（1）自增运算符和自减运算符只能用于变量，不能用于常量和表达式，如表达式5++和--(x+9)都是非法的。

（2）自增运算符和自减运算符具有右结合性，即结合方向从右向左，如-a++等价于-a(++)。

（3）尽量不要在一个表达式中对同一个变量进行多次自增、自减运算。例如，表达式(a++)+(++a)+(a++)，这种表达式不但可读性差，而且不同的编译系统对此类表达式的处理方式也不同，因此得到的结果也各不相同。

2.7 赋值运算符和赋值表达式

1. 赋值运算符

赋值运算符为"="。

由赋值运算符连接的式子称为赋值表达式。赋值表达式一般采用如下形式：

变量=表达式

其作用是先计算表达式的值，再将值赋给左侧的变量。

例如，x=a+b、w=sin(a)+sin(b)和y=i++都是赋值表达式。

赋值运算符具有右结合性，其优先级低于算术运算符的优先级。整个赋值表达式的值就是赋给变量的值。

若赋值表达式为a=b=c=3，则该表达式的值为3。a=b=c=3可以理解为a=(b=(c=3))。

若赋值表达式为x=(a=5)+(b=8)，则该表达式的值为13，其含义是先把5赋给变量a，

8 赋给变量 b，再把变量 a 和 b 相加，和赋给变量 x，所以 x 的值为 13。

2. 类型转换

在给变量赋值时，应尽量保证赋值运算符两侧的数据类型一致，若不一致，则在做赋值运算时系统将自动进行类型转换，即把赋值运算符右侧表达式的值转换为与左侧变量相同的类型。在 C 语言的赋值表达式中，规定了如下几点。

（1）将实型数据赋给整型变量时，舍去实数的小数部分。

例如，i 为整型变量，执行赋值运算 i=3.14 后，变量 i 的值为 3。

（2）将整型数据赋给实型变量时，数值不变，以浮点形式存储，即增加小数部分（小数部分的值为 0）。

（3）将字符型数据赋给整型变量时，由于字符型占用 1 字节，而整型占用 2 字节，因此将字符的 ASCII 码值放到整型变量的低 8 位中。对于无符号整型变量，其高 8 位补 0；对于有符号整型变量，其高 8 位补字符的最高位（0 或 1）。

（4）将整型数据赋给字符变量时，只把其低 8 位赋给字符变量。

【例 2.17】赋值运算类型转换示例。

```
#include <stdio.h>
int main(){
    int a,b=322, c;
    float x,y=8.88;
    char ch1='k',ch2;
    a=y;
    x=b;
    c=ch1;
    ch2=b;
    printf("%d,%f,%d,%c\n",a,x,c,ch2);
    return 0;
}
```

程序的运行结果如下：

8,322.000000,107,B

在上述示例中，a 为整型变量，将实型变量 y 的值 8.88 取整后赋给变量 a，结果为 8。x 为实型变量，将整型变量 b 的值 322 转换为实型后赋给变量 x，结果为 322.000000。将字符变量 ch1 的 ASCII 码值 107 赋给变量 c。整型变量 b 的值为 322（对应的二进制形式为 0000000101000010），取其低 8 位赋给变量 ch2，即 01000010（十进制形式为 66），对应字符 B 的 ASCII 码值。

3. 复合赋值运算符

在赋值运算符"="之前加上其他的双目运算符，即可构成复合赋值运算符，如"+="、"-="、"*="、"/="和"%="。

复合赋值运算和类型转换

构成复合赋值表达式的一般形式如下：

变量 双目运算符 = 表达式

它与如下形式是等效的：

变量 = 变量 运算符 表达式

例如，a+=5 等价于 a = a+5，x*=y+7 等价于 x = x*(y+7)，r%=p 等价于 r = r %p。

C 语言规定的复合赋值运算符除了上述 5 种，还有 5 种，分别为"<<="、">="、"&="、"^="和"|="。

这 5 种复合赋值运算符与位运算有关，将在 2.11 节中介绍。

复合赋值运算符的优先级和赋值运算符的优先级相同，结合性也是从右到左。初学者可能不习惯这种写法，但采用这种写法能够简化程序，提高编译效率。

【例 2.18】 复合赋值运算符的应用举例。

```c
#include <stdio.h>
int main(){
    int x=3,y=5;
    x*=x+y;
    printf("x=%d\n",x);
    return 0;
}
```

程序的运行结果如下：

```
x=24
```

4．各种类型数据之间的混合运算

在程序中，经常出现不同类型数据之间的混合运算，C 语言是如何处理的呢？

【例 2.19】 不同类型数据之间的混合运算示例。

```c
#include <stdio.h>
int main(){
    float pi=3.14159;
    int s,r=5;
    s=r*r*pi;
    printf("s=%d\n",s);
    return 0;
}
```

程序的运行结果如下：

```
s=78
```

在上述示例中，变量 pi 为实型，变量 s 和 r 为整型。当执行语句 s=r*r*pi;时，先对变量的数据类型进行转换，使其类型一致，然后进行运算。

C 语言规定：基本类型数据可以进行混合运算；在进行运算时，不同类型的数据要先转换为同一类型，然后才能进行运算。转换的方法有两种，一种是自动转换，另一种是强制转换。自动转换发生在不同类型的数据进行混合运算时，由编译系统自动完成。

自动转换遵循以下几个规则。

（1）若参与运算的数据类型不同，则先转换为同一类型，然后进行运算。

（2）转换按数据长度增加的方向进行，以保证不会降低精度。例如，当基本整型和长整型进行运算时，先把基本整型转换为长整型再进行运算。

（3）所有的实数运算都是以双精度型进行的，即使仅含单精度型运算的表达式，也要先转换为双精度型，再做运算，结果为双精度型。

（4）当字符型和短整型参与运算时，必须先转换为基本整型。

（5）在赋值运算中，当赋值运算符两侧的数据类型不同时，赋值运算符右侧的数据类型将转换为左侧的数据类型。当右侧的数据类型的长度比左侧的数据类型的长度长时，将丢失一部分数据，这样会降低精度，丢失的部分按四舍五入向前舍入。

图 2.3 所示为数据类型自动转换的规则。

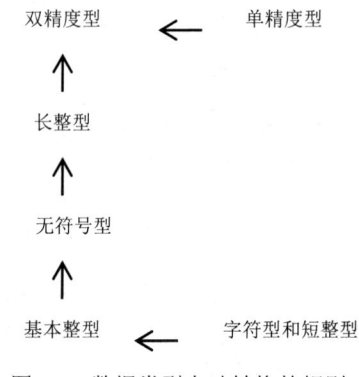

```
                双精度型    ←    单精度型
                  ↑
                长整型
                  ↑
                无符号型
                  ↑
                基本整型   ←    字符型和短整型
```

图 2.3　数据类型自动转换的规则

【例 2.20】数据混合运算的应用举例。

```c
#include <stdio.h>
int main(){
    float x=3.0, y;
    int i=2;
    char c='A';
    y=2.0+i*c+x;
    printf("y=%f\n", y);
    return 0;
}
```

程序的运行结果如下：

```
y=135.000000
```

5．强制类型转换运算符

强制类型转换运算符的一般形式如下：

(类型说明符)（表达式)

其功能是把表达式的运算结果强制转换为类型说明符表示的类型。

例如，(float) a 表示将变量 a 强制转换为实型，(int)(x+y)表示将 x+y 的结果强制转换为整型。

强制类型转换

【例 2.21】强制类型转换运算符的应用举例。

```c
#include <stdio.h>
int main(){
```

```
    float a=12.8357;
    a=(int)(a*100+0.5)/100.0;
    printf("a=%.2f\n", a);
    return 0;
}
```

程序的运行结果如下:

```
a=12.84
```

a=(int)(a*100+0.5)/100.0;语句中使用了强制类型转换和自动转换,其中的(int)(a*100+0.5)的运算结果为整型,即 1284,进行除 100.0 运算时自动转换为实型,即 1284.0,所以结果为 12.84。该语句的作用是小数点后保留两位有效数字,并且四舍五入。

在使用强制类型转换运算符时,应注意以下几点。

(1) 强制类型转换运算符和表达式都必须加括号(单个变量可以不加括号)。

例如,(int)(x+y)和(int)x+y 表示的意义大不相同,前者表示把 x+y 的结果转换为整型,后者表示先把 x 转换为整型再与 y 相加。

(2) 无论是强制转换还是自动转换,都只是为了本次运算的需要而对变量的数据长度进行临时性转换,并不改变变量原先的类型。

【例 2.22】强制类型转换运算符的应用举例。

```
#include <stdio.h>
int main()
{
    float f=5.75;
    printf("(int)f=%d, f=%f\n",(int)f, f);
    return 0;
}
```

程序的运行结果如下:

```
(int)f=5, f=5.750000
```

实型变量 f 虽然被强制转换为整型,但只在运算中起作用,是临时的,变量 f 的实型类型并不改变。因此,(int)f 的值为 5,而 f 的值仍为 5.75。

(3) 无论是强制转换还是自动转换,如果超出了类型的表示范围,就会出现溢出错误或不可预料的结果。例如,运行以下程序:

```
#include <stdio.h>
int main(){
    short int a;
    float b=123456;
    a=b;
    printf("a=%hd",a);
    return 0;
}
```

程序的运行结果如下:

```
a= -7616
```

请读者自行分析出现上述结果的原因。

2.8 关系运算符和关系表达式

C语言一般用关系表达式或逻辑表达式表示条件，也允许用其他表达式表示条件。把两个量进行比较的运算符称为关系运算符。"比较"就是判定两个量是否符合某种关系。例如，x>3 中的">"表示大于关系运算，y<x 中的"<"表示小于关系运算。

关系运算符、关系
表达式及布尔类型

1. 关系运算符

（1）C 语言提供了 6 种关系运算符，即"<"、"<="、">"、">="、"=="和"!="，分别读作小于、小于或等于、大于、大于或等于、等于和不等于。

注意：在 C 语言中，等于关系运算符是两个等号"=="，而不是一个等号"="（赋值运算符）。

（2）优先级（运算次序）。

系统规定"<"、"<="、">"和">="的优先级为 6，"=="和"!="的优先级为 7。算术运算符的优先级为 3（"*"、"/"和"%"）或 4（"+"和"-"），赋值运算符的优先级为 14。显然，关系运算符的优先级低于算术运算符的优先级，但高于赋值运算符的优先级。

2. 关系表达式

用关系运算符将两个表达式连接起来进行关系运算的式子就是关系表达式。

例如，x > y、'x' +1 >= 'z'和(a>b) !=(b>c)都是关系表达式。

关系表达式的值显然应该是逻辑值（非"真"即"假"）。

3. 布尔类型

布尔类型是只有"真"和"假"两种结果的数据类型，又称为逻辑型。例如，3<5 的结果为"真"。在 C99 标准之前，使用整型来表示"真"或"假"。在输入时，使用非 0 值表示"真"，使用 0 表示"假"。在输出时，"真"的结果是 1，"假"的结果是 0。

【例 2.23】关系表达式的示例。

```
#include <stdio.h>
int main(){
    int a=2,b=2;
    printf("%d",a==b);
    return 0;
}
```

程序的运行结果如下：

```
1
```

C99 标准中增加了布尔类型，可以使用_Bool 来定义布尔类型的变量，_Bool 类型的长度为 1，取值范围只能为 0 或 1。将任意非 0 值赋值给_Bool 类型，都会先转换为 1，表示

"真"。将 0 赋值给_Bool 类型，结果为 0，表示"假"。

【例 2.24】_Bool 类型的示例。

```
#include <stdio.h>
#include <stdbool.h>
int main(){
    _Bool a=2;
    _Bool b=0;
    printf("%d %d",a,b);
    return 0;
}
```

程序的运行结果如下：

1 0

在添加头文件 stdbool.h 以后，也可以使用 bool 来定义布尔类型的变量，通过 true 和 false 对布尔类型的变量进行赋值。

【例 2.25】使用 bool 定义布尔类型的变量。

```
#include <stdio.h>
#include <stdbool.h>
int main(){
    bool a=true;
    bool b=false;
    printf("%d %d",a,b);
    return 0;
}
```

程序的运行结果如下：

1 0

【例 2.26】计算表达式的值。

设 int x1=1，x2=2，x3=3。

（1） x1>x2 的值为 0。

（2） (x1>x2)!=x3 的值为 1。

（3） x1<x2<x3 的值为 1。

2.9　逻辑运算符与逻辑表达式

关系表达式描述的是单个条件，如 x>=1。如果在描述 x>=1 的同时还需要满足 x<10 的条件，那么用单个条件就无法表示，这时需要用逻辑表达式。

1. 逻辑运算符

（1）C 语言提供了 3 种逻辑运算符。

① "&&" 表示逻辑与。

② "||" 表示逻辑或。

③ "!"表示逻辑非。

(x>=1) && (x<10)、!(x<1)和 x||y 都是逻辑表达式。

(2) 逻辑运算的规则包括以下几点。

① "&&"是二元运算符。当且仅当两个表达式的值都为"真"时，运算结果为"真"，否则为"假"。"&&"等价于日常用语"同时"的含义。

② "||"是二元运算符。当且仅当两个表达式的值都为"假"时，运算结果为"假"，否则为"真"。"||"等价于日常用语"或者"的含义。

③ "!"是一元运算符。当表达式的值为"真"时，运算结果为"假"；当表达式的值为"假"时，运算结果为"真"。"!"等价于日常用语"否定"的含义。

假设 x=5，则(x>=1) && (x<2)的值为"假"，!(x<1) 的值为"真"，x||(!x)的值恒为"真"。

(3) 逻辑运算符的优先级。

逻辑非的优先级为 2，逻辑与的优先级为 11，逻辑或的优先级为 12。

所以，常用运算符的优先级由高到低的顺序为"!"→算术运算符→关系运算符→逻辑与运算符→逻辑或运算符→赋值运算符。

2．逻辑表达式

逻辑表达式是用逻辑运算符将关系表达式或逻辑量连接起来的式子。但是 C 语言进行了扩展：用逻辑运算符将若干表达式（C 语言中的任何表达式）连接起来进行逻辑运算的式子称为逻辑表达式。逻辑表达式一般用于描述多个条件的组合。

若需要说明 x>=1 同时满足 x<10，则可以用如下逻辑表达式描述：

```
(x>=1)&&(x<10)
```

【例 2.27】逻辑表达式的示例。

数学式子 a≥5 或 a≤-1 可以表示为 a>=5||a<=-1。

判断某一年是否是闰年的表达式为(year%4==0 && year%100!=0)|| (year%400==0)。

说明：

(1) 数学式子 1<=x<2 在 C 语言中的值恒为"真"。

(2) 逻辑表达式的值是一个逻辑值（非"真"即"假"），用整数 1 表示"真"，用 0 表示"假"。

(3) 因为 C 语言中的逻辑表达式的概念与通常意义上的不完全一致，所以对非逻辑量也可以进行逻辑运算。当判断一个数据的"真"或"假"时，都以 0 和非 0 值为依据：若为 0 则判定为"假"，若为非 0 值则判定为"真"。

例如，假设 x=-10，则 x 被视为"真"，！x 的值为"假"。

(4) 在计算逻辑表达式时，有时不是对所有的表达式进行求解，只有在必须执行下一个表达式可以求解时，才求解该表达式。规则如下。

① 对于逻辑与运算，若第一个操作数被判定为"假"，则系统不再判定或求解第二个操作数。

② 对于逻辑或运算，若第一个操作数被判定为"真"，则系统不再判定或求解第二个操作数。

逻辑运算中的短路现象

下面举例说明。

x&&y：若 x 的值为"假"，则该表达式的值为"假"，不需要再判断 y 的值。
x||y：若 x 的值为"真"，则该表达式的值为"真"，不需要再判断 y 的值。
这样也是有道理的，不需要多做无用功。

【例 2.28】 求逻辑表达式的值。

```
#include <stdio.h>
int main()
{
    int a=2,b=2;
    float x=0,y=2.3;
    printf("%d,%d\n",a*!b,!!a);
    printf("%d,%d\n",x||-1.5,a>b);
    printf("%d,%d\n",a==5 && (b=2),(x=2)&& a==b);
    return 0;
}
```

程序的运行结果如下：

```
0,1
1,0
0,1
```

请思考：已知 a=1，b=2，c=5，d=4，m=4，n=4，当执行(m=a>b) && (n=c>d) 运算后，n 的值是什么？

2.10 逗号运算符和逗号表达式

在 C 语言中，逗号","也是一种运算符，称为逗号运算符（也称作顺序求值运算符）。逗号运算符的优先级在 C 语言所有的运算符中最低，结合性为从左到右。

用逗号运算符把两个表达式连接起来组成的式子称为逗号表达式，如 a=3,2+4。

逗号表达式一般采用如下形式：

表达式 1,表达式 2

逗号表达式的求值过程如下：先求解表达式 1 的值，再求解表达式 2 的值，整个逗号表达式的值就是表达式 2 的值。

若表达式为 a=3*5,a*4，则 a 的值为 15，表达式的值为 60。

【例 2.29】 逗号表达式的示例。

```
#include <stdio.h>
int main(){
    int a=2, b=4, c=6, x, y, z;
    y=(x=a+b), (b+c);
    z=(a+b,b+c);
    printf("y=%d, x=%d, z=%d\n", y, x, z);
    return 0;
}
```

程序的运行结果如下：

```
y=6, x=6, z=10
```

需要注意 y=(x=a+b), (b+c);语句中运算符的优先级顺序，因为逗号运算符的优先级低于赋值运算符的优先级，所以 y=6 而不是 y=10。

对于逗号表达式，还需要注意以下两点。

（1）逗号表达式的一般形式中的表达式 1 和表达式 2 可以是任何表达式，当然也可以是逗号表达式。

例如，逗号表达式的嵌套形式如下：

```
表达式 1,(表达式 2,表达式 3)
```

因此，可以把逗号表达式扩展为如下形式：

```
表达式 1,表达式 2,…,表达式 n
```

此时，整个逗号表达式的值为表达式 n 的值。

例如，执行以下语句：

```
a=3;
b=(a+=2, 3*4, a*5);
```

结果变量 b 的值为 25。

（2）在程序中使用逗号表达式，通常分别求逗号表达式中各表达式的值，并不一定要求解整个逗号表达式的值。

需要注意的是，并不是任何地方出现的逗号都是逗号运算符。例如，变量定义语句中的逗号只是作为各变量之间的间隔符，如 int x, y, z;。另外，函数参数也是用逗号来分隔的，如 printf("x =%d, y =%d, z=%d\n", x, y, z);。

2.11 位运算

除了具有高级语言的功能，C 语言还有一个重要的特点，就是具有汇编语言的部分功能，即 C 语言提供的位运算功能。

位运算是指在 C 语言中能进行二进制位的运算。位运算包括位逻辑运算和移位运算两种。使用位逻辑运算能够方便地设置或屏蔽内存中某字节的一位或几位，也可以对两个数按位相加等；使用移位运算可以对内存中的某个二进制数左移或右移若干位等。

C 语言提供了 6 种位运算符，如表 2.4 所示。

表 2.4 位运算符

位运算符	含义	举例
&	按位与	a&b
|	按位或	a|b
^	按位异或	a^b
~	按位取反	~a
<<	左移	a<<1
>>	右移	b>>1

（1）位运算符的运算对象 a 和 b 只能是整型数据或字符型数据，不能是实型数据。

（2）位运算符中只有按位取反运算符为单目运算符，其他均为双目运算符，即要求运算符的两侧各有一个运算对象。

（3）位运算符的优先级顺序为"~"高于"<<"、">>"高于"&"高于"^"高于"|"。

（4）运算对象一律按二进制补码的形式参与运算，并且是按位进行运算的。

（5）位运算的结果是一个整型数据。

2.11.1 位逻辑运算符

假设本节各例题中的 a 和 b 均为整型变量，a 的值为 5（对应的二进制形式为 0000000000000101），b 的值为 9（对应的二进制形式为 0000000000001001）。

1．按位与运算符

运算规则：参与运算的两个数对应的二进位相与，只有对应的两个二进位均为 1 时，结果位才为 1，否则为 0。

也就是说，0&0=0，0&1=0，1&0=0，1&1=1。

【例 2.30】已知 a=5，b=9，计算 a&b 的值。

  a 的补码：0000000000000101
  b 的补码：0000000000001001
   &   ——————————
 结果的补码：0000000000000001

即 a&b=1。

按位与具有以下几种特殊的用途。

（1）将数据的某些位清零。

例如，执行 a=a&0;语句，结果为 a=0。

（2）判断数据的某位是否为 1。

例如，计算表达式 a&0x8000。其值若为 0，则表示变量 a 的最高位为 0；其值若为非 0，则表示变量 a 的最高位为 1。

（3）保留数据某些位的值。

例如，执行 a=a&0xff00;语句，结果保留变量 a 中的高 8 位不变，低 8 位的数据被清空。

2．按位或运算符

运算规则：参与运算的两个数对应的二进位相或，若对应的两个二进制位均为 0，则结果位为 0，否则为 1。

也就是说，0|0=0，0|1=1，1|0=1，1|1=1。

【例 2.31】已知 a=5，b=9，计算 a|b 的值。

  a 的补码：0000000000000101
  b 的补码：0000000000001001
   | ——————————
 结果的补码：0000000000001101

即 a|b=13。

按位或通常用于将数据的某些特定位置为 1。例如，将变量 a 的低 8 位全部置为 1，高 8 位不变，可以使用 a=a|0x00ff;语句来实现。

3．按位异或运算符

运算规则：参与运算的两个数对应的二进位相异或，当两个对应的二进位相异时，结果为 1，相同时结果为 0。

也就是说，0^0=0，0^1=1，1^0=1，1^1=0。

【例 2.32】已知 a=5，b=9，计算 a^b 的值。

  a 的补码：0000000000000101
  b 的补码：0000000000001001
  ^ —————————

结果的补码：0000000000001100

即 a^b=12。

因为按位异或具有"与 1 异或的位其值翻转，与 0 异或的位其值不变"的规律，所以通常用于保留数据的原值，或者使数据的某些位翻转（变反）。

下面举例说明：

```
int a=5, b, c;
b=a^0;          /*结果b=5*/
c=a^0x000f;     /*结果c=10*/
```

【例 2.33】假设有整型变量 a 和 b，并且 a=3，b=4。要求不用临时变量将 a 和 b 的值互换。

可以用以下 3 条赋值语句来实现变量的值的互换：

```
a=a^b;    /*即 a=3^4=7*/
b=b^a;    /*即 b=4^7=3*/
a=a^b;    /*即 a=7^3=4*/
```

4．按位取反运算符

运算规则：对参与运算的数的各二进位按位取反，即将 1 变为 0，将 0 变为 1。

例如，a 的补码为 0000000000000101，那么~a=1111111111111010。

位逻辑运算的规则如表 2.5 所示，其中 a 和 b 均是一个二进制位。

表 2.5　位逻辑运算的规则

运算对象		逻辑运算结果			
a	b	a&b	a|b	a^b	~a	~b
0	0	0	0	0	1	1
0	1	0	1	1	1	0
1	0	0	1	1	0	1
1	1	1	1	0	0	0

2.11.2 移位运算符

1．左移运算符

运算规则：将左移运算符左侧的数据中的各二进制位全部左移，左移的位数由右侧的数据指定。移位后右边出现的空位补 0，移到左边之外的位舍弃。

例如，a<<2，表示将 a 的各二进制位依次向左移 2 位，a 的最高 2 位移出去舍弃，空出的低 2 位以 0 填补。

假设 char a=5，则 a<<2 的过程如下。

```
a:              00000101
a<<2:      00 ← 00010100
           舍弃       补 0
```

即 a<<2 的值为 20。

说明：左移 1 位相当于该数乘以 2，左移 n 位相当于该数乘以 2^n，左移比乘法运算执行起来要快得多。但是左移 n 位相当于该数乘以 2^n 只适用于未发生溢出的情况，即移出的高位中不包含 1 的情况。

2．右移运算符

运算规则：将右移运算符左侧的数据中的各二进制位全部右移，右移的位数由右侧的数据指定。移到右边之外的位舍弃，左边空出的位补 0 还是补 1，分为以下两种情况。

（1）当对无符号数进行右移时，空出的高位补 0，这种右移称为逻辑右移。

假设 unsigned char a=0x80，则 a>>1 的过程如下。

```
a:         10000000           等于十进制数 128
a>>1:      01000000 → 0       等于十进制数 64
           补 0        舍弃
```

即 a>>1 的值为 0x40。

（2）当对有符号数进行右移时，空出的高位全部以符号位填补，即正数补 0，负数补 1，这种右移称为算术右移。

假设 char a=0x80，则 a>>1 的过程如下。

```
a:         10000000           等于十进制数-128
a>>1:      11000000 → 0       等于十进制数-64
           补 1        舍弃
```

假设 char a=0x60，则 a>>1 的过程如下。

```
a:         01100000           等于十进制数 96
a>>1:      00110000 → 0       等于十进制数 48
           补 0        舍弃
```

由此可以看出，数据右移 1 位相当于该数除以 2，同样，右移 n 位相当于该数除以 2^n。

2.11.3 位赋值运算符

将位运算符与赋值运算符结合可以组成位赋值运算符。C 语言提供的位赋值运算符都是双目运算符，如表 2.6 所示。

表 2.6 位赋值运算符

位赋值运算符	含义	举例	等价于
&=	位与赋值	a&=b	a=a&b
|=	位或赋值	a|=b	a=a|b
^=	位异或赋值	a^=b	a=a^b
<<=	左移赋值	a<<=b	a=a<<b
>>=	右移赋值	a>>=b	a=a>>b

【例 2.34】位赋值运算符的使用示例。

```
#include <stdio.h>
int main(){
    unsigned char a=2,b=4,c=5,d;
    d=a|b;
    d&=c;
    printf("d=%d\n", d);
    return 0;
}
```

程序的运行结果如下：

```
d=4
```

请读者自行分析上述结果。

2.11.4 不同长度的数据进行位运算

如果两个数据的长度不同，在进行位运算时，如 a&b，变量 a 为整型，变量 b 为短整型，那么系统会将二者按右端对齐的原则，将 b 扩充为 32 位。若 b 为正数，则左侧 16 位补满 0；若 b 为负数，则左侧补满 1；若 b 为无符号整数，则左侧 16 位补满 0。

实训 5　使用运算符和表达式

1. 实训目的

熟练掌握 C 语言中各种运算符的使用。

2. 实训内容

（1）运算符"+"、"-"、"*"和"/"的使用。

```
#include <stdio.h>
int main(){
    float a=2,b=4,h=3,s1,s2;
    s1=(1/2)*(a+b)*h;
    s2=h/2*(a+b);
    printf("s1=%f\ns2=%f\n",s1,s2);
    return 0;
}
```

程序的运行结果如下:

```
s1=0.000000
s2=9.000000
```

(2) 求余运算符的使用。

例 1:计算一个三位整数各位上的数字。

```c
#include <stdio.h>
int main(){
    int x=123;
    char c1,c2,c3;
    c1=x%10+'0';
    c2=x/10%10+'0';
    c3=x/100+'0';
    printf("个位:%c,十位:%c,百位:%c\n", c3,c2,c1);
    return 0;
}
```

求余运算符的应用 1:计算一个三位数的各个位

程序的运行结果如下:

```
个位:1,十位:2,百位:3
```

例 2:计算 31 天=? 星期? 天。

```c
#include <stdio.h>
int main(){
    int days=31;
    int weeks;
    int day;
    weeks=days/7;
    day=days%7;
    printf("%d 天=%d 星期%d 天\n",days,weeks,day);
    return 0;
}
```

求余运算符的应用 2:表示进制问题

程序的运行结果如下:

```
31 天=4 星期 3 天
```

(3) 自增运算符和自减运算符的使用。

```c
#include <stdio.h>
int main(){
    int x, y;
    x=3;
    printf("y=%d \n", y=x++);
    printf("x=%d \n", x);
    printf("y=%d \n", y=--x);
    printf("x=%d \n", x);
    return 0;
}
```

程序的运行结果如下:

```
y=3
x=4
y=3
x=3
```

（4）赋值运算符的使用。

```c
#include <stdio.h>
int main(){
    int a=100, b=29, t;
    printf("a=%d, b=%d\n", a, b);
    t=a;
    a=b;
    b=t;
    printf("a=%d, b=%d\n", a, b);
    return 0;
}
```

赋值运算符的使用：交换两个变量的值

程序的运行结果如下：

```
a=100, b=29
a=29, b=100
```

（5）强制类型转换运算符的使用。

```c
#include <stdio.h>
int main(){
    float x=1.6546,y;
    y=(int)(x*1000+0.5)/1000.0;
    printf("x=%f, y=%f\n", x, y);
    return 0;
}
```

程序的运行结果如下：

```
x=1.654600, y=1.655000
```

（6）位运算符的使用。

```c
#include <stdio.h>
int main(){
    int a=5, b=1, t;
    t=(a<<2)|b;
    printf("%d\n", t);
    return 0;
}
```

程序的运行结果如下：

```
21
```

3．实训思考

上面给出了各程序的运行结果，请读者自行分析产生结果的原因。

本章小结

本章主要介绍了 C 语言中的数据类型、运算符和表达式等基本概念，读者在学习过程中要重点掌握以下内容。

（1）C 语言的数据类型可以分为基本类型、构造类型、指针类型和空类型四大类。

（2）常量与变量。

在程序运行过程中，其值不能改变的量称为常量，其值可以改变的量称为变量。

常量又可以分为直接常量和符号常量。

标识符是用来标识变量名、符号常量名、函数名、数组名、类型名和文件名的有效字符序列。C 语言规定标识符只能由字母、数字和下画线 3 种字符组成，并且第一个字符必须是字母或下画线。

（3）整型数据。

整型数据可以分为短整型（short）、长整型（long）和基本整型（int）3 种。根据是否保存有符号数，整型数据又可以分为无符号（unsigned）和有符号（signed）两种类型。

整型常量可以用 3 种形式表示，即八进制形式、十进制形式和十六进制形式。整型常量还可以通过加后缀 u、U 和 l、L 来表示是无符号类型还是长整型。

（4）实型数据。

实型数据可以分为单精度型（float）、双精度型（double）和长双精度型 3 种。实型常量都是双精度型的，可以用十进制小数和指数法表示。

（5）字符型数据。

字符型数据在内存中以其 ASCII 码保存。字符串型数据在内存中以字符的形式存储，每个字符占 1 字节，并以 "\0" 作为字符串结束标志。字符型数据可以作为整型数据使用，整型数据也可以作为字符型数据使用。

（6）运算符和表达式。

掌握运算符的优先级和结合性。重点掌握算术运算符 "/" 和 "%"，以及 "++"、"--"、","、"="、类型转换运算符和位运算符。

学会正确编写 C 语言表达式，并掌握表达式的计算顺序。

本章概念性的内容比较多，读者在学习过程中应该在理解的基础上记忆，通过多练习来巩固所学的知识。

习题 2

1. 选择题

（1）若下列各项中的变量均已正确定义，则正确的赋值语句是（　　）。

A．x1=26.8%3;　　　B．1+2=x2;　　　C．x3=0x12;　　　D．x4=1+2=3;

（2）设有以下定义：

```
int a=0;
```

```
double b=1.25;
char c='a';
#define d 2
```

则下面的语句中错误的是（   ）。

A．a++;　　　　　B．b++;　　　　　C．c++;　　　　　D．d++;

（3）下列各项不是 C 语言合法标识符的是（   ）。

A．_del　　　　　B．int　　　　　　C．m_ab　　　　　D．b83d

（4）下列各项不属于 C 语言合法的整型常量的是（   ）。

A．11　　　　　　B．018　　　　　　C．0XAB　　　　　D．-0xad

（5）下列各项属于 C 语言合法的字符常数的是（   ）。

A．'97'　　　　　B．"A"　　　　　　C．'\t'　　　　　D．"\0"

（6）执行语句 x=(y=3,z=y--);后，整型变量 x、y、z 的值依次为（   ）。

A．3,2,2　　　　　B．3,2,3　　　　　C．3,3,2　　　　　D．2,3,2

（7）下列各项中与 a=b++完全等价的表达式是（   ）。

A．a=b,b=b+1　　B．b=b+1,a=b　　C．a=++b　　　　D．a+=b+1

（8）运行以下程序，输出结果是（   ）。

```
#include <stdio.h>
int main(){
    int x=13,y=25;
    x+=y;
    y=x-y;
    x-=y;
    printf("x=%d, y=%d\n", x, y);
    return 0;
}
```

A．x=13, y=13　　B．x=25, y=25　　C．x=13, y=25　　D．x=25, y=13

2．写出下列各数学式的 C 语言表达式。

（1） $area = \sqrt{s(s-a)(s-b)(s-c)}$，其中 $s = (a+b+c)/2$。

（2） $x = \dfrac{-b+\sqrt{b^2-4ac}}{2a}$。

3．假设有以下变量的定义：

```
int x=5;
float y=6.5;
```

请计算下面各表达式的值。

（1）x+3,y-2。

（2）(int)y/x。

（3）x+=x*=x/=x。

（4）x/3*y。

4．写出以下程序的运行结果。

程序 1：

```c
#include <stdio.h>
int main(){
    char ch='x';
    int x;
    unsigned y;
    float z=0;
    x=ch-'z';
    y=x*x;
    y+=2*x+1;
    z-=y/x;
    printf("ch=%c,x=%d,y=%u,z=%f",ch,x,y,z);
    return 0;
}
```

程序2:

```c
#include <stdio.h>
int main(){
    long b=312654;
    short a;
    char c;
    a=b;
    c=a;
    printf("b=%ld, a=%hd, c=%c\n",b,a,c);
    return 0;
}
```

程序3:

```c
#include <stdio.h>
int main(){
    float x=3.56743,y;
    y=(int)(x*1000)/1000.0;
    printf("x=%f, y=%f\n",x,y);
    return 0;
}
```

程序4:

```c
#include <stdio.h>
int main(){
    int x=1234;
    char c1,c2,c3,c4;
    c1=x%10+'0';
    c2=x/10%10+'0';
    c3=x/100%10+'0';
    c4=x/1000+'0';
    printf("c1=%c,c2=%c,c3=%c,c4=%c",c1,c2,c3,c4);
    return 0;
}
```

程序 5：

```c
#include <stdio.h>
int main(){
    int a, b, c;
    a=b=c=1;
    printf("%d, %d, %d\n",a++,b,c);
    printf("%d, %d, %d\n",a,++b,c);
    printf("%d, %d, %d\n",a,b,c--);
    return 0;
}
```

程序 6：

```c
#include <stdio.h>
#define G 9.8
    int main(){
    int v=20,t=3;
    float y;
    y=v+1.0/2*G*t*t;
    printf("y=%f", y);
    return 0;
    }
```

第3章 基本程序结构

计算机之所以能够运行，主要取决于软件，也就是程序。程序是由计算机语言的序列语句组成的。计算机语言的程序有严格的格式规定，必须按照格式要求编写，计算机才能读得懂。程序员的任务就是让计算机按照自己的意图工作。把自己要做的事情用计算机语言实现，让计算机执行，这就是程序设计。本章主要介绍 C 语言程序的 3 种基本结构，即顺序结构、选择结构和循环结构。

3.1 C 语言程序的 3 种基本结构

千变万化的计算机程序其实是由 3 种基本结构组成的，分别是顺序结构、选择结构和循环结构。C 语言程序也是如此。

结构化程序设计的基本思想是，任何程序都可以采用顺序结构、选择结构和循环结构这 3 种基本结构来表示。由这 3 种基本结构组成的程序称为结构化程序。

图 3.1 所示为传统的流程图，箭头指明程序的走向，菱形框是判断框，矩形框是执行框。图 3.2 所示为新型的流程图，即 N-S 流程图，其中省略了箭头，按照自上而下的顺序执行。

从流程图中可以看出以下几点。

（1）顺序结构是指按照程序的编写顺序依次执行 A 段程序、B 段程序。

（2）选择结构是指先根据给定的条件 P 进行判断，然后根据判断结果来确定执行 A 分支还是 B 分支。

（3）循环结构是在条件 P 成立时，重复执行某程序段。

结构化程序是由具有上述 3 种结构的程序模块组成的。

一般来说，一个程序包括两方面的内容。

（1）对数据的描述：在程序中要指定数据的类型和数据的组织形式，即数据结构。

（2）对操作的描述：即操作步骤，也叫作算法。

计算机科学家沃思提出的公式为数据结构+算法=程序。

图 3.1　传统的流程图

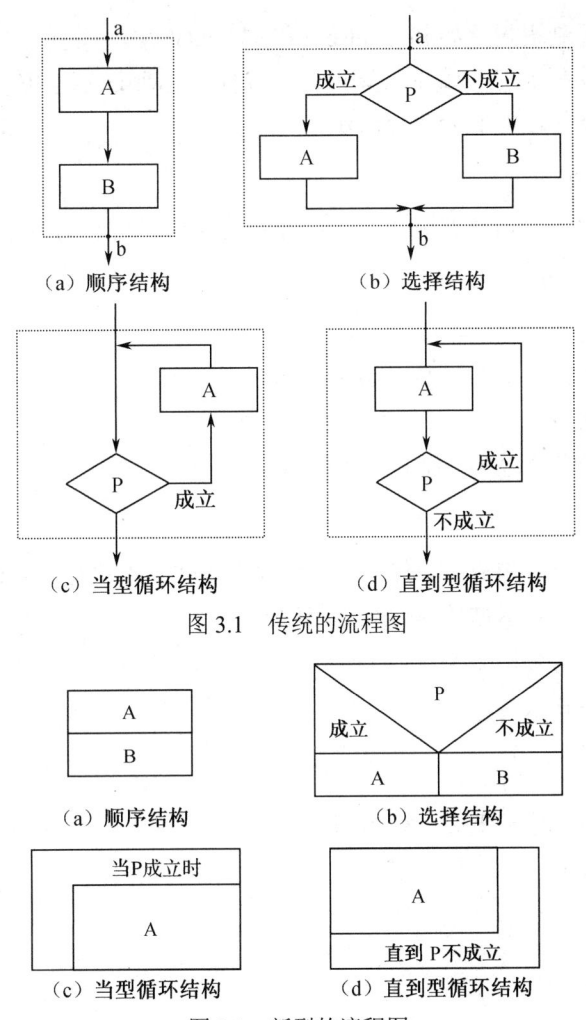

图 3.2　新型的流程图

做任何事情都要有一定的方法，从广义上来说，这个方法也就是算法，而计算机的算法要求可以在计算机上实现。

对算法的描述可以用自然语言，也可以用流程图或其他方法。结构化程序的算法可以用 3 种基本结构的流程图来描述，整个算法的结构是由上到下把各个基本结构按顺序排列起来。

3.2　C 语言语句

3.2.1　C 语言语句的类型

读者是否已经体会到，计算机语言的语句就是命令，用于指挥计算机工作。C 语言也是利用函数体中的可执行语句，向计算机系统发出操作命令的。C 语言的语句分为 5 类。

1．控制语句

控制语句用于完成一定的控制功能。

(1)选择结构控制语句,如 if()...else...和 switch()...。
(2)循环结构控制语句,如 do...while()、for()...、while()...、break 和 continue。
(3)其他控制语句,如 goto 和 return。

2. 函数调用语句

函数调用语句由一次函数调用加一个分号构成。示例如下:

```
printf("How do you do.");
```

3. 表达式语句

表达式语句由表达式加一个分号构成。最典型的表达式语句是,在赋值表达式后面加一个分号构成赋值语句。

例如,x=5 是赋值表达式,而 x=5;是赋值语句。

4. 空语句

空语句仅由一个分号构成。显然,空语句什么操作也不执行。空语句有时用来作为被转向点或循环体(此时表示循环体什么也不做)。

```
    for(int i=1;i<=10;i++);
```

其中的循环体就是空语句。

5. 复合语句

复合语句由花括号括起来的一组语句构成,也称为分程序。示例如下:

```
#include <stdio.h>
int main() {
    ...
    {   t=x;
        x=y;
        y=t;}      //复合语句
    ...
}
```

复合语句的性质如下。

(1)复合语句的语法和单一语句的语法相同,即单一语句可以出现的地方,也可以使用复合语句。

(2)复合语句可以嵌套,即复合语句中也可以出现复合语句。

3.2.2 赋值语句

计算机是处理数据的工具,当进行数据处理时,程序应具有提供数据、处理数据和输出数据的功能。所以,先介绍赋值语句、数据的输入/输出语句。它们是顺序执行语句,也是程序中使用得最多的语句。

赋值语句由赋值表达式加上分号构成。

赋值语句的一般形式如下:

```
变量=表达式;
```

赋值语句的功能是把表达式的值赋给变量。示例如下：

```
x=2+3;
```

执行该语句后，x 的值为 5。

说明：

（1）赋值表达式与赋值语句的区别：前者仅是表达式，可以出现在任何使用表达式的地方；赋值语句是可执行语句，和任何语句一样，不能出现在表达式中。例如，(x = 3)>0 是正确的表达式，(x = 3;)>0 不是正确的表达式。

（2）"变量=(变量=表达式);"是合法的，这是赋值语句的嵌套形式，展开后的形式为"变量=变量=表达式;"。示例如下：

```
x=y=0;
```

按照赋值运算符的右结合性，上述语句等价于下面的两个顺序语句：

```
y=0;
x=y;
```

注意：x=y=0;与 int x=y=0;是不同的。int x=y=0;是不合法的，因为它不符合变量初始化的规定格式（请参考第 2 章的内容）。

3.3 数据的输入/输出

输入是指从输入设备（如键盘、磁盘和扫描仪等）向计算机输入数据；输出是指从计算机向外部设备（如显示器、打印机和磁盘等）输出数据。在 C 语言中，所有的数据输入/输出都是由库函数完成的。

在使用 C 语言的库函数时，要用预编译命令#include 将有关的头文件包括到源文件中。

当使用标准输入/输出函数(用于标准输入/输出设备键盘和显示器)时，需要使用 stdio.h 文件，因此，源文件开头应有以下预编译命令：

```
#include <stdio.h>
```

或者：

```
#include "stdio.h"
```

其中，stdio 是 standard input & output 的缩写。

3.3.1 字符输入/输出函数——putchar()函数和 getchar()函数

1．putchar()函数

putchar()是单个字符输出函数，一般采用如下格式：

```
putchar(ch);
```

putchar()函数的功能是在显示器上输出字符变量 ch 的值。示例如下：

```
putchar('x');              //输出字符常量'x'
putchar(x);                //输出字符变量 x 的值
putchar('\101');           //输出字符常量'A'
```

```
    putchar('\n');                        //换行
```

说明：

（1）ch 可以是一个字符变量或字符常量，也可以是一个转义字符。如果是转义字符则执行控制功能，屏幕上不显示。

（2）putchar()函数用于单个字符的输出，一次只能输出一个字符。

【例 3.1】 putchar()函数的使用。

```
#include <stdio.h>                       //编译预处理命令：文件包含
int main() {
    char c1='S', c2='u', c3='n';
    putchar(c1);                          //输出 c1
    putchar(c2);                          //输出 c2
    putchar(c3);                          //输出 c3
    putchar('\n');                        //换行
    return 0;
}
```

程序的运行结果如下：

```
Sun
```

2．getchar()函数

getchar()是单个字符输入函数，一般采用如下格式：

```
getchar();
```

getchar()函数的功能是从键盘上输入一个字符。

说明：

（1）getchar()函数只接收单个字符，数字也按字符处理。当输入多于一个字符时，接收第一个字符。

（2）可以把输入的字符赋予一个字符变量或整型变量，构成赋值语句；也可以不赋给任何变量，作为表达式使用。示例如下：

```
char c;
c=getchar();
putchar(getchar());
```

（3）在使用 getchar()函数前必须包含文件 stdio.h。

【例 3.2】getchar()函数的使用。

```
#include <stdio.h>
int main(){
    char c;
    printf("Please input two characters:\n");
    c=getchar();                          //输入一个字符，赋给 c
    putchar(c);
    putchar('\n');
    putchar(getchar());                   //输入一个字符，并输出
    return 0;
}
```

运行程序，根据提示进行操作：

```
Please input two characters:
xy↙
x
y
```

3.3.2 格式输入/输出函数——printf()函数和 scanf()函数

printf()是格式输出函数，可以按照用户指定的格式把数据输出到显示器屏幕上。函数名称中的字母 f 是 format 的缩写，即"格式"的意思。

1．printf()函数

（1）调用 printf()函数的一般形式如下：

printf()函数的格式

```
printf("格式控制字符串",变量输出表)
```

printf()函数的功能是按照"格式控制字符串"的指定格式输出对应的变量。

【例 3.3】已知矩形的长 a=10 厘米，宽 b=6 厘米，求矩形的面积 s。

```c
#include <stdio.h>
int main(){
    int a=10,b=6,s;
    s=a*b;                      //计算矩形的面积
    printf("s=%d\n", s);        //%d 说明输出变量 s 的类型是整型
    return 0;
}
```

程序的运行结果如下：

```
s=60
```

说明：

① 格式控制字符串包含 3 种字符。
- 格式说明符：以"%"开头的字符串，"%"的后面是各种格式字符，以说明输出数据的类型、形式、长度和小数位数等。
- 转义字符：printf("s=%d\n",s);语句中的"\n"是转义字符，输出时产生一个"换行"操作。
- 普通字符：格式控制字符串中除了格式说明符和转义字符，其余都是普通字符，普通字符按原样输出。例如，printf("s=%d\n",s);语句中的"s="是普通字符，输出时按原样输出。

② 变量输出表。
- 变量输出表属于可选内容。如果输出的数据多于一个，则相邻之间用逗号分隔。示例如下：

```
printf("How do you do !\n");
printf("a=%d b=%d\n", a, b);
```

- 变量输出表的内容可以是表达式。示例如下：

```
printf("%d",3*a+5);
```

③ 格式控制字符串中的格式字符必须与变量输出表中输出项的数据类型一致，否则会引起输出错误。如果初学者在无意中出现如下错误，查看程序结果可能不知道是怎么回事：

```
#include <stdio.h>
int main(){
    int a=10;
    printf("a=%f\n",a);
    return 0;
}
```

程序的运行结果如下：

a=0.000000

（2）格式说明符。

printf()函数的格式字符如表 3.1 所示。printf()函数的附加格式说明字符如表 3.2 所示。

printf()函数的输出格式：类型

表 3.1　printf()函数的格式字符

格式字符	意义
d	以十进制形式输出有符号整数（正数不输出+）
o	以八进制形式输出无符号整数（不输出前缀 0）
x、X	以十六进制形式输出无符号整数（不输出前缀 Ox）
u	以十进制形式输出无符号整数
f	以小数形式输出单精度实数或双精度实数
e、E	以指数形式输出单精度实数或双精度实数
g、G	以%f 或%e 中较短的输出宽度输出单精度实数或双精度实数
c	输出单个字符
s	输出字符串

表 3.2　printf()函数的附加格式说明字符

标志	意义
-	结果左对齐，右边填空格
m（正整数）	数据的最小宽度
n（正整数）	对实数来说表示输出 n 位小数，对字符串来说表示截取的字符个数
字母 l	用于长整型整数，可以加在格式字符 d、o、x 和 u 的前面

① 格式字符 d——以有符号的十进制整数形式输出。

允许形式：%d、%md、%-md 和%ld 等。

- %d：按整型数据的实际长度输出。
- %md：m 是正整数，表示输出数据的宽度。如果 m 小于数据的实际位数，则 m 失效不起作用；如果 m 大于数据的实际位数，则结果右对齐，左边填充空格。

printf()函数的输出格式：数据最小宽度和标志

- %-md：当数据的宽度小于 m 时，负号"-"要求结果左对齐，右边填充空格。
- %ld：字母 l 用于长整型数据的输出，还可以加在格式字符 o、x 和 u 的前面。

【例3.4】格式字符 d 的使用。

```
#include <stdio.h>
int main(){
    int n1=111;
    long n2=222222;
    printf("n1=%d,n1=%4d,n1=%-4d,n1=%2d\n",n1,n1,n1,n1);
    printf("n2=%ld,n2=%9ld,n2=%2ld\n",n2,n2,n2);
    printf("n1=%ld\n",n1);
    return 0;
}
```

程序的运行结果如下：

```
n1=111,n1=□111,n1=111□,n1=111
n2=222222,n2=□□□222222,n2=222222
n1=111
```

其中，□表示空格。

整数还有以下几种输出形式。

- %o：以八进制无符号形式输出整数。
- %x：以十六进制无符号形式输出整数。
- %u：对于无符号型数据，以十进制无符号形式输出。

printf()函数的精度和数据长度的使用

② 格式字符 f——以小数形式，输出单精度实数或双精度实数。

允许形式：%f、%m.nf、%-m.nf、%mf 和%.nf 等。

- %f：按系统默认的宽度输出实数。整数部分全部输出，小数部分输出 6 位。单精度变量的输出有效位是 7 位，双精度变量的输出有效位是 16 位。
- %-m.nf：m 是正整数，表示数据的最小宽度；n 是正整数，表示小数位数。m 和负号的用法与前面的相同。

【例3.5】输出实数的有效位。

```
#include <stdio.h>
int main(){
    float a=11111.111,b=33333.333;
    printf("a+b=%f\n",a+b);
    return 0;
}
```

程序的运行结果如下：

```
a+b=44444.443359
```

显然，有效数字只有 7 位，即 44444.44。

双精度变量的输出与此类似，只是有效位是 16 位。

- %e：以标准的指数形式输出。尾数中的整数部分大于或等于 1、小于 10，整数部分占 1 位，小数点占 1 位，尾数中的小数部分占 5 位；指数部分占 4 位（其中 e 占 1 位，指数符号占 1 位，指数占两位），共 11 位（不同系统的规定略有不同），如 3.33333e-03。
- %g：系统根据数值的大小，自动选择%f 或%e 格式，并且不输出无意义的 0。

③ 格式字符 c——输出一个字符。

允许形式：%c。

%c：以字符形式输出一个字符。

【例 3.6】字符和整数的输出。

```
#include <stdio.h>
int main(){
    char ch='a';
    int i=98;
    printf("ch=%c,i=%c\n", ch,i);    //ch 和 i 以字符形式输出
    printf("ch=%d,i=%d\n", ch,i);    //ch 和 i 以整数形式输出
    return 0;
}
```

程序的运行结果如下：

```
ch=a,i=b
ch=97,i=98
```

结论：整数可以用字符形式输出，字符也可以用整数形式输出。

在第 2 章中提到，字符在内存中是以 ASCII 码的形式保存的，ASCII 码就是整数形式，所以它们之间根据需要可以相互转换。当整数以字符形式输出时，系统先求该数与 256 的余数，然后将余数作为 ASCII 码，输出对应的字符。

④ 格式字符 s——输出一个字符串。

允许形式：%s 和%m.ns。

- %s：输出一个字符串。
- %m.ns：m 是正整数，表示允许输出的字符串的宽度；n 是正整数，表示对字符串截取的字符个数。

【例 3.7】输出字符串。

```
#include <stdio.h>
int main(){
    printf("%s,%3s,%-9s\n","student","student","student");
    printf("%8.3s,%-8.3s,%3.4s\n","student","student","student");
    return 0;
}
```

程序的运行结果如下：

```
student,student,student□□
□□□□□stu,stu□□□□□,stud
```

其中，□表示空格。

说明：

如果想输出字符 "%"，则可以在格式控制字符串中连续用两个 "%" 表示。示例如下：

```
printf("%5.2f%%",1.0/2);
```

输出结果如下：

```
 0.50%
```

2．scanf()函数

scanf()称为格式输入函数，可以按照用户指定的格式从键盘上把数据输入指定的变量中。

（1）调用 scanf()函数的一般形式如下：

scanf("格式控制字符串",变量地址表);

scanf()函数的功能是按照格式控制字符串的要求，从键盘上把数据输入变量中。

【例 3.8】 已知矩形的长和宽，求矩形的面积。

```
#include <stdio.h>
int main() {
    int a,b,s;
    printf("input a,b : ");
    scanf("%d,%d",&a,&b);//从键盘上输入两个整数，赋给变量a和b
    s=a*b;
    printf("s=%d\n",s);
    return 0;
}
```

运行程序，根据提示进行操作：

input a,b : 10,6↙

s=60

与例 3.3 进行比较，该程序的优势表现在哪些方面？

为变量提供数据，可以在初始化时提供，也可以在程序中用赋值语句提供。scanf()函数可以由键盘输入，为计算机提供任意数据。

说明：

① 格式控制字符串。格式控制字符串的作用与 printf()函数的作用类似，只是将屏幕输出的内容转换为键盘输入的内容。例如，普通字符在输出数据时按照原样打印在屏幕上，而在输入数据时必须按照格式由键盘输入。

② 变量地址。变量地址由地址运算符后跟变量名组成，如&a 表示变量 a 的地址。

③ 变量地址表。变量地址表由若干被输入数据的地址组成，相邻地址之间用逗号分隔。变量地址表中的地址可以是变量的地址，也可以是字符数组名或指针变量。

（2）格式说明符。

① 格式字符：表示输入数据的类型。scanf()函数的格式字符如表 3.3 所示。

表 3.3　scanf()函数的格式字符

格式字符	字符的意义
d	输入十进制整数
o	输入八进制整数
x	输入十六进制整数
u	输入无符号十进制整数
f 或 e	输入实型数（采用小数形式或指数形式）

续表

格式字符	字符的意义
c	输入单个字符
s	输入字符串

② 附加格式说明符。
- 宽度 n：用于指定输入数据的列宽。也就是说，只接收输入数据中相应的 n 位，赋给对应的变量，多余部分舍去。示例如下：

```
scanf("%2c%c",&c1,&c2);
printf("c1=%c,c2=%c\n",c1,c2);
```

如果输入"abcd"，则系统将读取的"ab"中的"a"赋给变量c1，将读取的"cd"中的"c"赋给变量c2，所以 printf()函数输出如下结果：

```
c1=a,c2=c
```

- 抑制符号 *：使对应的数据输入后被抑制，不赋给任何变量。示例如下：

```
scanf("%2d%*2d%2d",&x1,&x2);
printf("x1=%d,x2=%d\n",x1,x2);
```

如果输入"112233✓"，则得出如下结论：系统读取"11"，赋值给 x1；读取"22"，被抑制，舍去；读取"33"，赋值给 x2。所以，输出如下结果：

```
x1=11,x2=33
```

- 字符 l：%ld、%lo、%lx 和%lu 格式用于输入长整型数据，%lf 和%le 格式用于输入实型数据。
- 字符 h：%hd、%ho 和%hx 格式用于输入短整型数据。

③ 数据输入格式。
- 如果相邻格式说明符之间没有数据分隔符（如%d%d），则由键盘输入的数据之间可以用空格分隔（至少一个），或者用 Tab 键分隔，或者输入一个数据后按 Enter 键，然后输入下一个数据。

示例如下：

```
scanf("%d%d",&x1,&x2);
```

如果给 x1 输入"11"，给 x2 输入"33"，则正确的输入操作如下：

```
11□33✓
```

或者：

```
11✓
33✓
```

- 格式控制字符串中出现的普通字符包括转义字符，需要原样输入。示例如下：

```
scanf("%d,%d",&x1,&x2);
```

输入格式如下：

```
11,33✓
```

```
scanf("%d : %d",&x1,&x2);
```

输入格式如下：

```
11 : 33↙
```

```
scanf("x1=%d,x2=%d\n",&x1,&x2);
```

输入格式如下：

```
x1=11,x2=33\n↙
```

这样的输入格式是很麻烦的，最好不采用这种格式。
- 在输入数据时，如果遇到以下情况，那么该数据被认为输入结束。
  - 遇到空格，或者 Enter 键，或者 Tab 键。
  - 指定的输入宽度结束，如 "%5d"，只取 5 列。
  - 遇到非法输入，如输入数值数据时遇到非数值符号。
- 当使用 "%c" 输入字符时，不要忽略空格的存在。示例如下：

scanf()函数的使用：多个数据连续输入

```
scanf("%c%c",&c1,&c2,);
printf("c1=%c,c2=%c \n",c1,c2);
```

如果输入 "□xy↙"，那么系统将空格 "□" 赋值给 c1，字母 "x" 赋值给 c2。

注意：

① 如果需要实现人机对话的效果，那么在设计数据输入格式时，可以先用 printf()函数输出提示信息，再用 scanf()函数进行数据输入。

例如，可以把 scanf(x1=%d,x2=%d\n",&x1,&x2);改为如下形式：

```
printf("x1="); scanf("%d",&x1);
printf("x2="); scanf("%d",&x2);
```

这样就可以有屏幕提示的效果。

② 格式输入/输出函数的规定比较烦琐，读者可以先掌握一些基本的规则，多上机操作，随着学习的深入，通过编写和调试程序逐步深入掌握。

实训 6　使用输入/输出函数

1. 实训目的

熟练使用字符输出函数 putchar()、字符输入函数 getchar()、格式输出函数 printf()和格式输入函数 scanf()。

2. 实训内容

（1）字符输出函数 putchar()的使用。

```
#include <stdio.h>
int main(){
    char a, b;
    a='B';
    b='O';
    putchar(a);
```

```
    putchar(' ');
    putchar(b);
    return 0;
}
```

请读者自行观察程序的运行结果。

（2）字符输出函数 putchar() 的使用。

① 将上述程序修改为如下形式：

```
#include <stdio.h>
int main(){
    char a, b;
    a='B';
    b='O';
    putchar(a);
    putchar('\n');
    putchar(b);
    putchar('\n');
    return 0;
}
```

② 上机运行这个程序，会得到什么结果呢？与上面的程序的运行结果有何不同？

（3）字符输入函数 getchar() 的使用。

```
#include <stdio.h>
int main(){
    char c;
    c=getchar();
    c=c-32;
    putchar(c);
    return 0;
}
```

运行程序，根据提示进行操作：

```
a↙
A
```

（4）分析下面的程序的运行结果。

```
#include <stdio.h>
int main(){
    int k=18;
    printf("%d,%o,%x\n",k,k,k);
    return 0;
}
```

请读者认真思考 %d、%o 和 %x 这 3 种输出格式的不同之处。

（5）格式输出函数 printf() 的使用。

```
#include <stdio.h>
int main(){
```

```
int a=6;
float b=12.3456;
char c='B';
long d=1234567;
unsigned e=95533;
printf("a=%d,b=%3d\n",a,a);         //按整型数据的实际长度和指定长度输出变量 a
printf("%f,%e\n",b,b);              //按小数形式和指数形式输出变量 b
printf("%-10f,%10.2e\n",b,b);       //按指定格式的小数形式和指数形式输出变量 b
printf("%c,%d,%o,%x\n",c,c,c,c);    //将字符变量 c 以字符型和整型输出
printf("%ld,%lo,%lx\n",d,d,d);      //将长整型变量 d 以十进制形式、八进制形式和十六进制形式输出
printf("%u,%o,%x,%d\n",e,e,e,e);    //将无符号变量 e 以无符号型和整型输出
printf("%5.3s\n","HELLO");          //将字符串"HELLO"以指定格式输出
return 0;
}
```

请读者自行分析并写出程序的运行结果。

（6）格式输入函数 scanf()的使用。

用下面的 scanf()函数输入数据，使 a=1，b=2，c='A'，d=5.5，请问在键盘上应如何输入？

```
#include <stdio.h>
int main(){
    int a,b;
    char c;
    float d;
    scanf("%d,%d",&a,&b);
    scanf("%c %f\n",&c,&d);
    return 0;
}
```

请加上输出函数语句，以辅助核对输出结果。

（7）格式输入函数 scanf()的使用。

用下面的 scanf()函数输入数据：

```
#include <stdio.h>
int main(){
    int a,b;
    char c;
    float d;
    scanf("a=%d b=%d",&a,&b);
    scanf("%c %e\n",&c,&d);
    return 0;
}
```

思考：在键盘上如何输入数据呢？scanf("a=%d b=%d",&a,&b);的输入格式可取吗？

3. 实训思考

（1）通过上面的练习，读者对字符输出函数 putchar()和字符输入函数 getchar()，以及

格式输出函数 printf()和格式输入函数 scanf()了解了多少呢？会熟练使用了吗？

（2）比较程序的运行结果，体会其中的不同之处，并掌握涉及的知识点。

3.4 顺序结构的程序设计

顺序结构的程序由顺序执行语句组成，程序运行是按照编写的顺序进行的，不发生控制转移，所以又被称为最简单的 C 语言程序。顺序结构的程序一般由以下几部分组成。

（1）编译预处理命令（在主函数 main()之前）。

在程序中，如果需要使用库函数，或者已经设计了头文件，则需要使用编译预处理命令，将相应的头文件包含进来。

（2）顺序结构的程序的函数体：一般由 4 部分内容构成。

① 定义变量类型。

② 为变量提供数据。

③ 处理数据。

④ 输出结果。

输入底半径 r 和高 h
V=pi×r×r×h
输出圆柱体的体积

图 3.3 N-S 流程图

【例 3.9】已知圆柱体的底半径为 r，高为 h，求圆柱体的体积。

分析：根据题意绘制 N-S 流程图，如图 3.3 所示。

```
#include <stdio.h>
#define PI 3.14159
int main(){
    float r,h,v;                                    //定义变量类型
    printf("Please input radius & high: ");         //屏幕提示
    scanf("%f%f",&r,&h);                            //为变量 r 和 h 提供数据
    v=PI*r*r*h;                                     //处理数据
    printf("r=%7.2f,h=%7.2f,v=%7.2f\n",r,h,v);      //输出结果
    return 0;
}
```

运行程序，根据提示进行操作：

```
Please input radius & high: 1.0 2.0↙
r=□□□1.00,h=□□□2.00,v=□□□6.28
```

【例 3.10】任意输入两个整数，求它们的平均值及和的平方根。

```
#include <stdio.h>
#include <math.h>                                   //包含头文件
int main(){
    int x1,x2,sum;                                  //类型说明
    float aver, root;
    printf("Please input two numbers:");
    scanf("%d,%d",&x1,&x2);                         //提供数据
    sum=x1+x2;                                      //数据处理：求和
    aver=sum/2.0;                                   //数据处理：求平均值
    root=sqrt(sum);                                 //数据处理：求平方根
```

```
        printf("x1=%d,x2=%d\n",x1,x2);
        printf("aver=%7.2f,root=%7.2f\n", aver,root);    //输出结果
        return 0;
}
```

运行程序，根据提示进行操作：

```
Please input two numbers:1,2↙
x1=1,x2=2
aver=□□□1.50,root=□□□1.73
```

说明：sqrt()是数学函数库中的函数，所以开头要使用#include <math.h>。凡是用到数学函数库中的函数，都要包含头文件 math.h。

思考：
① 把该例中的语句 aver=sum/2.0;改为 aver=sum/2;合适吗？
② 顺序结构的程序由哪几部分组成？
③ 顺序结构的程序的流程图有什么特点？

3.5 选择结构的程序设计

当执行顺序结构的程序时，计算机是按照程序的编写顺序一条一条地按顺序执行的。而在实际工作中，需要的程序不会总是按顺序执行的，很多时候根据不同的条件需要执行不同的程序语句。在这种情况下，必须根据某个变量或表达式（称为条件）的值进行选择，决定执行哪些语句而不执行哪些语句，将这样的程序结构称为选择结构或分支结构。

本节主要介绍 if 语句和 switch 语句。

使用 C 语言设计选择结构的程序，需要考虑两方面的问题：一是如何表示条件，二是用什么语句实现选择结构。

3.5.1 if 语句

if 语句是程序设计中最常用的语句之一。在中学数学中，有求一个数的绝对值的计算：已知 x 的值，求绝对值 y。

$$y = \begin{cases} x & (x \geq 0) \\ -x & (x < 0) \end{cases}$$

这是典型的分支结构，需要根据 x 的情况确定 y 的值。

【例 3.11】绝对值函数。

分析：根据题意绘制 N-S 流程图，如图 3.4 所示。

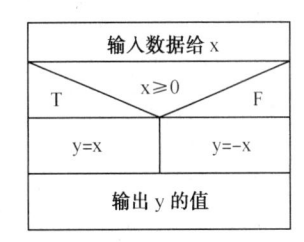

单分支 if

图 3.4 N-S 流程图 1

```
#include <stdio.h>
int main(){
    int x,y;
    printf("Please input x:");
    scanf("%d",&x);
    if(x>=0)                    //if 语句，关系式 x>=0 是条件
        y=x;
```

```
        else
            y=-x;
        printf("y=%d\n", y);              //输出函数值 y
        return 0;
}
```

运行程序，根据提示进行操作：

```
Please input  x: 3↙
y=3
Please input  x: -6↙
y=6
```

在本例中，输入一个数 x，使用 if 语句判断 x 和 0 的大小。如果 x 大于或等于 0，则把 x 赋予 y；如果 x 小于 0，则把-x 赋予 y。最后输出 y 的值。

用 if 语句可以构成选择结构。它根据给定的条件进行判断，以决定执行某个分支程序。C 语言中的 if 语句有 3 种基本形式。

1）if 语句的 3 种基本形式

（1）if 形式：

```
if （表达式）语句组
```

功能：如果表达式的值为真，则执行其后的语句组；如果表达式的值为假，则不执行该语句组。if 形式的 N-S 流程图如图 3.5 所示。

【例 3.12】给定任意两个数，求出较大的一个数。

分析：根据题意绘制 N-S 流程图，如图 3.6 所示。

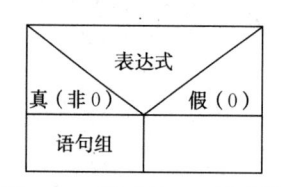

图 3.5　if 形式的 N-S 流程图　　　　图 3.6　N-S 流程图 2

```
#include <stdio.h>
int main(){
    int x,y,max;
    printf("Please input two numbers: ");
    scanf("%d%d",&x,&y);
    max=x;
    if(max<y)
        max=y;
    printf("max=%d\n",max);
    return 0;
}
```

运行程序，根据提示进行操作：

```
Please input two numbers: 3 4↙
max=4
```

在本例中，把 x 先赋给变量 max，再用 if 语句判断 max 和 y 的大小，如果 max 小于 y，则把 y 赋给 max。所以，max 总是两个数中的较大者。

（2）if-else 形式：

```
if (表达式)
    语句组 1
else
    语句组 2
```

双分支 if-else

功能：如果表达式的值为真，则执行语句组 1；如果表达式的值为假，则执行语句组 2。if-else 形式的 N-S 流程图如图 3.7 所示。

例 3.11 中用的就是 if-else 形式。下面把例 3.12 改写为例 3.13。请读者自行对比，并体会不同的设计方法。

【例 3.13】给定任意两个数，求出较大的一个数。

分析：根据题意绘制 N-S 流程图，如图 3.8 所示。

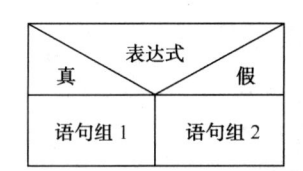

图 3.7　if-else 形式的 N-S 流程图　　　　图 3.8　N-S 流程图 3

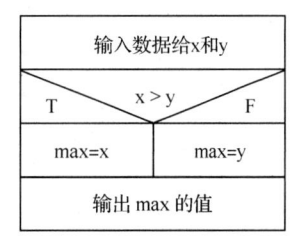

```
#include <stdio.h>
int main(){
    int x,y,max;
    printf("Please input two numbers: ");
    scanf("%d%d",&x,&y);
    if(x>y)  //max 是 x 和 y 中较大的一个
        max=x;
    else
        max=y;
    printf("max=%d\n",max);
    return 0;
}
```

运行程序，根据提示进行操作：

```
Please input two numbers: 3 4↙
max=4
```

（3）if-else-if 形式。

前面两种形式的 if 语句适用于存在两个分支的情况。如果存在多个分支，则可以采用 if-else-if 形式。其一般形式如下：

```
if(表达式 1)
```

```
    语句组 1;
else if(表达式 2)
    语句组 2;
else if(表达式 3)
    语句组 3;
    ...
else if(表达式 m)
    语句组 m;
else 语句组 n;
```

功能：自上而下，先依次判断表达式的值，当某个表达式的值为真时，就执行其对应的语句。然后跳到 if-else-if 语句之外继续执行。如果所有表达式的值全为假，则执行语句组 n。if-else-if 形式的 N-S 流程图如图 3.9 所示。

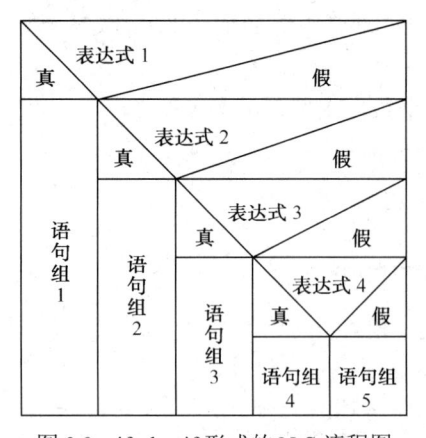

图 3.9　if-else-if 形式的 N-S 流程图

【例 3.14】求分段函数的值（符号函数）。

$$y = \begin{cases} 1 & (x > 0) \\ 0 & (x = 0) \\ -1 & (x < 0) \end{cases}$$

```c
#include <stdio.h>
int main(){
    int x, y;
    printf("Please input : x=");
    scanf("%d",&x);
    if(x>0) y=1;
    else if(x==0)   y=0;
    else y=-1;
    printf("y=%d\n", y);
    return 0;
}
```

运行程序，根据提示进行操作：

```
Please input : x=5✓
y=1
```

```
Please input : x=-6↙
y=-1
```

说明：在使用 if 语句时还应注意以下几个问题。

① if 之后的表达式是判断的"条件"，它不仅可以是逻辑表达式或关系表达式，还可以是其他表达式，如赋值表达式，或者仅是一个变量。示例如下：

```
if(x=10) 语句;
if(x) 语句;
```

上述代码中的语句都是合法的。

② 在 if 语句中，作为条件的表达式必须用括号括起来，在语句之后必须加分号。

③ if-else-if 其实就是 if-else 的嵌套形式，只是将条件语句的嵌套都放在 else 分支中。

2）if 语句的嵌套

如果存在多个分支，那么 C 语言允许在 if 语句，或者 if-else 结构的"语句组 1"或"语句组 2"部分继续使用 if 语句或 if-else 结构，这种设计方法称为嵌套。

在 if 语句的嵌套中，else 部分总是与前面最靠近的、还没有配对的 if 配对。为了避免匹配错误，最好将内嵌的 if 语句一律用花括号括起来。

【例 3.15】计算符号函数（用嵌套的 if 语句）。

分析：根据题意绘制 N-S 流程图，如图 3.10 所示。

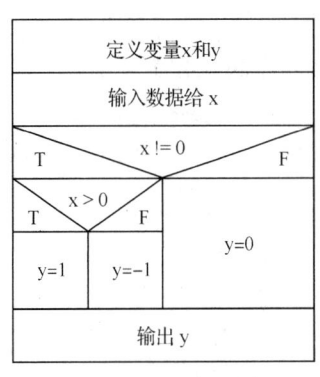

图 3.10 N-S 流程图 4

```c
#include <stdio.h>
int main(){
    int x, y;
    printf("Please input : x=");
    scanf("%d", &x);
    if (x!=0)
       if(x>0) y=1;
       else y=-1;
    else y=0;
       printf("y=%d\n",y);
    return 0;
}
```

if 语句的嵌套

运行程序，根据提示进行操作：

```
Please input : x= 5↙
y=1
Please input : x= -6↙
y=-1
```

注意：初学者容易出错的地方是，例 3.14 中的 else y= -1;往往写为 else if(x<0) y= -1;。这是因为初学者没有清楚地理解 else 分支的逻辑含义。

3）条件运算符和条件表达式

条件运算符是一个三元运算符，即有 3 个量参与运算。

条件表达式采用如下格式：

表达式 1 ?表达式 2 :表达式 3

运算规则：如果表达式 1 的值为真，则以表达式 2 的值作为该条件表达式的值，否则以表达式 3 的值作为该条件表达式的值。

例如，表达式 3<5?1:0 的值为 1。

优先级：条件运算符的优先级是 13，只高于赋值运算符和逗号运算符的优先级，比其他所有运算符的优先级都低。

结合性：条件运算符的结合方向是从右到左（右结合性）。

有了条件运算符后，if(a>b) max=a; else max=b;语句就可以简化为如下形式：

```
max=(a>b) ? a : b;
```

【例 3.16】从键盘上输入一个字符，把小写字母转换为大写字母。

```
#include <stdio.h>
int main(){
    char ch;
    printf("Please input a character: ");
    scanf("%c",&ch);
    ch=(ch>='a'&& ch<='z') ?(ch-32) : ch;
    printf("ch=%c\n",ch);
    return 0;
}
```

运行程序，根据提示进行操作：

```
Please input a character: a✓
ch=A
```

3.5.2 switch 语句

if 语句的嵌套适用于多种情况的选择判断，这种实现多分支处理的程序结构称为多分支选择结构。显然，用嵌套的方法处理多分支结构不轻松。为此，C 语言提供了直接实现多分支选择结构的语句，即 switch 语句，称为多分支语句，也叫开关语句。使用 switch 语句比使用 if 语句嵌套简单一些。

switch 语句的执行过程

（1）switch 语句的一般格式如下：

```
switch(表达式)
{
  case  常量表达式 1:语句组 1;[break;]
  case  常量表达式 2:语句组 2;[break;]
      …
  case 常量表达式 n:语句组 n;[break;]
  [default:语句组 n+1;[break;]]
}
```

（2）执行过程。

① 当 switch 后面的"表达式"的值与某个 case 后面的"常量表达式"的值相同时，

就执行该 case 后面的语句组；当执行到 break 语句时，跳出 switch 语句，转向执行 switch 语句的下一条语句。

② 如果任何一个 case 后面的"常量表达式"的值与 switch 后面的"表达式"的值都不相同，则先执行 default 后面的语句组，然后执行 switch 语句外的语句。

【例 3.17】输入一个十进制数，根据输入的数输出对应的英文单词，若所输入的数小于 1 或大于 7，则输出"error"。

```c
//输入一个十进制数，根据输入的数输出对应的英文单词，若所输入的数小于1或大于7，则输出"error"
#include <stdio.h>
int main(){
  int day;
  printf("Please input one number:");
  scanf("%d",&day);
  switch(day) {
    case 1: printf("Monday\n");break;
    case 2: printf("Tuesday\n");break;
    case 3: printf("Wednesday\n");break;
    case 4: printf("Thursday\n");break;
    case 5: printf("Friday\n");break;
    case 6: printf("Saturday\n");break;
    case 7: printf("Sunday\n");break;
    default: printf("error! \n");
  }
  return 0;
}
```

运行程序，根据提示进行操作：

```
Please input one number:3✓
Wednesday
```

需要注意的是，case 后面的"常量表达式"只能是整型、字符型或枚举型。

【例 3.18】输入某个学生的成绩，并根据成绩输出相应的评语。若成绩为 90 分及以上，则输出"优秀"；若成绩为 70~90 分（包含 70 分，不包含 90 分），则输出"良好"；若成绩为 60~70 分（包含 60 分，不包含 70 分），则输出"合格"；若成绩为 60 分以下，则输出"不合格"。

分析：假设表示成绩的变量为 score。

设计程序的步骤如下。

（1）输入学生的成绩 score。

（2）将成绩整除 10，转化为 switch 语句中的表达式。

（3）根据学生的成绩输出相应的评语。

（4）绘制 N-S 流程图，如图 3.11 所示。

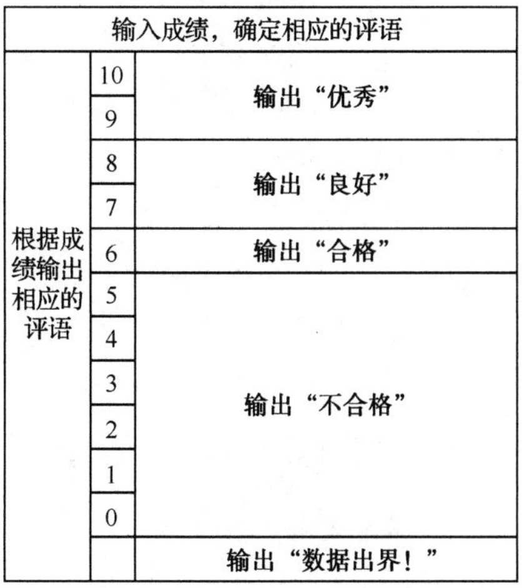

输入成绩，确定相应的评语	
10	输出"优秀"
9	
8	输出"良好"
7	
6	输出"合格"
5	输出"不合格"
4	
3	
2	
1	
0	
输出"数据出界！"	

（根据成绩输出相应的评语）

图 3.11 N-S 流程图

```c
#include <stdio.h>
int main(){
    int score, grade;
    printf("Input a score(0~100):");
    scanf("%d", &score);
    grade = score/10;  //将成绩整除10，转化为switch语句中的case标号
    switch (grade){
    case 10:
    case 9: printf("优秀\n"); break;
    case 8:
    case 7: printf("良好\n"); break;
    case 6: printf("合格\n"); break;
    case 5:
    case 4:
    case 3:
    case 2:
    case 1:
    case 0: printf("不合格\n"); break;
    default: printf("数据出界!\n");
    }
    return 0;
}
```

运行程序，根据提示进行操作：

```
Input a score(0~100):95✓
优秀
Input a score(0~100): 66✓
合格
```

说明：

（1）switch 后面的"表达式"可以是整型、字符型或枚举型中的一种。

（2）每个 case 后面的"常量表达式"的值应该各不相同。

（3）case 后面的"常量表达式"起语句标号的作用，系统一旦找到对应的标号，就从这个标号开始按顺序执行，不再进行其他的标号判断。所以，在通常情况下应该加上 break 语句，以便跳出 switch 语句，从而避免再执行其他的分支。

（4）各 case 及 default 子句的先后次序不影响程序的执行结果。

（5）多个 case 子句可以共用同一语句组。

（6）default 子句可以省略不用。

实训 7 if 语句和 switch 语句的使用

1．实训目的

熟练使用 if 语句和 switch 语句。

2．实训内容

（1）编写如下程序。

```c
#include <stdio.h>
int main(){
    int a=-1,b=1;
    if ((++a<0)&&!(b--<=0))
        printf("%d %d\n",a,b);
    else
        printf("%d %d\n",b,a);
    return 0;
}
```

编译、运行该程序，分析并写出程序的运行结果，从中学会逻辑表达式的使用。

（2）编写程序判断某年是否为闰年。

```c
#include <stdio.h>
int main()
{
    int year;
    printf("input a year:");
    scanf("%d",&year);
    if((year%4==0&&year%100!=0)||year%400==0)    //利用逻辑表达式表示判断条件
        printf("The year is leapyear.");
    else
        printf("The year is not leapyear.");
    return 0;
}
```

（3）编写程序，输入两个实数，按照由小到大的顺序输出这两个数。

绘制 N-S 流程图，如图 3.12 所示。

```c
#include <stdio.h>
int main(){
    float a,b,t;
    printf("Please input two numbers:");
    scanf("%f,%f",&a,&b);
    if(a>b)                              //if 语句：比较变量 a 和 b 的值
    {t=a;a=b;b=t;}                       //复合语句：实现变量 a 和 b 的互换
    printf("%5.2f,%5.2f",a,b);           //输出排序后的变量 a 和 b
}
```

思考：复合语句{t=a;a=b;b=t;}中的括号可以省略吗？

（4）编写程序，输入 3 个实数，按照由小到大的顺序输出这 3 个数。

绘制 N-S 流程图，如图 3.13 所示。

```c
#include <stdio.h>
int main(){
    float a,b,c,t;
    printf("Please input three numbers:");
```

```
    scanf("%f,%f,%f",&a,&b,&c);
    if(a>b)
    {t=a;a=b;b=t;}
    if(a>c)
    {t=a;a=c;c=t;}
    if(b>c)
    {t=b;b=c;c=t;}
    printf("%5.2f,%5.2f,%5.2f",a,b,c);
    return 0;
}
```

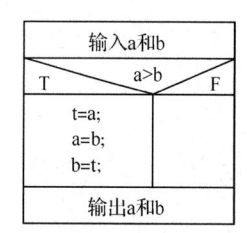

图 3.12　N-S 流程图 1

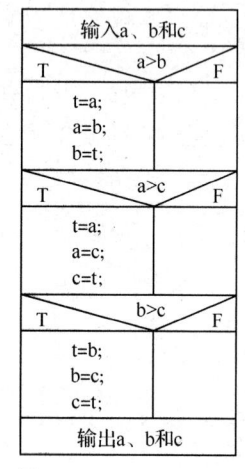

图 3.13　N-S 流程图 2

测试这个程序：选择 3 组不同的数据，使每个分支都执行一遍。单步跟踪程序的执行，并打开"watch"窗口，观察变量的变化。

（5）使用条件表达式编写程序，将两个整数 x 和 y 中的较大者输出。

```
#include <stdio.h>
int main(){
    int x,y,max;
    printf("Please input two numbers:");
    scanf("%d,%d",&x, &y);
    max=(x>y)?x:y;
    printf("max=%d\n",max);
    return 0;
}
```

（6）编写程序。已知有如下函数：

$$y = \begin{cases} \sin(x) & (x < 0) \\ 0 & (x = 0) \\ \cos(x) & (x > 0) \end{cases}$$

输入 x 的值，输出 y 的值。

```
#include <math.h>
#include <stdio.h>
```

```
int main(){
    int x,y;
    scanf("%d",&x);
    if(x<0)   y=sin(x);
    else if(x==0)   y=0;
        else y=cos(x);
    printf("x=%d,y=%d\n",x,y);
    return 0;
}
```

思考：为什么使用预处理命令#include <math.h>？

（7）编写如下程序。

```
#include <stdio.h>
int main(){
    int a=2,b=-1,c=2;
    if (a<b)
        if (b<0) c=0;
    else c++;
    printf("%d\n",c);
    return 0;
}
```

① 该程序的运行结果是什么？
② 绘制 N-S 流程图，体会 if 语句的嵌套结构。

（8）编写如下程序。

```
#include <stdio.h>
int main(){
    int x=1,a=0,b=0;
    switch(x){
        case 0:b++;
        case 1:a++;
        case 2:a++;b++;
    }
    printf("a=%d,b=%d\n",a,b);
    return 0;
}
```

① 该程序的运行结果是什么？
② 体会 switch 语句的执行过程。

（9）设计一个简单的计算器。

输入两个数和一个运算符，输出运算结果。

分析：两个数为 x 和 y，运算符为 ch，结果为 z。

假定运算符的取值范围是+、-、*和/。

程序的设计步骤如下：先输入 x、ch 和 y，然后计算结果 z。

这是一个多分支选择，根据 ch 的值选择计算。

- +：z = x + y。

- −：z = x − y。
- *：z = x*y。
- /：z = x / y。

```
#include <stdio.h>
int main(){
    float x,y,z;
    char ch;
    printf("Please input x,y :");
    scanf("%f,%f",&x,&y);
    getchar();//用于接收输入两个数后输入的回车符
    printf("Please input ch :");
    scanf("%c",&ch);
    switch(ch)
    {
        case '+': z = x + y; break;
        case '-': z = x -y; break;
        case '*': z = x * y; break;
        case '/': z = x/y; break;
        default : printf("error\n");
    }
    printf("x+y =%.2f\n", z);
    return 0;
}
```

switch 语句的应用

（10）根据输入的学生成绩的等级打印出百分制分数段。

绘制 N-S 流程图，如图 3.14 所示。

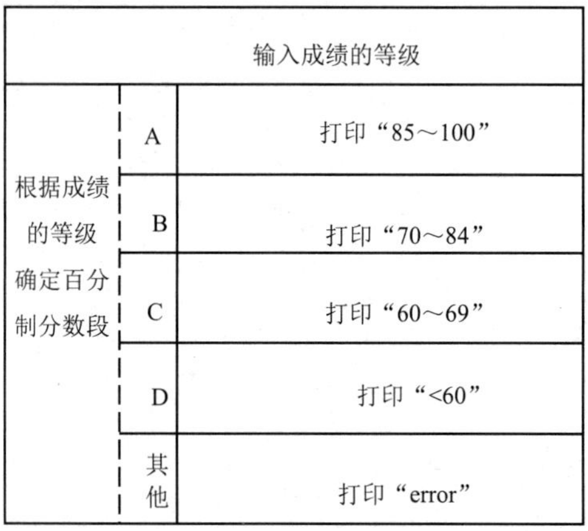

		输入成绩的等级
根据成绩的等级确定百分制分数段	A	打印 "85～100"
	B	打印 "70～84"
	C	打印 "60～69"
	D	打印 "<60"
	其他	打印 "error"

图 3.14　N-S 流程图 3

```
#include <stdio.h>
int main(){
    char grade;
    printf("input grade:");
    scanf("%c",&grade);
    switch(grade){
        case 'A':printf("85-100\n"); break;
```

```
        case 'B': printf("70-84\n"); break;
        case 'C': printf("60-69\n"); break;
        case 'D': printf("<60\n"); break;
        default : printf("error\n");
    }
    return 0;
}
```

3. 实训思考

（1）通过上面的练习，你对 if 语句和 switch 语句掌握了多少？会使用条件运算符了吗？

（2）通过比较程序的运行结果体会不同之处有哪些？掌握其中的知识点。

3.6 循环结构的程序设计

循环是客观存在的普遍现象，许多问题需要做大量雷同的重复处理。循环结构（或者称为重复结构）是程序设计中的一个基本结构，如求 1～100 的累加和。根据已有的知识，可以用 1+2+…+100 直接赋值来求解，但是把其中的每项都写出来显然不太好办。如果只写一组语句，令它执行 100 次，这样既简单，又增强了程序的结构性。下面介绍的循环结构语句正是用来解决这样的问题的。

在 C 语言中，可以用以下语句实现循环。

（1）用 goto 语句和 if 语句实现循环。

（2）用 while 语句实现循环。

（3）用 do-while 语句实现循环。

（4）用 for 语句实现循环。

3.6.1 goto 语句

【例 3.19】使用 goto 语句求解 1～100 的累加和。

```
#include <stdio.h>
int main(){
    int sum=0,n=1;              //初始化，循环开始前的准备工作
    loop: sum+=n;               //累加求和
    n++;                        //指向下一项
    if (n<=100)
        goto loop;              //转到 loop 标识的行，执行对应的语句
    printf("sum=%d\n", sum);    //输出结果
    return 0;
}
```

程序的运行结果如下：

sum=5050

分析：

（1）设置一个累加器（也叫加法器）sum，其初值为 0。

（2）利用 sum =sum+ n 来求累加和。

（3）n 依次取 1,2,…,100。

n 被称为循环变量，随着循环的进行，它的值会发生变化。（n 又称为计数器，表示已累加的项数。）

具体步骤如下。

（1）循环前的初始化：sun =0, n=1。

（2）循环体：求累加和，即 sum=sum+n，n 指向下一位，且 n=n+1。

（3）循环结束，输出结果。

注意：

（1）初学者容易忽略初始化，导致结果面目全非。

（2）循环结束时 n=101。

goto 是一种无条件转移语句。goto 语句的语法格式如下：

```
goto 语句标号;
```

使用 goto 语句可以使系统转向执行标号所在的语句行。

说明：

（1）标号是一个标识符，这个标识符加上一个冒号（:）用来标识某条语句。

例如，例 3.19 中的 loop:，执行 goto 语句后，程序跳转到该标号处并执行其标识的语句 sum += n;，而后继续运行。

（2）标号必须与 goto 语句处于同一个函数中，但可以不在同一个循环层中。

（3）goto 语句不是循环语句，与 if 语句连用才可以构成循环。goto 语句也可以不构成循环，当满足某个条件时，程序跳转到别处运行。

（4）结构化程序设计不提倡使用 goto 语句，因为它会使程序结构无规律、不易读。所以，它也不是必需的语句，但有时使用 goto 语句比较方便。

3.6.2　while 语句、do-while 语句和 for 语句

1. while 语句

while 语句的执行过程

（1）while 语句的语法格式如下：

```
while(表达式)
    语句组
```

其中，表达式是循环条件，语句组为循环体。

（2）执行过程：当条件表达式为真时，执行一次循环体，检查条件表达式是否为真，如果为真则执行循环体，如此循环，直到有一次执行循环体后条件表达式的值为假时终止。此时执行循环体外的语句。当一开始条件表达式就为假时，循环体根本不执行。while 语句的执行过程如图 3.15 所示。

说明：循环体由若干语句组成。循环体中必须有修改条件表达式的语句，可以使条件由成立转为不成立，从而结束循环。否则，如果开始时条件为真，就永远为真，循环体永远重复地执行下去，这种情况称为死循环。

【例 3.20】用 while 语句求 $\sum_{n=1}^{100} n$。

绘制 N-S 流程图，如图 3.16 所示。

用 while 语句计算累加和

```
当表达式为非0值
    语句
```

图 3.15　while 语句的执行过程

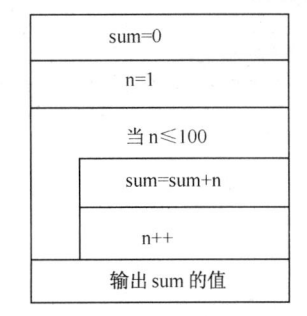

```
sum=0
n=1
当 n≤100
    sum=sum+n
    n++
输出 sum 的值
```

图 3.16　N-S 流程图 1

```c
#include <stdio.h>
int main(){
  int n=1,sum=0;
  while(n<=100){
    sum=sum+n;
    n++;//循环体修改条件表达式的语句
  }
  printf("sum=%d\n",sum);
  return 0;
}
```

程序的运行结果如下：

sum=5050

当循环体中有多条语句时，要用花括号把它们括起来。

具体步骤如下。

（1）初始化：sum 的初值为 0，n 的初值为 1。

（2）循环条件：当 n 小于或等于 100 时，继续循环累加。

（3）循环体：累加 sum=sum+n，指向下一项 n=n+1。

（4）当 n=101 时循环结束。

（5）输出 sum。

【例 3.21】用 $\pi/4 \approx 1 - \frac{1}{3} + \frac{1}{5} - \frac{1}{7} + \cdots$ 求 π 的近似值，直到最后一项的绝对值小于 10^{-6} 为止。

绘制 N-S 流程图，如图 3.17 所示。

```c
#include <stdio.h>
#include <math.h>
int main(){
    int s;
    float n,t,pi;
    t=1;pi=0;n=1.0;s=1;
    while((fabs(t))>1e-6){
```

```
        pi=pi+t;
        n=n+2;
        s=-s;
        t=s/n;    //如果将 n 定义为整型，则此处需要进行强制类型转换
    }
    pi=pi*4;
    printf("pi=%10.6f\n",pi);
}
```

t=1，pi=0，n=1，s=1
当|t|≥10⁻⁶
pi=pi+t
n=n+2
s=-s
t=s/n
pi=pi×4
输出 pi

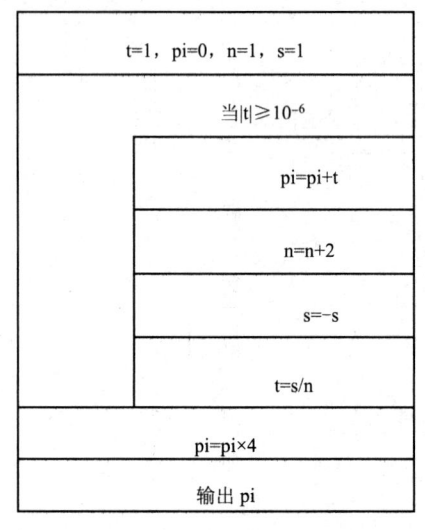

图 3.17　N-S 流程图 2

2. do-while 语句

do-while 语句的语法格式如下：

```
do
    语句
while(表达式);    //分号不能缺省
```

这个循环与 while 循环的不同之处仅在于：它先执行循环体中的语句，然后判断表达式是否为真，如果为真则继续循环，如果为假则结束循环。因此，do-while 循环至少要执行一次循环语句。do-while 语句的执行过程如图 3.18 所示。

【例 3.22】用 do-while 语句求 $\sum_{n=1}^{100} n$。

绘制 N-S 流程图，如图 3.19 所示。

```
#include <stdio.h>
int main(){
    int n=1,sum=0;
    do
    {
        sum=sum+n;
        n++;
    }while(n<=100);
    printf("%d\n",sum);
```

```
    return 0;
}
```

图 3.18 do-while 语句的执行过程

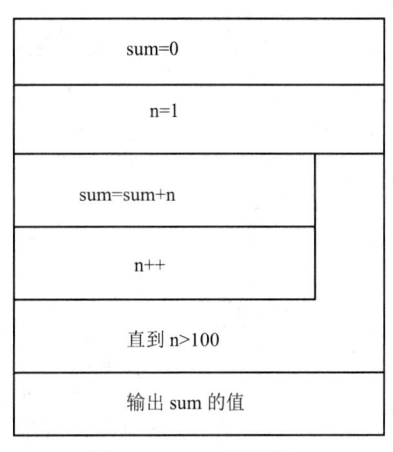

图 3.19 N-S 流程图 3

程序的运行结果如下：

```
sum=5050
```

同样，当循环体中有多条语句时，要用花括号把它们括起来。

不论条件是否成立，都要先执行一次 do-while 语句的循环体中的语句。

3．for 语句

在 C 语言中，for 语句的使用最灵活，完全可以取代 while 语句。

for 语句的语法格式如下：

```
for([表达式1];[表达式2];[表达式3])
    语句组
```

for 语句的格式与执行过程

表达式 1：为循环控制变量赋初值。

表达式 2：循环条件，是一个逻辑表达式，决定什么时候退出循环。

表达式 3：循环变量增值，规定循环控制变量每循环一次后按什么方式变化。

这 3 个部分之间用分号隔开。

for 语句的语法格式还可以直观地描述为如下形式：

```
for([变量赋初值];[循环继续条件];[循环变量增值])
    语句组
```

使用方括号表明其中的项是缺省的。

for 语句的执行过程如下。

（1）求解"变量赋初值"表达式。

（2）求解"循环继续条件"表达式。如果其值为真，则执行步骤（3）；否则，执行步骤（4）。

（3）执行循环体语句组，并求解"循环变量增值"表达式，步骤（2）。

（4）执行 for 语句的下一条语句。

for 语句的执行过程如图 3.20 所示。

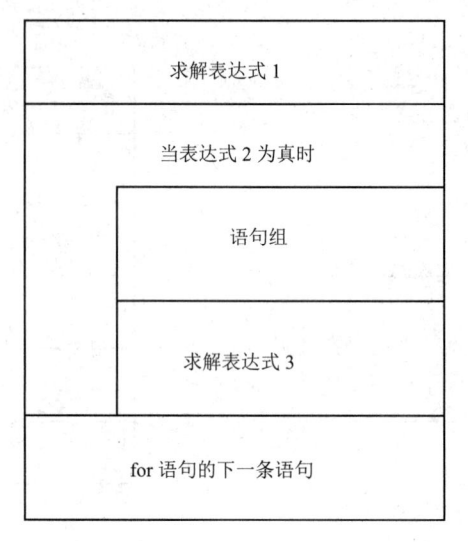

```
                    求解表达式 1

                   当表达式 2 为真时

                           语句组

                        求解表达式 3

                    for 语句的下一条语句
```

【例 3.23】用 for 语句求 $\sum_{n=1}^{100} n$。

```
#include <stdio.h>
int main(){
    int n,sum=0;
    for(n=1; n<=100; n++)
        sum+=n;//实现累加
    printf("sum=%d\n",sum);
    return 0;
    }
```

程序的运行结果如下：

sum=5050

具体步骤如下。

（1）给 n 赋初值 1。
（2）判断 n 是否小于或等于 100，若是则执行循环体语句。
（3）n 的值增加 1，重新判断。
（4）直到条件为假，即当 i>100 时，结束循环。
（5）输出结果。

这 3 种循环语句的功能相同，可以互相代替，但 for 语句的结构简单，使用起来灵活、方便，不仅可以用于循环次数已知的情况，还可以用于循环次数未知但给出了循环继续的条件的情况。

通过比较可以发现：

```
for(n=1; n<=100; n++) sum=sum+n;
```

相当于：

```
    n=1;
while (n<=100)
```

```
    { sum=sum+n;
      n++;
    }
```

其实，while 循环是 for 循环的一种简化形式（缺省"变量赋初值"和"循环变量增值"表达式）。

【例 3.24】求 n 的阶乘 n!（n!=1×2×…×n）。

```
#include <stdio.h>
int main(){
   int i, n;
   long fact=1;                    //将累乘器 fact 初始化为 1
   printf("Please input n:");
   scanf("%d", &n);
   for(i=1; i<=n; i++)
   fact *= i;                      //实现累乘
   printf("%d ! = %ld\n", n, fact);
   return 0;
}
```

运行程序，根据提示进行操作：

```
Please Input n:6↙
6 ! = 720
```

思考：累乘器 fact 的初值可以为 0 吗？

说明：

（1）"变量赋初值"、"循环继续条件"和"循环变量增值"部分均可缺省，甚至全部缺省，其间的分号不能省略。

（2）当循环体语句组由多条语句构成时，要使用花括号，即复合语句。

（3）"循环变量赋初值"表达式可以是逗号表达式，既可以是给循环变量赋初值，也可以是与循环变量无关的其他表达式。

例如，求和可以采用如下形式：

```
n=1;
for(sum=0; n<=100; n++)  sum+=n;
```

或者如下形式：

```
for(sum=0, n=1; n<=100; n++)  sum+=n;
```

（4）"循环继续条件"一般是关系（或逻辑）表达式，也可以是其他表达式。

3.6.3 循环语句的嵌套结构

1. 循环嵌套的概念

如果一个循环结构的循环体中还包含一个循环结构，就称为循环的嵌套，或者称为多重循环。上面介绍的 3 种循环语句的循环体部分都可以再包含循环语句，所以多重循环很容易实现。

循环的嵌套，按照嵌套的层数，可以分别称为二重循环、三重循环等。处于内部的循环称为内循环，处于外部的循环称为外循环。循环嵌套的概念对于所有高级语言来说都是一样的。

2．多重循环的执行过程

下面以二重循环为例展开介绍。从最外层开始执行，外循环的变量每取一个值，内循环就执行一个循环周期；内循环结束，回到外循环，外循环的变量取下一个值，内循环又开始执行下一个循环周期；如此继续，直到外循环结束。

【例 3.25】 打印如下图案。

```
* * * * * * * *
* * * * * * * *
* * * * * * * *
* * * * * * * *
* * * * * * * *
```

双重循环输出图形 1

分析：这是一个简单的二维图案，包含 5 行，8 列。可以用二重循环设计程序。这里循环次数已知，使用 for 循环比较方便。用变量 i 表示行号，取值范围为 1~5；用变量 j 表示列号，取值范围为 1~8。

因为图案是按行打印的，先打印第一行，再打印第二行，所以应该由内循环完成行的打印。对某一行 i，有如下循环：

```
for(j=1; j<=8; j++)  printf("*");
```

由此实现对第 i 行的打印，打印出第 i 行的全部星号。

所以 j 就是内循环变量。外循环 i 用于控制行号，因此 i 是外循环变量。

源程序代码如下：

```
#include <stdio.h>
int main(){
    int i, j;
    for(i=1; i<=5; i++){         //外循环
        for(j=1;j<=8; j++)       //内循环
            printf("*");
        printf("\n");
    }
    return 0;
}
```

思考：

（1）printf("\n");的作用是什么？是打印这个图案所必需的吗？

（2）内循环中的花括号也是必需的吗？其作用是什么？

【例 3.26】 打印九九乘法表（见图 3.21）。

```
#include <stdio.h>
int main(){
    int i, j;
    for(i=1;i<=9;i++){
        for(j=1;j<=i;j++){
```

```
            printf("%d*%d=%-3d",i,j,i*j);
        }
        printf("\n");
    }
    return 0;
}
```

```
1*1=1
2*1=2  2*2=4
3*1=3  3*2=6  3*3=9
4*1=4  4*2=8  4*3=12 4*4=16
5*1=5  5*2=10 5*3=15 5*4=20 5*5=25
6*1=6  6*2=12 6*3=18 6*4=24 6*5=30 6*6=36
7*1=7  7*2=14 7*3=21 7*4=28 7*5=35 7*6=42 7*7=49
8*1=8  8*2=16 8*3=24 8*4=32 8*5=40 8*6=48 8*7=56 8*8=64
9*1=9  9*2=18 9*3=27 9*4=36 9*5=45 9*6=54 9*7=63 9*8=72 9*9=81
```

图 3.21 九九乘法表

3.6.4 break 语句和 continue 语句

为了使循环控制更加方便，C 语言提供了 break 语句和 continue 语句。

1．格式

break 语句的语法格式如下：

```
break;
```

continue 语句的语法格式如下：

```
continue;
```

2．功能

break 语句和 continue 语句对循环控制的影响如图 3.22 所示。

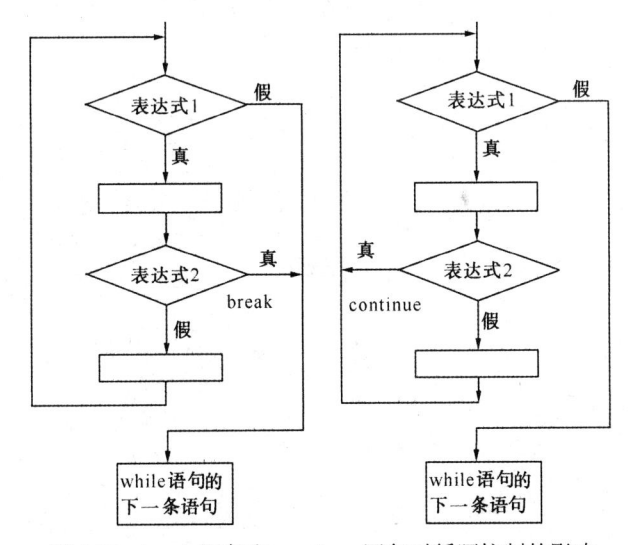

图 3.22 break 语句和 continue 语句对循环控制的影响

（1）break 语句：强行结束循环，转向执行循环语句的下一条语句。

（2）continue 语句：对于 for 循环，跳过循环体中的其余语句，转向"循环变量增值"表达式的计算；对于 while 循环和 do-while 循环，跳过循环体的其余语句，转向循环继续条件的判定。

说明：

（1）break 语句能用于循环语句和 switch 语句中，continue 语句只能用于循环语句中。

（2）当循环嵌套时，使用 break 语句和 continue 语句只能向外跳出一层。

（3）通常，break 语句和 continue 语句是和 if 语句连用的。

【例 3.27】continue 语句的使用。

```
#include <stdio.h>
int main(){
    int n;
    for(n=1;n<=20;n++){
        if(n%3==0)
            continue;              //当 n 可以被 3 整除时，继续下一次循环的判断
        printf("%3d\n", n);        //当 n 不可以被 3 整除时，输出
    }
    return 0;
}
```

该程序输出的是 1~20 不可以被 3 整除的数。

【例 3.28】输出 100~200 的全部素数。所谓素数是指除 1 和它本身外，不能被 2~n-1 的任何整数整除。

分析：

（1）在内循环中设计判断某个数是否是素数的算法。

（2）判断某个数 n 是否是素数的算法：根据素数的定义，用 2~n-1 的每个数整除 n，如果都不能被整除，则表示该数是一个素数。

（3）外循环：被判断数 n 从 101 循环到 199。

break 语句的使用：判断一个数是否是素数

```
#include <stdio.h>
int main(){
    int i, n;
    for(n=101; n<200; n+=2){       //外循环：为内循环提供一个整数 n
                                   //因为偶数肯定不是素数，所以只考虑奇数
        for(i=2; i<=n-1; i++)      //内循环：判断整数 n 是否是素数
            if(n%i==0)             //n 不是素数
                break;             //当 n 不是素数时，强行退出内循环，回到外循环继续
        if(i>=n)
            printf("%-4d",n);      //当 n 是素数时，输出 n
    }
    return 0;
}
```

外循环控制变量 n 的初值从 101 开始，增量为 2，这样做节省了一半的循环次数。本例还可以有其他更好的设计方法。通过对比实训 8 中求素数的设计，读者可以加深对这部分内容的理解。

实训 8 while 语句、do-while 语句和 for 语句的使用

1. 实训目的

熟练掌握各种循环程序设计的方法。

2. 实训内容

(1) 分析下面的程序代码。

```c
#include <stdio.h>
int main(){
    int n=9;
    printf("\n");
    while(n>6){
        n--;
        printf("%d",n);
    }
    return 0;
}
```

写出程序的运行结果，了解 while 语句的使用。

(2) 分析下面的程序代码。

```c
#include <stdio.h>
int main(){
    int x=23;
    do
        printf("%d",x--);
    while(!x);
    return 0;
}
```

写出程序的运行结果，了解 do-while 语句的使用。

(3) 分析下面的程序代码。

```c
#include <stdio.h>
int main(){
    int i,sum=0;
    for(i=1;i<=3;i++)
        sum+=i;
    printf("%d\n",sum);
    return 0;
}
```

写出程序的运行结果，了解 for 语句的使用。

(4) 编写程序求 1+2！+3！+…+20！。

绘制 N-S 流程图，如图 3.23 所示。

源程序代码如下：

```c
#include <stdio.h>
```

```
int main(){
    float s=0,t=1;
    int n;
    for(n=1;n<=20;n++){
        t=t*n;                    //求n!
        s=s+t;                    //将各项累加
    }
    printf("1!+2!+...+20!=%e\n",s);
    return 0;
}
```

请读者自行运行该程序，分析并写出程序的运行结果。

（5）求 sn=a+aa+aaa+⋯+aa⋯a，其中 a 是一个数字。

例如，2+22+222+2222+22222（此时 n=5），n 由键盘输入。

绘制 N-S 流程图，如图 3.24 所示。

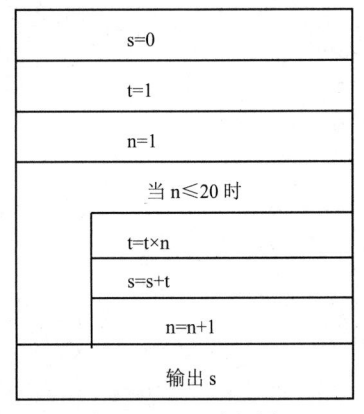

| s=0 |
| t=1 |
| n=1 |
| 当 n≤20 时 |
| t=t×n |
| s=s+t |
| n=n+1 |
| 输出 s |

图 3.23　N-S 流程图 1

| i=1、sn=0、t=0 |
| 输入 a 和 n |
| 当 i≤n 时 |
| t=t+a |
| sn=sn+t |
| a=a×10 |
| ++i |
| 输出 sn |

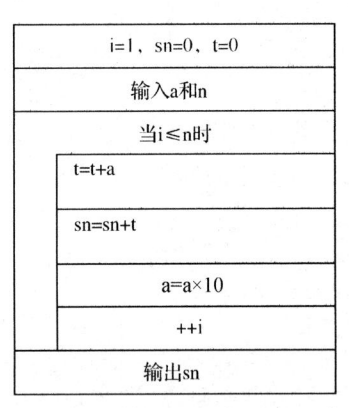

图 3.24　N-S 流程图 2

源程序代码如下：

```
#include <stdio.h>
int main(){
    int a,n,i=1,sn=0,t=0;
    printf("a,n=:");
    scanf("%d,%d",&a,&n);
    while(i<=n){
        t=t+a;
        sn=sn+t;
        a=a*10;
        ++i;
    }
    printf("a+aa+aaa+...=%d\n",sn);
    return 0;
}
```

程序的运行结果如下：

```
a,n=:2,5
```

```
a+aa+aaa+…=24690
```

（6）编写程序求 1 和 10 之间的奇数之和及偶数之和。

绘制 N-S 流程图，如图 3.25 所示。

源程序代码如下：

```c
#include <stdio.h>
int main()
{   int a,b,c,i;
    a=c=0;
    for(i=0;i<=10;i+=2)
    { a+=i;
      b=i+1;
      c+=b;
    }
    printf("偶数之和=%d\n",a);
    printf("奇数之和=%d\n",c-11);
    return 0;
}
```

（7）编写程序输出 100 以内能被 3 整除且个位数为 6 的所有整数。

绘制 N-S 流程图，如图 3.26 所示。

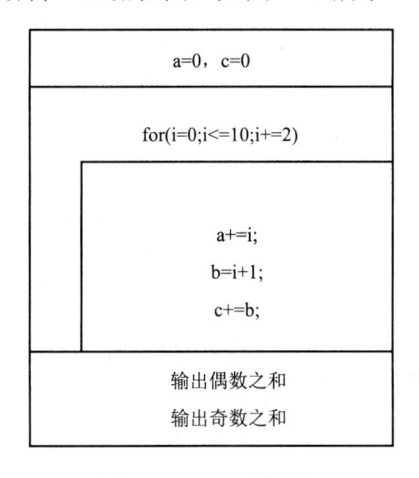

图 3.25　N-S 流程图 3

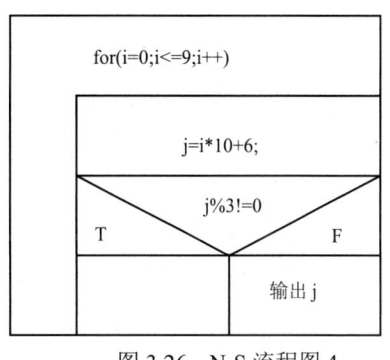

图 3.26　N-S 流程图 4

源程序代码如下：

```c
#include <stdio.h>
int main(){
    int i,j;
    for(i=0;i<=9;i++){
        j=i*10+6;
        if(j%3!=0) continue;
        printf("%4d",j);
    }
    return 0;
}
```

（8）编写程序：从键盘上输入若干学生的成绩，输入负数时结束输入，统计并输出最高分和最低分。

绘制 N-S 流程图，如图 3.27 所示。

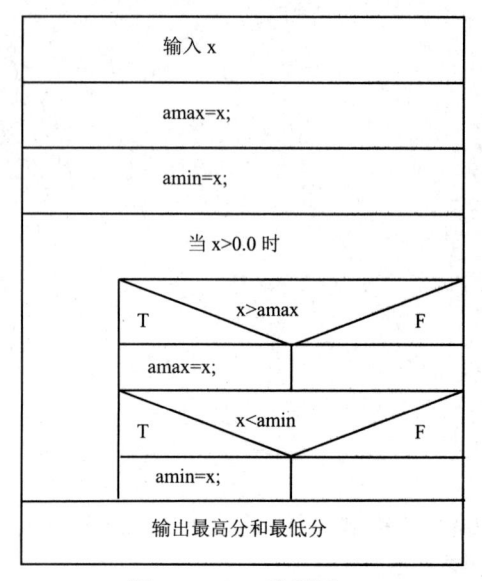

图 3.27　N-S 流程图 5

源程序代码如下：

```c
#include <stdio.h>
int main(){
    float x,amax,amin;
    scanf("%f",&x);
    amax=x;
    amin=x;
    while(x>0.0){
        if(x>amax) amax=x;
        if(x<amin) amin=x;
        scanf("%f",&x);
    }
    printf("\namax=%f\namin=%f\n",amax,amin);
    return 0;
}
```

（9）下面的程序的运行结果是什么？

```c
#include <stdio.h>
int main(){
    int i,j,m=0,n=0;
    for(i=0;i<2;i++)
        for(j=0;j<2;j++)
            if(j>=i) m=1;
    n++;
    printf("%d\n",n);
```

```
    return 0;
}
```

了解 for 语句是如何进行嵌套的。

（10）编写程序打印以下图案。

```
         *
        * *
       * * *
      * * * *
```

双重循环输出图形 2

源程序代码如下：

```
#include <stdio.h>
int main(){
  int i,j;
  for(i=0;i<=3;i++){           //使用 for 语句完成图案的输出
    for(j=0;j<=i;j++)          //使用 for 语句完成每行图案中星号的输出
      printf("*");
    printf("\n");
  }
  return 0;
}
```

分析图案的形成规律。

（11）编写程序打印以下图案。

```
         *
        * *
       * * *
      * * * *
```

源程序代码如下：

```
#include <stdio.h>
int main(){
   int i,j,k;
   for(i=0;i<=3;i++){          //使用 for 语句完成图案的输出
   for(j=0;j<=2-i;j++)         //使用 for 语句完成图案中空格的输出
      printf(" ");
   for(k=0;k<=i;k++)           //使用 for 语句完成图案中星号的输出
      printf("*");
   printf("\n");
   }
   return 0;
}
```

该程序的运行结果与上一道题目的运行结果类似，虽然两个图案相差不大，但是两个程序的难度不一样。请读者自行分析程序，找出二者的区别并解释其中的原因。

（12）编写程序打印以下图案。

```
            *
          * * *
        * * * * *
      * * * * * * *
```

有了上面两道题目的基础，打印这个图案应该很容易。

源程序代码如下：

```c
#include <stdio.h>
int main(){
    int i,j,k;
    for(i=0;i<=3;i++){
        for(j=0;j<=2-i;j++)
            printf(" ");
        for(k=0;k<=2*i;k++)
            printf("*");
        printf("\n");
    }
    return 0;
}
```

（13）编写程序打印以下图案。

```
            *
          * * *
        * * * * *
      * * * * * * *
        * * * * *
          * * *
            *
```

源程序代码如下：

```c
#include <stdio.h>
int main(){
 int i,j,k;
 //输出图案的上半部分，即前 4 行
 for(i=0;i<=3;i++){
    for(j=0;j<=2-i;j++)
        printf(" ");
    for(k=0;k<=2*i;k++)
        printf("*");
    printf("\n");
    }
 //输出图案的下半部分，即后 3 行
 for(i=0;i<=2;i++){
    for(j=0;j<=i;j++)
        printf(" ");
    for(k=0;k<=4-2*i;k++)
```

```
        printf("*");
      printf("\n");
    }
    return 0;
}
```

请思考上述代码中 for 语句的作用。

（14）编写程序判断 m 是否是素数。

绘制 N-S 流程图，如图 3.28 所示。

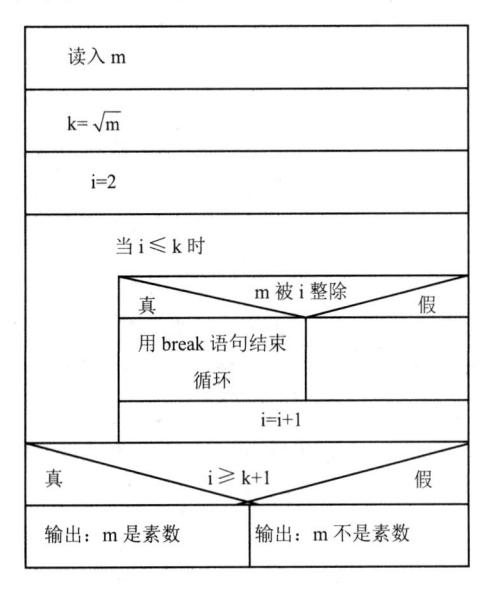

读入 m
k=√m
i=2
当 i≤k 时
真   m 被 i 整除   假
用 break 语句结束循环
i=i+1
真   i≥k+1   假
输出：m 是素数   输出：m 不是素数

图 3.28 N-S 流程图 6

源程序代码如下：

```
#include <stdio.h>
#include <math.h>
int main(){
    int m,i,k;                              //定义3个整型变量m、i和k
    scanf("%d",&m);                         //输入变量m
    k=sqrt(m+1);
    for(i=2;i<=k;i++)                       //判断m是否是素数
        if(m%i==0) break;
    if(i>=k+1)
        printf("%d is a prime number\n",m); //输出m是否是素数的信息
    else
        printf("%d is not a prime number\n",m);
    return 0;
}
```

（15）编写程序求 100～200 的全部素数。

源程序代码如下：

```
#include <stdio.h>
```

```c
#include <math.h>
int main(){
    int m,k,i,n=0;
    for(m=101;m<=200;m=m+2){
        k=sqrt(m);
        for(i=2;i<=k;i++)
            if(m%i==0) break;
        if(i>=k+1){
            printf("%4d",m);
            n++;
        }
        if(n%10==0) printf("\n");
    }
    printf("\n");
    return 0;
}
```

请读者自行上机运行这个程序，想一想哪些语句用于判断是否是素数，哪些语句用于控制素数的输出，并与例 3.28 的程序进行比较，分析二者的区别体现在哪些方面？

（16）猴子吃桃问题：猴子第 1 天摘下若干桃子，当即吃了一半，还不过瘾，又多吃了 1 个。第 2 天早上又将剩下的桃子吃了一半，又多吃了 1 个。以后每天早上都吃了前一天剩下的一半零 1 个。到第 10 天早上想再吃时，只剩 1 个桃子了。求第 1 天共摘了多少个桃子。

绘制 N-S 流程图，如图 3.29 所示。

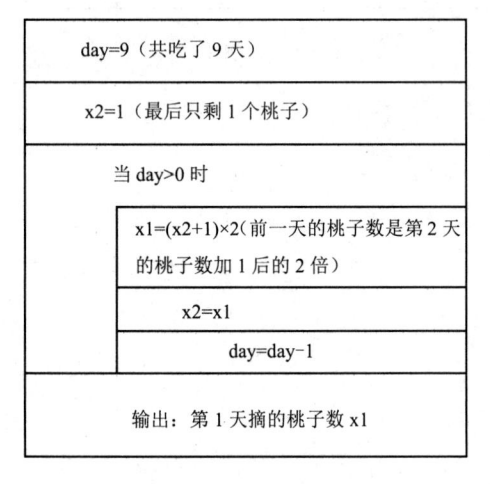

day=9（共吃了 9 天）
x2=1（最后只剩 1 个桃子）
当 day>0 时
x1=(x2+1)×2（前一天的桃子数是第 2 天的桃子数加 1 后的 2 倍）
x2=x1
day=day-1
输出：第 1 天摘的桃子数 x1

图 3.29　N-S 流程图 7

源程序代码如下：

```c
#include <stdio.h>
int main(){
    int day,x1,x2;
    day=9;
    x2=1;
    while(day>0){
```

```
        x1=(x2+1)*2;
        x2=x1;
        day--;
    }
    printf("total=%d\n",x1);
    return 0;
}
```

（17）百钱买百鸡问题：中国古代数学家张丘建提出了百钱买百鸡问题。鸡翁一，值钱五，鸡母一，值钱三，鸡雏三，值钱一，百钱买百鸡，问翁、母、雏各有多少只？

```
#include <stdio.h>
int main(){
    int x,y,z;                              //x、y和z分别代表公鸡、母鸡和小鸡的数量
    printf("公鸡   母鸡   小鸡\n");
    for(x=1;x<20;x++){
        for(y=1;y<33;y++){
            z=100-x-y;                      //百鸡
            if(5*x+3*y+z/3==100 && z%3==0)  //百钱，并且小鸡的数量应是3的倍数
                printf("%d    %d    %d\n",x,y,z);
        }
    }
    return 0;
}
```

百钱百鸡问题

3．实训思考

（1）通过上面的练习，读者掌握了循环语句了吗？

（2）通过比较不同的程序设计，读者可以体会它们的不同之处。

课程设计1 猜数字游戏

1．设计题目

猜数字游戏。

2．设计概要

要求掌握分支结构 if 语句的嵌套及相应的规则，需要使用随机数函数、输入/输出函数、分支结构和循环结构的嵌套。

3．系统分析

先随机产生一个0到100之间的整数，然后猜数字，最后根据猜的次数给出评语。

4．总体设计思想

利用循环结构不断输入数字，与产生的随机数进行比较，直到猜中为止。

5．功能模块设计

在程序中主要使用以下函数。

（1）time()函数：时间函数，用于计算当前日历时间。

（2）srand()函数：随机数发生器的初始化函数，常称为随机种子函数。

（3）rand()函数：随机函数rand()会返回一个范围为0到RAND_MAX（至少是32767）之间的伪随机数（整数）。

（4）printf()函数：格式化输出函数。

（5）scanf()函数：格式化输入函数。

6．程序清单

```c
#include <stdlib.h>
#include <stdio.h>
#include <time.h>
int main(){
    int r,x,n=0;                    //n作为计数器，统计猜的次数
    srand(time(0));                 //使每次产生的随机数不一样
    r=rand()%100;                   //产生一个0到100（包含0，不包含100）之间的随机整数
    printf("Please input a number(0~100):");
    scanf("%d",&x);
    n=1;                            //每输入一个数据，计数一次
    while(x!=r){                    //如果猜错则给出相应的提示，否则结束循环
        if(x>r)
            printf("\nbig,input continue:");
        if(x<r)
            printf("\nsmall,input continue:");
        scanf("%d",&x);
        n++;
    }
    //根据猜的次数，给出相应的评语
    if(n<=5)
        printf("\nvery good");
    if(n>5&&n<=10)
        printf("\ngood");
    if(n>10)
        printf("\nnormal");
    return 0;
}
```

7．运行程序

```
Please input a number(0~100):50
small,input continue:75
small,input continue:87
big,input continue:81
small,input continue:84
very good
```

8．总结

在猜数字的过程中用到了折半查找的思想，使数据范围迅速缩小，减少猜数字的次数。折半查找在数据查找过程中经常用到，可以用在数组的数据查找算法中。

本章小结

本章内容比较多，涉及的知识点也比较多，主要介绍了 C 语言程序设计的 3 种基本结构的实现方法。

（1）顺序结构：介绍了顺序执行语句，包括输入/输出函数的使用、赋值语句，以及顺序结构的程序组成等。

尽管顺序结构的程序设计比较简单，但读者在开始学习时应该养成良好的程序设计习惯。首先，分析所给的问题，明确要求，找出解决问题的途径（即算法）；其次，分配合适的变量，梳理处理步骤；最后，输出结果。算法设计是自上而下进行的，复杂的算法要逐步求精。另外，使用 N-S 流程图设计算法比较方便。

（2）选择结构：选择结构根据"条件"来决定选择哪一组语句。本章介绍了 if 语句和 switch 语句。选择结构的关键在于分支结构的产生和条件表达式的确立。在编程前，需要先对要解决的问题进行逻辑分析，再确立每个分支点的判定条件，并确定每个分支各自的出入通道，最后把各种情况对应的处理语句都列出来，不能"混流"。

（3）循环结构：循环结构的程序设计比顺序结构和选择结构的程序设计复杂一些，循环结构的思想是利用计算机高速处理运算的特性，完成大量有规则的重复性运算。

设计循环结构要根据具体的问题，确定以下几方面内容。

① 循环前的准备：确定循环变量、循环初值和循环结束条件（即终值）。虽然这些内容看起来没有什么，但其实是关键点，很重要。选择合适的循环变量，可以使程序结构简单，且易于设计；循环初值和终值的确定不能有丝毫大意，否则循环的结果将会"差之毫厘，谬以千里"。

② 设计循环体：for 语句的使用最方便，goto+if 语句构成的循环不提倡用。如果使用 while 语句和 do-while 语句，那么循环体中一定要有使循环趋于结束的语句，以保证循环可以正常结束。

③ 循环后的处理：根据需要安排。

在设计循环结构的程序时，可以根据实际问题的需要，选择合适或自己喜欢的循环语句。

习题 3

1．填空题

（1）用于 printf()函数的控制字符常量中，代表"回车"的字符是_____。

（2）在 printf()函数的格式字符中，以十进制有符号形式输出整数的格式字符是_____，以八进制无符号形式输出整数的格式字符是_____，以十六进制无符号形式输出整数的格式字符是_____，以十进制无符号形式输出整数的格式字符是_____。

（3）要得到下列结果：

```
a,b
```

```
A,B
97,98,65,66
```

按要求填空，完成以下程序：

```
#include <stdio.h>
int main(){
    char c1,c2;
    c1='a';c2='b';
    printf("____",c1,c2);
    printf("%c,%c\n",____);
    _____;
    return 0;
}
```

2. 程序阅读题

(1) 下列程序的运行结果是（   ）。

```
#include <stdio.h>
int main(){
    int a,b;
    a=100;b=200;
    printf("%d\n",(a, b));
    return 0;
}
```

(2) 当执行下面两条语句后，结果是（   ）。

```
char c1=97,c2=98;
printf("%d%c",c1,c2);
```

(3) 已知大写字母 D 的 ASCII 码为 68，下列程序的运行结果是（   ）。

```
#include <stdio.h>
int main(){
    char c1='D',c2='R';
    printf("%d,%d\n",c1,c2);
    return 0;
}
```

(4) 用下面的 scanf() 函数输入数据，使 a=3，b=8，x=12.5，y=70.83，c1='A'，c2='a'。请问在键盘上如何输入？

```
#include <stdio.h>
int main(){
    int a,b;
    float x,y;
    char c1,c2;
    scanf("a=%d b=%d",&a,&b);
    scanf("%f %e",&x,&y);
    scanf("%c %c",&c1,&c2);
    return 0;
}
```

（5）下列程序的运行结果是（　　）。

```
#include <stdio.h>
int main(){
    int a=5,b=7;
    float x=67.8564,y=-789.124;
    char c='A';
    long n=1234567;
    unsigned u=65535;
    printf("%d%d\n",a,b);
    printf("%-10f,%-10f\n",x,y);
    printf("%c,%d,%o,%x\n",c,c,c,c);
    printf("%ld,%lo,%x\n",n,n,n);
    printf("%u,%o,%x,%d\n",u,u,u,u);
    printf("%s,%5.3s\n", "COMPUTER","COMPUTER");
    return 0;
}
```

（6）下列程序的运行结果是（　　）。

```
int i=0,sum=1;
do
{sum+=i++;
} while(i<6);
printf("%d\n",sum);
```

（7）标有/* */的语句的执行次数是（　　）。

```
int y=0,i;
for(i=0;i<20;i++){
if(i%2==0)
continue;
y+=i;  /* */
}
```

（8）以下语句：

```
i=1;
for(;i<=100;i++)
    sum+=i;
```

与下面的语句是等价的吗？

```
i=1;
for(;;){
   sum+=i;
   if(i==100)break;
   i++;
}
```

（9）下列程序的运行结果是（　　）。

```
#include <stdio.h>
int main(){
```

```
    int a,b;
    for (a=1,b=1;a<=100;a++){
        if(b>=20)
            break;
        if(b%3==1){
            b+=3;
            continue;
        }
        b-=5;
    }
    printf("%d\n",a);
    return 0;
}
```

（10）下列程序的运行结果是（　　）。

```
#include <stdio.h>
int main(){
    int i;
    for(i=1;i<=5;i++){
        if(i%2)
            printf("*");
        else
            continue;
        printf("#");
    }
    printf("$\n");
    return 0;
}
```

（11）下列程序的运行结果是（　　）。

```
#include <stdio.h>
int main(){
    int x,a=1,b=2,c=3,d=4;
    x=(a<b)?a:b;
    x=(x<c)?x:c;
    printf("%d\n",x);
    return 0;
}
```

（12）下列程序的运行结果是（　　）。

```
#include <stdio.h>
int main(){
    int a=3,b=5,c=7;
    if(a>b) a=b;c=a;
    if(c!=a) c=b;
    printf("%d,%d,%d\n",a,b,c);
    return 0;
}
```

（13）下列程序的运行结果是（　　）。

```c
#include <stdio.h>
int main(){
int x=1,y=0,a=0,b=0;
switch(x){
    case 1:switch(y){
            case 0:a++;break;
            case 1:b++;break;
            }
    case 2:a++;b++;break;
    }
    printf("%d  %d",a,b);
    return 0;
}
```

（14）下列程序的运行结果是（　　）。

```c
#include <stdio.h>
int main(){
    int y=10;
    do {y--;} while(--y);
    printf("%d",y--);
    return 0;
}
```

（15）下列程序的运行结果是（　　）。

```c
#include <stdio.h>
int main(){
    int s,k;
    for(s=1,k=2;k<5;k++)
    s+=k;
    printf("%d\n",s);
    return 0;
}
```

（16）当输入 19、2 和 21 时，下列程序的运行结果是（　　）。

```c
#include <stdio.h>
int main(){
    int a,b,c,max;
    printf("please scan three numbers a,b,c:\n");
    scanf("%d,%d,%d",&a,&b,&c);
    max=a;
    if(max<b)
        max=b;
    if(max<c)
        max=c;
    printf("max is:%d",max);
    return 0;
}
```

3. 编程题

（1）已知函数为

$$y = \begin{cases} x+3 & (x>0) \\ 0 & (x=0) \\ x^2-1 & (x<0) \end{cases}$$

输入 x 的值，输出 y。

（2）由键盘输入 3 个整数，输出其中最大的数。

（3）由键盘输入 3 个整数，按照从小到大的顺序输出。

（4）由键盘输入三角形的三条边 a、b 和 c，计算并打印三角形的面积 s。

（5）由键盘输入一个大写字母，要求改用小写字母输出。

（6）由键盘输入一个三位整数，将它反向输出。例如，输入 123，输出 321。

（7）由键盘输入 a、b 和 c，求 $ax^2+bx+c=0$ 方程的根。

（8）判断某一年是否是闰年。

（9）由键盘输入两个正整数 m 和 n，求其最大公约数和最小公倍数。

（10）给出百分制成绩，要求输出成绩等级 A、B、C、D、E。90 分及以上为 A，80～89 分为 B，70～79 分为 C，60～69 分为 D，60 分以下为 E。

要求：

① 用 if 语句编写。

② 用 switch 语句编写。

（11）输入某年某月某日，判断这一天是这一年的第几天。

（12）输出所有的三位水仙花数。所谓水仙花数是指所有位的数字的立方之和等于该数，如 $153=1^3+3^3+5^3$。

（13）使用 1、2、3 和 4 这 4 个数字能组成多少个互不相同且无重复数字的三位数？都是多少？

（14）计算 Fibonacci 数列的前 20 项的和。

Fibonacci 数列为 1,1,2,3,5,8,13,21,34,…

（15）打鱼还是晒网：中国有句俗语叫"三天打鱼，两天晒网"。某人从 2022 年 1 月 1 日起开始"三天打鱼，两天晒网"，问这个人以后的某一天是"打鱼"还是"晒网"。

第 4 章

数组

在 C 语言中，数据类型包括基本类型、构造类型、指针类型和空类型。第 2 章介绍了数据的基本类型，本章将介绍构造类型中的数组类型。

4.1 一维数组

如果程序设计稍微复杂一些，那么仅使用 C 语言中的标准数据类型是远远不够的。下面引入一个例题。

【例 4.1】 输入 5 个学生的成绩，并输出最高分。

```
#include <stdio.h>
int main()
{
    float a1,a2,a3,a4,a5;                    //定义 5 个变量来存储学生的成绩
    float max;                                //max 用来存储最高分
    printf("请输入 5 个学生的成绩：\n");
    scanf("%f%f%f%f%f",&a1,&a2,&a3,&a4,&a5);  //输入学生的成绩
    max=a1>a2?a1:a2;                          //取 a1 和 a2 中的最大值
    max=max>a3?max:a3;
    max=max>a4?max:a4;
    max=max>a5?max:a5;
    printf("最高分为：%5.2f\n",max);          //输出最高分
    return 0;
}
```

运行程序，根据提示进行操作：

```
请输入 5 个学生的成绩：
85 68 90 98 87✓
最高分为：98.00
98.00
```

说明：

（1）先定义5个变量来存储学生的成绩，再使用条件运算符求出最高分。

（2）当学生的数量增加时，定义的变量个数会非常多，求最高分的程序会非常长，不利于编写。

（3）当引入数组后，可以高效地定义变量，减少编写的代码，以优化程序结构。

4.1.1 一维数组的定义、引用和初始化

在C语言中，数组属于构造数据类型。为了方便管理，在某种类型的基础上构造出数组，可以用于解决批量问题。

1. 一维数组的定义

定义一维数组的一般形式如下：

```
类型说明符 数组名 [整型常量表达式];
```

说明：

（1）类型说明符用来说明数组的类型，是指数组元素的取值类型，同一个数组中的所有元素的数据类型相同。类型说明符可以是任意一种合法的C语言类型。

示例如下：

```
int a[8];            //定义整型数组 a
float x[5];          //定义实型数组 x
char ch[10];         //定义字符数组 ch
```

（2）数组名是用户定义的数组标识符，唯一标识该数组；数组名的编写规则应符合标识符的命名规则，并且不能与其他变量同名。

（3）整型常量表达式可以包含符号常量或字面常量，但是不能包含变量，即不能对数组的大小进行动态定义；方括号中的整型常量表达式的值用于确定数组中的元素个数，也就是数组的长度。

下面列举一个合法的数组定义：

```
#define LEN 5
int a[3+5],b[3+LEN];
```

下列定义是不合法的。

```
int n;
scanf("%d",&n);
int a[n];            //数组的长度使用了变量
int x[5.5];          //数组的长度使用了实型常量
```

注意：在C99标准中允许数组的长度为变量。

2. 一维数组的引用

数组是由若干数组元素组成的，数组元素是构成数组的基本单元，对数组元素的引用构成了数组的基本操作。每个数组元素是一个变量，单个变量可以用变量名引用，数组元素可以采用下标法引用。

引用数组元素的一般形式如下：

数组名[下标]

这里的下标表示元素在数组中的顺序号，C语言规定下标从0开始。

例如，int a[5];表示数组 a 中的元素为 a[0]、a[1]、a[2]、a[3]和 a[4]。

说明：

（1）下标通常只能是整型常量或整型表达式，也可以使用字符型。下面举例说明。

int a[8],i=3,j=4;

其中，a[0]、a[i+j]和 a[i++]分别代表数组的第 0 个、第 7 个和第 3 个元素。

【例4.2】数组元素的引用。

```
#include <stdio.h>
int main()
{
    int i,a[6];
    for(i=0;i<6;i++)
        a[i]=i+1;
    for(i=5;i>=0;i--)
        printf("%d",a[i]);
    printf("\n");
    return 0;
}
```

程序的运行结果如下：

6 5 4 3 2 1

例4.2先用一个循环将数组 a 的各元素赋值为i+1，然后用第二个循环输出各元素的值。

（2）在 DEV-C++中，不允许下标为实型，如果使用实型作为下标，那么编译将报错。下面举例说明。

int a[8]; printf("%d",a[5.5]);

其中，a[5.5]是错误的元素引用。

（3）在 C 语言中，只能逐个引用数组元素，不能一次引用整个数组。下面举例说明。

如果引用 int a[4];则使用如下形式：

for(i=0;i<4;i++)
 printf("%d",a[i]);

采用循环的方式逐个引用数组元素，不能用一条语句输出整个数组。下面的用法是错误的：

printf("%d",a);

（4）数组在内存中的存储是连续的，即分配一块连续的存储空间，按照数组元素的下标顺序依次存储。

（5）在引用数组元素时，下标不能越界，系统不会对越界的引用进行检查，例如：

```c
#include <stdio.h>
int main()
{
    int a[5];
    int i;
    for(i=0;i<6;i++)
        scanf("%d",&a[i]);
    for(i=0;i<6;i++)
        printf("%d ",a[i]);
    printf("\n");
    return 0;
}
```

运行程序，根据提示进行操作：

1 2 3 4 5 6↙
1 2 3 4 5 6

程序能够正常编译、运行，不会报错，但程序占用了未知的单元，如果这些单元已被分配使用，则可能会造成严重的系统错误，因此上述程序是错误的。

3. 一维数组的初始化

一个变量可以在定义时赋初值，即完成对变量的初始化。同样，也可以在定义数组时为其赋初值，这就是数组元素的初始化。

一维数组的初始化

对数组元素进行初始化的一般形式如下：

类型说明符 数组名[整型常量表达式]={值1,值2,…,值n};

例如：

```c
int a[5]={ 1,2,3,4,5 };
```

说明：

（1）在对数组元素进行初始化时，各元素的初值之间用逗号间隔，并且包含在花括号中；按照元素下标顺序为数组元素赋初值。

例如：

```c
int a[5]={1,2,3,4,5};
```

与如下语句是等价的：

```c
int a[5];
a[0]=1;a[1]=2;a[2]=3;a[3]=4;a[4]=5;
```

这里为数组 a 中的所有元素提供了初值。

（2）在对全部数组元素赋初值时，C 语言允许在定义时省略数组元素的个数。

例如：

```c
int a[]={ 1,2,3,4,5 };
```

与如下语句是等价的：

```c
int a[5]={ 1,2,3,4,5 };
```

当省略数组元素的个数时，数组元素的个数由所赋初值的个数确定。

（3）只给出部分元素的初值，如 int a[5]={1,2,3};，按照元素下标的顺序为数组元素赋初值，而没有给出初值的数组元素在初始化时按初值为 0 处理。

【例 4.3】数组元素的初始化。

```c
#include <stdio.h>
int main()
{
    int i,a1[]={1,2,3,4,5};
    int a2[5]={1,2,3};
    for(i=0;i<5;i++)
        printf("%d ",a1[i]);
    printf("\n");
    for(i=0;i<5;i++)
        printf("%d ",a2[i]);
    printf("\n");
    return 0;
}
```

程序的运行结果如下：

```
1 2 3 4 5
1 2 3 0 0
```

如果要将一个数组的所有元素都初始化为 0，则可以使用 int a[5]={0};。

（4）不允许初始化值多于数组元素的个数，否则编译时会报错。

例如，int a[4]={1,2,3,4,5};是错误的。

下面使用数组重新编写例 4.1。

【例 4.4】输入 5 个学生的成绩，并输出最高分。

```c
#include <stdio.h>
int main()
{
    float a[5],max;
    int i;
    printf("请输入 5 个学生的成绩：\n");
    for(i=0;i<5;i++)              //输入学生的成绩
        scanf("%f",&a[i]);
    max=a[0];                     //设 a[0]中为最大值
    for(i=1;i<5;i++)
        max=max>a[i]?max:a[i];
    printf("最高分为：%5.2f\n",max);  //输出最高分
    return 0;
}
```

运行程序，根据提示进行操作：

```
请输入 5 个学生的成绩：
85 68 90 98 87✓
最高分为：98.00
98.00
```

4.1.2 一维数组的应用

【例 4.5】已知数组 a[]={20,-3,15,10,-9,8,-3}，请将数组中的值反向存储并输出。

```c
#include <stdio.h>
int main()
{
    int a[]={20,-3,15,10,-9,8,-3};
    int i,t;
    for(i=0;i<7/2;i++)
    {
        t=a[i];a[i]=a[6-i];a[6-i]=t;
    }
    for(i=0;i<7;i++)
        printf("%d ",a[i]);
    printf("\n");
    return 0;
}
```

程序的运行结果如下：

-3 8 -9 10 15 -3 20

思考：如果数组的长度为 N（符号常量），那么应该如何修改程序？

【例 4.6】输入 10 个整数，输出绝对值最小的数。

```c
#include <stdio.h>
#include <math.h>
#define N 10
int main()
{
    int a[N];
    int i,min;
    for(i=0;i<N;i++)
        scanf("%d",&a[i]);
    min=0;
    for(i=1;i<N;i++)
        if(abs(a[min])>abs(a[i])) min=i;
    printf("绝对值最小的数为: %d\n",a[min]);
    return 0;
}
```

查找：最小数所在的下标

运行程序，根据提示进行操作：

10 -5 20 -13 -18 9 6 -3 4 31✓
绝对值最小的数为：-3

说明：abs()为求整型绝对值函数，fabs()为求实型绝对值函数；使用绝对值函数必须包含 math.h 头文件。

【例 4.7】求 Fibonacci 数列的前 20 项。

```c
#include <stdio.h>
```

```c
#define N 20
int main()
{
    int a[N]={1,1};           //Fibonacci 数列的前两项均为 1
    int i;
    for(i=2;i<N;i++)
        a[i]=a[i-1]+a[i-2];
    printf("Fibonacci 数列的前 20 项为：\n");
    for(i=0;i<N;i++)
        printf("%d ",a[i]);
    printf("\n");
    return 0;
}
```

程序的运行结果如下：

```
Fibonacci 数列的前 20 项为：
1 1 2 3 5 8 13 21 34 55 89 144 233 377 610 987 1597 2584 4181 6765
```

实训 9 一维数组的使用

1. 实训目的

（1）掌握一维数组的定义、引用和初始化。
（2）熟练使用一维数组解决实际问题。

一维数组的应用：输出小于平均数的数

2. 实训内容

（1）输入 10 个学生的单科成绩，求出其中的最高分、最低分、平均分，以及超过平均分的人数。

分析：求最高分、最低分、平均分其实就是求数组中的最大值、最小值、平均值。要统计超过平均分的人数，就要先求出平均分，再用 for 循环遍历数组进行统计。

源程序代码如下：

```c
#include <stdio.h>
#define N 10
int main()
{
    float score[N];              //10 个学生的成绩
    float max,min,sum=0,avg;     //最高分、最低分、总分数、平均分
    int count=0,i;               //高于平均分的人数，循环变量
    printf("请输入%d 个学生的成绩：\n",N);
    for(i=0;i<N;i++)
    {
        scanf("%f",&score[i]);
        sum+=score[i];           //求总分数
    }
    avg=sum/N;                   //求平均分
    max=min=score[0];            //最高分、最低分默认为数组的第一个元素
    for(i=0;i<N;i++)
```

```
        {
            if(max<score[i])    max=score[i];
            if(min>score[i])    min = score[i];
            //求高于平均分的人数
            if(score[i]>=avg)
            count++;
        }
        printf("最高分：%f,最低分：%f,平均分：%f\n",max,min,avg);
        printf("分数在平均分及其以上的学生有%d个。\n",count);
        return 0;
}
```

运行程序，根据提示进行操作：

```
请输入10个学生的成绩：
90 85.5 79 68 54 99 87 93.5 100 52✓
最高分：100.000000,最低分：52.000000,平均分：80.800003
分数在平均分及其以上的学生有6个。
```

（2）用筛选法求 100 以内的素数。

算法介绍：

① 用一个数组保存 2 到 100 之间的整数，为了方便编写程序，数组元素的下标和值相同。

② 用 2 除以它后面的各数，把能被 2 整除的数去掉（置为 0）。

③ 用 3 至 sqrt(100)（先判断是否为 0）除以它后面的各数，把能被 3 至 sqrt(100)整除的数去掉。

④ 值不为 0 的数就是素数，依次输出。

源程序代码如下：

```
#include <stdio.h>
#include <math.h>
int main()
{
    int i,j,n,a[101];
    for(i=2;i<=100;i++)              //保存2到100之间的整数
        a[i]=i;
    for(i=2;i<sqrt(100);i++)         //去掉非素数
    {
        if(a[i]==0) continue;        //筛子为0，跳过
        for(j=i+1;j<=100;j++)
            if(a[j]%a[i]==0) a[j]=0;
    }
    for(i=2,n=0;i<=100;i++)
    {
        if(a[i]!=0)
        {
            printf("%5d",a[i]);
            n=(n+1)%10;              //按每行10个数的格式输出
```

```
            if(!n) printf("\n");
        }
    }
    return 0;
}
```

程序的运行结果如下：

```
  2    3    5    7   11   13   17   19   23   29
 31   37   41   43   47   53   59   61   67   71
 73   79   83   89   97
```

（3）用选择法对 10 个整数进行排序（从大到小）。

算法介绍：

① 设有 10 个元素 a[0]～a[9]，其中，a[0]最大，记录下标 k=0，将 a[k]与 a[1]～a[9]进行比较，若比 a[k]大则 k 记录其下标，并且 a[0]与 a[k]交换。

② 如果 a[1]最大，记录下标 k=1，将 a[k]与 a[2]～a[9]进行比较，若比 a[k]大则 k 记录其下标，并且 a[1]与 a[k]交换。

③ 以此类推，共进行 9 轮比较、交换，按从大到小的顺序排序。

④ 输出数组元素值。

源程序代码如下：

```
#include <stdio.h>
#define N 10
int main()
{
    int a[10],i,j,k,t;
    printf("请输入10个整数：\n");
    for(i=0;i<10;i++)                //输入10个整数
        scanf("%d",&a[i]);
    for(i=0;i<9;i++)                 //排序
    {
        k=i;
        for(j=i+1;j<10;j++)
            if(a[k]<a[j])  k=j;
        t=a[i];
        a[i]=a[k];
        a[k]=t;
    }
    for(i=0;i<10;i++)                //输出排序后的结果
        printf("%5d",a[i]);
    printf("\n");
    return 0;
}
```

排序：比较法

运行程序，根据提示进行操作：

```
请输入10个整数：
20 15 3 -9 50 18 10 -2 88 6↙
   88   50   20   18   15   10    6    3   -2   -9
```

(4) 在排好序的数组（从小到大）中插入一个数，要求数组依然有序。

算法介绍：

① 先找到输入的数在数组中应插入的位置，再将这个数与数组中的元素逐一比较，如果对应元素大于这个数，则找到插入位置。

② 将从插入位置开始的各数后移一位，并将这个数插入数组中。

③ 输出数组。

插入算法

源程序代码如下：

```c
#include <stdio.h>
#define N 10
int main()
{
    int a[N]={1,4,6,9,13,16,19,28,40};
    int x,i,j;
    printf("输入一个整数：\n");
    scanf("%d",&x);
    for(i=0;i<N-1;i++)              //查找插入位置
        if(x<a[i]) break;
    for(j=N-1;j>i;j--)              //后移
        a[j]=a[j-1];
    a[i]=x;                         //插入
    for(j=0;j<N;j++)
        printf("%d ",a[j]);
    printf("\n");
    return 0;
}
```

运行程序，根据提示进行操作：

输入一个整数：
10✓
1 4 6 9 10 13 16 19 28 40

(5) 用冒泡法对 10 个数进行排序（从小到大）。

算法介绍：

将相邻的两个数进行比较，小的调到前面。下面以 5 个数为例介绍排序的过程。

设 int a[5]={9,7,5,6,8};。

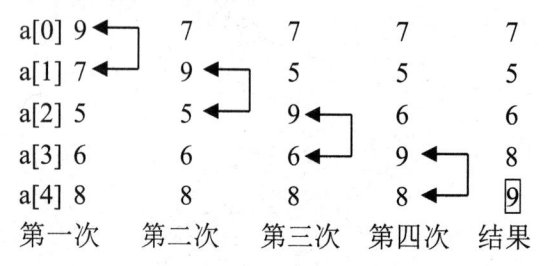

```
a[0] 9     7     7     7     7
a[1] 7     9     5     5     5
a[2] 5     5     9     6     6
a[3] 6     6     6     9     8
a[4] 8     8     8     8     9
    第一次 第二次 第三次 第四次 结果
```

排序：冒泡法

可以看出，通过第一轮的比较和交换，最大值沉到底部，这正是我们所希望的，所以

a[4]不需要再参与第二轮的比较。

```
a[0]  7      5      5      5
a[1]  5      7      6      6
a[2]  6      6      7      7
a[3]  8      8      8      8
     第一次  第二次  第三次  结果
```

通过上述 4 轮排序后，就可以将 5 个数排好序。

源程序代码如下：

```
void main()
{
    int i,j,t,a[10];
    printf("\n input 10 numbers:\n");
    for(i=0;i<10;i++)
        scanf("%d",&a[i]);
    printf("\n");
    for(i=0;i<9;i++)
        for(j=0;j<9-i;j++)
            if(a[j]>a[j+1])
            {
                t=a[j];a[j]=a[j+1];a[j+1]=t;
            }
    printf("the sorted numbers:\n");
    for(j=0;j<10;j++)
        printf("%3d",a[j]);
    printf("\n");
return 0;
}
```

运行程序，根据提示进行操作：

```
input 10 numbers:
1 10 9 8 5 6 7 3 4 2↙
the sorted numbers:
1 2 3 4 5 6 7 8 9 10
```

3．实训思考

（1）已知数组 int a[]={2,4,6,8,10}，b[]={4,8,12,16,20}。请找出在数组 a 和 b 中均出现的值并输出。编程如何实现？

（2）已知数组 int a[]={1,4,6,9,13,16,19,28,40,100}，输入一个数，在数组中删除与该数相等的值，若没有则不删除。编程如何实现？

4.2 二维数组

在解决实际问题时，有些数据（如矩阵、学生的成绩表等）用一维数组处理很不方便，如果使用二维数组，就会使问题变得简单、直观。在 C 语言中，允许构造二维数组、多维数组，采用二维数组可以更好地组织数据，解决更复杂的问题。

4.2.1 二维数组的定义

定义二维数组的一般形式如下：

类型说明符 数组名[整型常量表达式1][整型常量表达式2];

说明：

(1)"整型常量表达式 1"表示第一维（行）的长度，"整型常量表达式 2"表示第二维（列）的长度。

```
int a[3][4];
```

上述代码定义了 3 行 4 列的整型数组 a。

(2) 二维数组行和列的下标值都是从 0 开始的。

(3) 可以把二维数组 a 看作一种特殊的一维数组，而这个一维数组的元素又是一个一维数组，即

```
       ┌ a[0] ── a[0][0],a[0][1],a[0][2],a[0][3]
  a  ──┤ a[1] ── a[1][0],a[1][1],a[1][2],a[1][3]
       └ a[2] ── a[2][0],a[2][1],a[2][2],a[2][3]
```

实际的存储器单元是按一维线性排列的。在存储器中保存二维数组可以采用两种方式：一种是按行保存，即保存完一行之后顺次放入第 2 行；另一种是按列保存，即保存完一列之后顺次放入第 2 列。在 C 语言中，二维数组是按行保存的，即先保存第 0 行，再保存第 1 行，最后保存第 2 行，如 a[0][0]→a[0][1] →a[0][2] →a[0][3] →a[1][0] →a[1][1] →a[1][2] →a[1][3]等。

4.2.2 二维数组的引用

二维数组的元素的引用形式如下：

数组名[下标1][下标2]

说明：

(1) 对下标的要求与一维数组的相同，通常为整型常量或整型表达式，也可以使用字符型。

下面举例说明：

```
int a[3][4],i=2; char ch='\1';
```

a[i][i]和 a[ch][ch+1]都是合法的元素引用。

(2) 不能整行或整个引用二维数组。

下面举例说明：

```
int a[3][4];
```

a、a[1]都不是合法的元素引用。

(3) 在引用数组元素时，下标不能越界。

4.2.3 二维数组的初始化

二维数组的初始化与一维数组的初始化类似，可以采用以下方式。

1. 按行初始化

```
类型说明符 数组名[整型常量表达式1][整型常量表达式2]
={{值11,值12,…,值1n},{值21,值22,…,值2n},{值31,值32,…,值3n},…};
```

下面举例说明：

```
int a[2][3]={{1,2,3},{4,5,6}};
```

把{1,2,3}赋给 a[0]，{4,5,6}赋给 a[1]。

说明：

（1）各行按照顺序为数组元素赋初值，即 a[0][0]、a[0][1]和 a[0][2]的值分别为 1、2 和 3。

（2）当初值少于元素个数时，默认值为 0。

```
int a[2][3]={{1},{4,5,6}};
```

a[0][0]、a[0][1]和 a[0][2]的值分别为 1、0 和 0。

（3）当初值多于元素个数时，编译时会报错。

2. 按元素存储顺序初始化

```
类型说明符 数组名[整型常量表达式1][整型常量表达式2]={值1,值2,…,值n,…};
```

下面举例说明：

```
int a[2][3]={1,2,3,4,5,6};
```

按照数组元素的存储顺序初始化。

说明：

（1）当初值少于元素个数时，默认值为 0。

```
int a[2][3]={1,4,5,6};
```

a[0][0]、a[0][1]、a[0][2]、a[1][0]、a[1][1]和 a[1][2]的值分别为 1、4、5、6、0 和 0。

（2）当初值多于元素个数时，编译时会报错。

（3）初始化二维数组时，可以不写第一维的长度。

```
int a[][3]={{1},{4,5,6}};
int a[][3]={1,4,5,6};
```

值得注意的是，在初始化时，如果只给出了部分元素的值，那么应掌握计算第一维的长度的方法。当按行初始化时，初始化的行数就是第一维的长度；当按元素存储顺序初始化时，能够容纳所有值的最小行数，就是第一维的长度。

下面举例说明：

```
int a[][3]={{1},{4,5,6},{9,8}};
```

上述代码表示第一维的长度为 3。

```
int a[][3]={{1,2,3,4,5,6,7,8,9,10};
```

上述代码表示第一维的长度为4。

【例4.8】一个小组有5个学生，每个学生有3门课程的考试成绩。求全组各门课程的平均成绩和各门课程总平均成绩。

先设一个二维数组a[5][3]保存5个学生的3门课程的成绩，再设一个一维数组v[3]保存所求得的各门课程的平均成绩，最后设变量average保存全组各门课程总平均成绩。

源程序代码如下：

```c
#include <stdio.h>
int main(){
    int i,j;
    float s=0,average,v[3],a[5][3];
    printf("input score\n");
    for(i=0;i<3;i++)
    {
        for(j=0;j<5;j++)
        {
            scanf("%f",&a[j][i]);
            s=s+a[j][i];
        }
        v[i]=s/5;
        s=0;
    }
    average =(v[0]+v[1]+v[2])/3;
    printf("No1:%f\nNo2:%f\nNo3:%f\n",v[0],v[1],v[2]);
    printf("total:%f\n", average);
    return 0;
}
```

二维数组的应用：各门课程平均成绩

运行程序，根据提示进行操作：

```
input score
80 61 59 85 76
75 65 63 87 77
92 71 70 90 85
No1:72.199997
No2:73.400002
No3:81.599998
total:75.733337
```

实训10　二维数组的使用

1．实训目的

（1）掌握二维数组的定义、引用和初始化。

（2）熟练使用二维数组解决实际问题。

2. 实训内容

（1）给定一个 4×4 的整数矩阵，求其两条对角线上的元素的和。

源程序代码如下：

```c
#include <stdio.h>
#define N 4
int main()
{
    int a[N][N],i,j,sum=0;
    for(i=0;i<N;i++)
        for(j=0;j<N;j++)
            scanf("%d",&a[i][j]);
    for(i=0;i<N;i++)
        for(j=0;j<N;j++)
            if(i==j || i+j==N-1)
                sum+=a[i][j];
    printf("两条对角线上的元素的和为：%d\n",sum);
    return 0;
}
```

二维数组的应用：求对称矩阵主对角线元素之和

运行程序，根据提示进行操作：

```
1 2 3 4
5 6 7 8
1 3 5 7
2 4 6 8✓
两条对角线上的元素的和为：36
```

（2）打印杨辉三角的前 10 行。

杨辉三角如下。

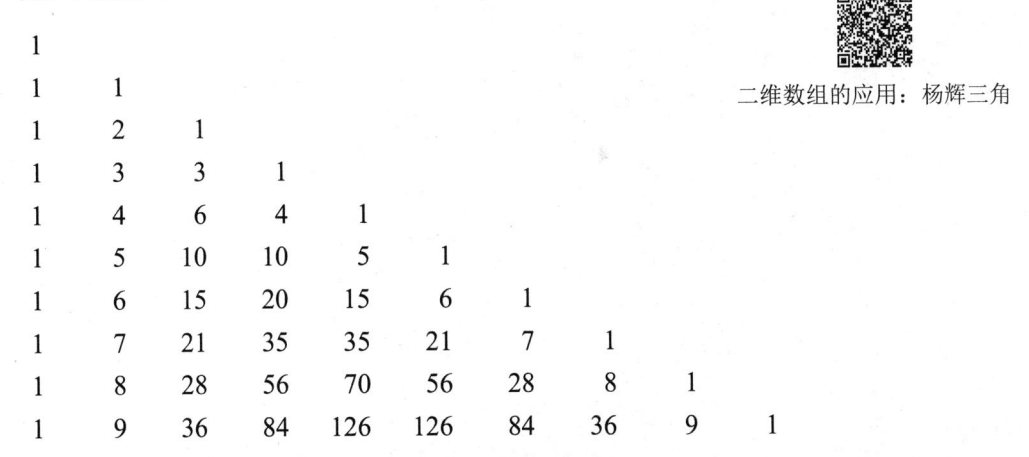

```
1
1   1
1   2   1
1   3   3   1
1   4   6   4   1
1   5  10  10   5   1
1   6  15  20  15   6   1
1   7  21  35  35  21   7   1
1   8  28  56  70  56  28   8   1
1   9  36  84 126 126  84  36   9   1
```

二维数组的应用：杨辉三角

可以看出，将杨辉三角存储在二维数组中时，二维数组的第 0 列和主对角线上的元素均为 1，从第 2 行开始，计算出第 1 列至第 i-1 列的值即可。

源程序代码如下：

```c
#include <stdio.h>
int main(){
```

```
        int a[10][10],i,j;
        for(i=0;i<10;i++)
        {
            a[i][0]=1;a[i][i]=1;
        }
        for(i=2;i<10;i++)
            for(j=1;j<i;j++)
                a[i][j]=a[i-1][j-1]+a[i-1][j];
        for(i=0;i<10;i++)
        {
            for(j=0;j<=i;j++)
                printf("%6d",a[i][j]);
            printf("\n");
        }
        return 0;
}
```

（3）矩阵的乘法运算。

矩阵的乘法的运算规则如下：

$$\begin{pmatrix} a11 & a12 & a13 \\ a21 & a22 & a23 \end{pmatrix} \times \begin{pmatrix} b11 & b12 \\ b21 & b22 \\ b31 & b32 \end{pmatrix} = \begin{pmatrix} a11 \times b11 + a12 \times b21 + a13 \times b31 & a11 \times b12 + a12 \times b22 + a13 \times b32 \\ a21 \times b11 + a22 \times b21 + a23 \times b31 & a21 \times b12 + a22 \times b22 + a23 \times b32 \end{pmatrix}$$

源程序代码如下：

```
#include <stdio.h>
int main(){
    int a[2][3]={{1,2,3},{4,5,6}},b[3][2]={{1,4},{2,5},{3,6}};
    int c[2][2]={0},i,j,k;
    for(i=0;i<2;i++)
    for(j=0;j<2;j++)
    for(k=0;k<3;k++)
    c[i][j]+=a[i][k]*b[k][j];
    for(i=0;i<2;i++){
        for(j=0;j<2;j++)
            printf("%5d",c[i][j]);
        printf("\n");
    }
    return 0;
}
```

（4）求二维数组的周边元素之和。

给定 N×N 的二维数组，求周边元素之和，就是求第 0 行、第 N-1 行、第 0 列和第 N-1 列的元素之和。

源程序代码如下：

```c
#include <stdio.h>
#define N 4
int main()
{
    int a[N][N],i,j,sum=0;
    for(i=0;i<N;i++)
        for(j=0;j<N;j++)
            scanf("%d",&a[i][j]);
    for(i=0;i<N;i++)
        for(j=0;j<N;j++)
            if(i==0 || i==N-1 || j==0 || j==N-1)
                sum+=a[i][j];
    printf("数组的周边元素之和为：%d\n",sum);
    return 0;
}
```

运行程序，根据提示进行操作：

```
1  2  3  4
5  6  7  8
1  3  5  7
2  4  6  8↙
数组的周边元素之和为：51
```

3．实训思考

（1）如何输出如下所示的杨辉三角？

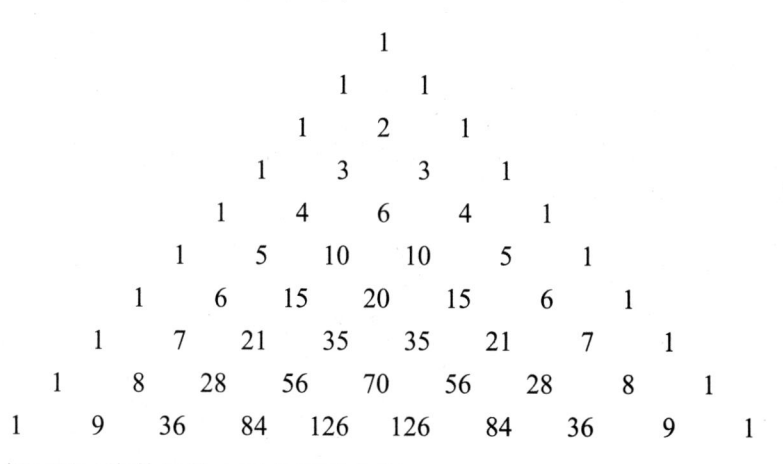

```
                        1
                     1     1
                  1     2     1
               1     3     3     1
            1     4     6     4     1
         1     5    10    10     5     1
      1     6    15    20    15     6     1
   1     7    21    35    35    21     7     1
1     8    28    56    70    56    28     8     1
1  9   36   84   126  126   84   36    9     1
```

（2）求下列二维数组的上三角元素之和。

```
1   2   3   4
5   6   7   8
9  10  11  12
13 14  15  16
```

4.3 字符数组

4.3.1 字符数组的定义、引用和初始化

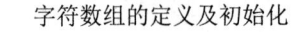

1. 字符数组的定义

字符数组的定义与其他数组的定义相同,语法格式如下:

```
char 数组名[整型常量表达式];
```

例如:

```
char c[5];
```

2. 字符数组的引用

(1) 逐个引用数组元素。

字符数组的元素可以像其他数组的元素一样逐个引用。

【例 4.9】逐个引用字符数组的元素。

```
#include <stdio.h>
int main(){
    char str[]={'c','l','a','s','s'};
    int i;
    for(i=0;i<5;i++)
        printf("%3c",str[i]);
    printf("\n");
    return 0;
}
```

程序的运行结果如下:

```
  c  l  a  s  s
```

(2) 当字符数组中存储的是字符串时,可以作为字符串整体引用。

【例 4.10】整体引用字符数组的元素。

```
#include <stdio.h>
int main(){
    char str[]="class";
    printf("%s",str);
    printf("\n");
    return 0;
}
```

程序的运行结果如下:

```
class
```

3. 字符数组的初始化

(1) 逐个元素初始化。

例如:

```
char str1[]={'c','l','a','s','s'};
```

（2）使用字符串初始化。

例如：

```
char str2[]="class";
```

两者的区别如下：数组 str1 的长度为 5，数组 str2 的长度为 6；数组 str2 中最后一个元素的值是字符串结束标志"\0"。

4.3.2 字符串的输入/输出

在实际应用中，很多数据都是以字符串的方式呈现的，如姓名、课程名称等。在 C 语言中，字符串用字符数组存储。下面介绍字符串的应用。

1．字符串的输出

1）printf()函数

第 3 章已介绍了 printf()函数，这里简单进行复习。

【例 4.11】使用 printf()函数输出字符数组的元素。

```
#include <stdio.h>
int main()
{
    char str1[]="class",str2[]="book";
    printf("%s,%s",str1,str2);
    printf("\n");
    return 0;
}
```

程序的运行结果如下：

```
class,book
```

可以看出，使用 printf()函数输出的是字符串，并且输出后不换行。

2）puts()函数

puts()是 C 语言提供的字符串输出函数，语法格式如下：

```
puts(字符串);
```

这里的字符串可以是字符串常量或变量（字符数组）。

【例 4.12】使用 puts()函数输出字符数组的元素。

```
#include <stdio.h>
int main(){
    char str1[]="class",str2[]="book";
    puts(str1);
    puts(str2);
    return 0;
}
```

程序的运行结果如下：

```
class
Book
```

可以看出，使用 puts()函数输出的是字符串，输出后换行，这是与使用 printf()函数的不同之处。puts()函数也可以用来输出字符串常量，如 puts("class");。

2．字符串的输入

1）scanf()函数

【例 4.13】使用 scanf()函数输入字符串。

```c
#include <stdio.h>
int main(){
    char str1[10],str2[10];
    scanf("%s%s",str1,str2);
    printf("%s,%s",str1,str2);
    printf("\n");
    return 0;
}
```

运行程序，根据提示进行操作：

```
Class Book✓
Class,Book
```

当使用 scanf()函数输入字符串时，可以输入多个，可以使用空格、Tab 和回车符作为分隔符，但这些字符不能出现在字符串中。

2）gets()函数

gets()是 C 语言提供的字符串输入函数，语法格式如下：

```
gets(数组名);
```

【例 4.14】使用 gets()函数输入字符串。

```c
#include <stdio.h>
int main(){
    char str1[10],str2[10];
    gets(str1);
    gets(str2);
    puts(str1);
    puts(str2);
    return 0;
}
```

字符串的应用：删除字符串中某个特定字符

运行程序，根据提示进行操作：

```
Class✓
Book✓
Class
Book
```

当使用 gets()函数输入字符串时，使用回车符作为输入结束符，因此，允许在字符中出现空格。

4.3.3 字符串处理函数

C 语言提供了丰富的字符串处理函数，使用方便，减轻了编程的负担。在使用字符串处理函数时，应包含头文件 string.h。下面介绍几个常用的函数。

1. strcpy()函数

strcpy()函数的语法格式如下：

```
strcpy(字符数组1,字符数组2)
```

字符串处理函数

功能：把"字符数组 2"中的字符串复制到"字符数组 1"中。字符串结束标志"\0"也一同复制。

下面举例说明：

```
char  str1[20],str2[ ]= "CHINA";
strcpy(str1,str2);
printf("%s",str1);
```

运行结果如下：

```
CHINA
```

说明：

（1）字符数组 1 应定义得足够大，字符数组 1 的长度不应该小于字符数组 2 的长度。

（2）字符数组 1 必须写成数组名的形式，而字符数组 2 也可以是一个字符串常量，相当于把一个字符串赋给一个字符数组。

下面举例说明：

```
char str[20];
strcpy(str,"book");
```

使用 strcpy()函数可以为字符串赋值。需要注意的是，str1 =str2;是不合法的。

（3）字符数组 2 中存储的必须是字符串。

2. strcat()函数

strcat()函数的语法格式如下：

```
strcat(字符数组1,字符数组2)
```

功能：把字符数组 2 中的字符串连接到字符数组 1 中字符串的后面，并删除字符数组 1 后面的字符串结束标志"\0"。

下面举例说明：

```
char str1[30]="CHINA";
int st2[]="ANHUI";
strcat(st1,st2);
puts(st1);
```

运行结果如下：

```
CHINA ANHUI
```

需要注意的是，字符数组 1 应定义足够的长度，防止连接后的字符串的长度超出其内存中的存储长度。

3. strcmp()函数

strcmp()函数的语法格式如下：

```
strcmp(字符数组 1,字符数组 2)
```

功能：按照 ASCII 码比较两个数组中的字符串，并返回比较结果。

如果字符串 1=字符串 2，则返回值=0。

如果字符串 1>字符串 2，则返回值>0。

如果字符串 1<字符串 2，则返回值<0。

下面举例说明：

```
strcmp("CHINA","NEWCHINA");        //比较两个字符串常量
strcmp(str,"CHINA");               //比较数组和字符串常量
```

4. strlen()函数

strlen()函数的语法格式如下：

```
strlen(字符数组)
```

功能：求字符串的实际长度（不含字符串结束标志"\0"），并作为函数返回值。

下面举例说明：

```
char str[20]="CHINA";
printf("%d",strlen(str));
```

运行结果如下：

5

【例 4.15】输入 5 个学生的姓名（拼音，不超过 10 个字符），按升序排列后输出。

```
#include <stdio.h>
#include <string.h>
#define N 5
int main(){
    char str[N][11],t[11];
    int i,j,k;
    printf("请输入%d 个学生的姓名\n",N);
    for(i=0;i<N;i++)
        gets(str[i]);
    for(i=0;i<N-1;i++)
    {
        k=i;
        for(j=i+1;j<N;j++)
            if(strcmp(str[k],str[j])>0) k=j;
        strcpy(t,str[i]);
        strcpy(str[i],str[k]);
        strcpy(str[k],t);
```

字符串处理函数的应用

```
    }
    printf("%d 个学生的姓名按升序排列的结果为: \n",N);
    for(i=0;i<N;i++)
        puts(str[i]);
    return 0;
}
```

运行程序，根据提示进行操作::

```
请输入 5 个学生的姓名
wang
zhang
li
liu
yang↙
5 个学生的姓名按升序排列的结果为:
li
liu
wang
yang
Zhang
```

实训 11 字符数组的使用

1. 实训目的

（1）掌握字符数组的定义、引用和初始化。

（2）熟练掌握字符串处理函数，能够使用字符数组解决实际问题。

2. 实训内容

（1）查找字符串 sb 在字符串 s 中的位置，如果可以找到则输出起始位置（下标），否则输出-1。

源程序代码如下：

```
#include <stdio.h>
#include <string.h>
int main(){
    char s[101],sb[10];
    int i,j,k;
    printf("请输入字符串 s（长度<100）\n");
    gets(s);
    printf("请输入字符串 sb（长度<10）\n");
    gets(sb);
    k=strlen(s)-strlen(sb);
    for(i=0;i<k;i++)
    {
        j=0;
        while(s[i+j]==sb[j] && sb[j]!='\0') j++;
        if(sb[j]=='\0') break;
    }
```

```
        if(i==k) i=-1;
        printf("字符串 sb 在字符串 s 中的位置为：%d\n",i);
        return 0;
}
```

(2) 输入字符串，删除字符串结尾处所有的"*"。

输入：***abc*ksdf**qyu***。

输出：***abc*ksdf**qyu。

源程序代码如下：

```
#include <stdio.h>
#include <string.h>
int main(){
    char s[101];
    int i,n;
    printf("请输入字符串 s（长度<100）\n");
    gets(s);
    n=strlen(s);
    for(i=n-1;i>=0;i--)
        if(s[i]!='*') break;
    s[i+1]='\0';
    printf("删除字符串 s 尾部的*后为：\n");
    puts(s);
    return 0;
}
```

3．实训思考

(1) 在第 2 道题目中，如果要删除字符串中所有的"*"那么应该如何实现？
(2) 在第 2 道题目中，如果要删除字符串中开头的"*"那么应该如何实现？

课程设计 2 数组的增、删、改、查

1．设计概要

数组的增、删、改、查是常用的基本算法。通过执行增、删、改、查操作，有助于读者掌握本章的知识点。具体由以下几个操作组成。

(1) 查找：在数组中查找指定的元素是否存在。
(2) 修改：在数组中查找指定的元素，并将该元素修改为指定值。
(3) 删除：在数组中查找指定的元素，并将该元素删除。
(4) 增加：将一个新的元素增加到数组中，并保持数组的原有特性。

2．系统要求

在数组中输入 n 个整数（n<10），要求将输入的整数按降序排列，并完成下列操作。

(1) 修改：输入一个整数 x，在数组中查找，找到后输入一个新的整数 y 来替换这个数，重新排序输出，如果未找到则输出"未找到"。

（2）删除：输入一个整数 x，在数组中查找，找到后删除这个数，并输出删除后的结果，如果未找到则输出"未找到"。

（3）增加：输入一个整数 x，将其插入合适的位置，并输出结果。

3. 参考程序

删除算法

```c
#include <stdio.h>
#include <string.h>
int main()
{
    int a[20],x,y;
    int i,j,k,n,t;
    printf("请输入数据个数（n<10）\n");
    scanf("%d",&n);
    printf("请输入%d 个数：\n",n);
    for(i=0;i<n;i++)
        scanf("%d",&a[i]);
    //排序，采用冒泡法
    for(i=0;i<n-1;i++)
        for(j=0;j<n-i-1;j++)
            if(a[j]<a[j+1]) {
                t=a[j];a[j]=a[j+1];a[j+1]=t;
            }
    //输出排序结果
    printf("排序后：\n");
    for(i=0;i<n;i++)
        printf("%d ",a[i]);
    printf("\n");
    //输入修改的值
    printf("请输入修改的值：\n");
    scanf("%d",&x);
    //查找
    for(j=0;j<n && a[j]>x;j++);
    if(x==a[j])
    {
        printf("请输入修改后的值：\n");
        scanf("%d",&y);
        //修改
        a[j]=y;
        printf("修改后：\n");
        for(i=0;i<n;i++)
            printf("%d ",a[i]);
        printf("\n");
        //排序，采用冒泡法
        for(i=0;i<n-1;i++)
            for(j=0;j<n-i-1;j++)
                if(a[j]<a[j+1]) {
                    t=a[j];a[j]=a[j+1];a[j+1]=t;
```

```
            }
        printf("排序后：\n");
        for(i=0;i<n;i++)
            printf("%d  ",a[i]);
        printf("\n");
    }
    else
        printf("未找到！");
    //删除
    //输入删除的值
    printf("请输入删除的值：\n");
    scanf("%d",&x);
    //查找
    for(j=0;j<n && a[j]>x;j++);
    if(x==a[j])
    //删除，元素个数减1，后继元素前移
    for(i=j;i<n-1;i++)
        a[i]=a[i+1];
    n--;
    printf("删除后：\n");
        for(i=0;i<n;i++)
            printf("%d  ",a[i]);
        printf("\n");

    //输入插入的值
    printf("请输入插入的值：\n");
    scanf("%d",&x);
    //查找插入的位置
    for(j=0;j<n && a[j]>x;j++);
    //插入
    for(i=n;i>j;i--)
        a[i]=a[i-1];
    a[j]=x;
    n++;
    printf("插入后：\n");
        for(i=0;i<n;i++)
            printf("%d  ",a[i]);
        printf("\n");
    return 0;
}
```

本章小结

数组是一个由若干相同类型的变量组成的集合。在同一数组中，所有元素所占的存储单元是连续的，整个数组所占的存储单元的首地址就是数组中第一个元素的地址，数组名本身代表数组的首地址。

（1）数组是程序设计中常见的数据类型。数组可以分为整型数组、实型数组和字符数组等。

（2）数组可以是一维的、二维的或多维的。

（3）数组类型说明由类型说明符、数组名和数组长度组成。

（4）数组的赋值既可以采用初始化赋值方式，也可以采用赋值语句对数组元素逐个赋值。

（5）当字符数组用于存储字符串时，由于字符串具有结束标志"\0"，因此定义字符数组的长度应为字符串的长度加1。

习题 4

1．选择题

（1）若要求定义具有 10 个整型元素的一维数组 a,则下列定义语句中错误的是(　　)。

A．#define N 10　　　　　　　　B．#define n 5
　　int a[N];　　　　　　　　　　　int a[2*n];

C．int a[5+5];　　　　　　　　D．int a[3.5+6.5];

（2）下列能正确定义一维数组的是（　　）。

A．int a[5]={0,1,2,3,4,5};　　　　　B．char a[]={0,1,2,3,4,5};

C．char a={'A','B','C'};　　　　　　D．int a[5]="0123";

（3）若有定义语句 int m[]={5,4,3,2,1},i=4;，则下列对 m 数组的元素的引用错误的是（　　）。

A．m[--i]　　　　B．m[2*2]　　　　C．m[m[0]]　　　　D．m[m[i]]

（4）下列叙述中错误的是（　　）。

A．实型数组不可以直接用数组名进行整体输入或输出

B．数组名代表的是数组所占存储区域的首地址，其值不可改变

C．在执行程序的过程中，当数组元素的下标超出所定义的下标范围时，系统将给出"下标越界"的出错信息

D．可以通过赋初值的方式确定数组元素的个数

（5）若有定义语句 int a[3][6];，按照在内存中的存储顺序，则数组 a 的第 10 个元素是（　　）。

A．a[0][4]　　　　B．a[1][3]　　　　C．a[0][3]　　　　D．a[1][4]

（6）下列数组定义错误的是（　　）。

A．int x[][3]={0};　　　　　　　　B．int x[2][3]={{1,2},{3,4},{5,6}};

C．int x[ ][3]={{1,2,3},{4,5,6}};　　D．int x[2][3]={1,2,3,4,5,6};

（7）下列数组定义正确的是（　　）。

A．int a[][3];　　　　　　　　　　B．int a[][3]={2*3};

C．int a[][3]={};　　　　　　　　D．int a[2][3]={{1},{2},{3,4}};

(8) 有以下程序:

```c
#include <stdio.h>
int main(){
    int t[][3]={9,8,7,6,5,4,3,2,1},i;
    for(i=0;i<3;i++)
        printf("%d",t[2-i][i]);
    return 0;
}
```

则运行结果为（　　）。

A. 753　　　　　B. 357　　　　　C. 369　　　　　D. 751

(9) 设有定义语句 int a[][3]={{0},{1},{2}}，则数组元素 a[1][2]的值为（　　）。

A. 0　　　　　B. 1　　　　　C. 2　　　　　D. 不确定

(10) 有以下程序:

```c
#include <stdio.h>
int main(){
    int x[3][2]={0},i;
    for(i=0;i<3;i++)
        scanf("%d",x[i]);
    printf("%3d%3d%3d\n",x[0][0],x[0][1],x[1][0]);
    return 0;
}
```

若运行时输入 2 4 6<回车>，则输出结果为（　　）。

A. 2　0　0　　　B. 2　0　4　　　C. 2　4　0　　　D. 2　4　6

(11) 下列能正确定义字符串的语句是（　　）。

A．char str[ ]={'\064'};　　　　　B．char str="kx43";

C．char str="";　　　　　　　　D．char str[ ]="\0";

(12) 下列不能正确赋字符串的语句是（　　）。

A．char s[10]="abcde";　　　　　B．char t[ ]="abcde",*s=t;

C．char s[10];s="abcde";　　　　　D．char s[10];strcpy(s,"abcde");

2．程序阅读题

(1) 如下程序的运行结果是（　　）。

```c
#include <stdio.h>
int main(){
    int p[7]={11,13,14,15,16,17,18};
    int i=0,j=0;
    while (i<7 && p[i]%2==1)
    j+=p[i++];
    printf("%d",j);
    return 0;
}
```

（2）如下程序的运行结果是（　　　）。

```c
#include <stdio.h>
int main(){
  int p[8]={11,12,13,14,15,16,17,18};
  int i=0,j=0;
  while (i++<7)
   if (p[i]%2)
    j+= p[i];
   printf("%d",j);
   return 0;
}
```

（3）如下程序的运行结果是（　　　）。

```c
#include <stdio.h>
int main(){
    int i,n[4]={1};
    for(i=1;i<=3;i++){
        n[i]=n[i-1]*2+1;
        printf("%d ",n[i]);
    }
    return 0;
}
```

（4）如下程序的运行结果是（　　　）。

```c
#include <stdio.h>
int main(){
    int x[ ]={1,3, 5,7,2,4,6,0},i,j,k;
    for(i=0; i<3;i++)
       for(j=2;j>=i;j--)
          if(x[j+1]>x[j]) {k=x[j]; x[j]=x[j+1]; x[j+1]=k;}
    for(i=0; i<3;i++)
       for(j=4;j<7-i;j++)
          if(x[j]>x[j+1]) {k=x[j]; x[j]=x[j+1]; x[j+1]=k;}
    for( i=0; i<8;i++)
       printf("%d ",x[i]);
    printf("\n");
     return 0;
}
```

（5）如下程序的运行结果是（　　　）。

```c
#include <stdio.h>
int main(){
    int a[3][3]={{1,2,9},{3,4,8},{5,6,7}};
    int i, s=0;
    for(i=0;i<3;i++)
        s+=a[i][i]+a[i][3-i-1];
    printf("%d", s);
```

```c
    return 0;
}
```

（6）如下程序的运行结果是（   ）。

```c
#include <stdio.h>
int main(){
    int a[4][4]={{1,2,3,4},{5,6,7,8},
            {11,12,13,14},{15,16,17,18}};
    int i=0,j=0,s=0;
    while(i++<4) {
        if(i==2 ||i==4)  continue;
        j=0;
        do {s+=a[i][j]; j++;} while(j<4);
    }
  printf("%d", s);
    return 0;
}
```

（7）如下程序的运行结果是（   ）。

```c
#include <stdio.h>
int main(){
    int i,j,k,t;
    int a[4][4]={{1,4,3,2},{8,6,5,7},{3,7,2,5},{4,8,6,1}};
    for(i=0;i<4;i++)
        for(j=0;j<3;j++)
            for(k=j+1;k<4;k++)
                if ( a[j][i]>a[k][i])
                    {t=a[j][i]; a[j][i]=a[k][i]; a[k][i]=t;}//按列排序
    for(i=0;i<4;i++)
        printf("%d,",a[i][i]);
    return 0;
}
```

（8）如下程序的运行结果是（   ）。

```c
#include <stdio.h>
int main(){
    int i, k,t;
    int a[4][4]={{1,4,3,2},{8,6,5,7},{3,7,2,5},{4,8,6,1}};
    for(i=0;i<3;i++)
        for(k=i+i;k<4;k++)
            if (a[i][i]>a[k][k])
                {t=a[i][i]; a[i][i]=a[k][k]; a[k][k]=t;}
    for(i=0;i<4;i++)
      printf("%d,",a[0][i]);
    return 0;
}
```

（9）如下程序的运行结果是（　　）。

```
#include <stdio.h>
int main(){
    char p[ ]={'a','b','c','d'},q[ ]="abc";
    printf("%d%d\n",sizeof(p),sizeof(q));
    return 0;
}
```

（10）如下程序的运行结果是（　　）。

```
#include <stdio.h>
#include <string.h>
int main(){
    char a[]={'\1','\2','\3','\4','\0'};
    printf("%d%d\n",sizeof(a),strlen(a));
    return 0;
}
```

（11）如下程序的运行结果是（　　）。

```
#include <stdio.h>
#include <string.h>
int main(){
    char a[7]="a0\0a0\0";
    printf("%d%d\n",sizeof(a),strlen(a));
    return 0;
}
```

（12）如下程序的运行结果是（　　）。

```
#include <stdio.h>
#include <string.h>
int main(){
    char p[20]={'a','b','c','d'};
    char q[]="abc",r[]="abcde";
    strcpy(p+strlen(q),r);
    strcat(p,q);
    printf("%d%d\n",sizeof(p),strlen(p));
    return 0;
}
```

（13）如下程序的运行结果是（　　）。

```
#include <stdio.h>
#include <string.h>
int main(){
    char p[20]={'a','b','c','d'};
    char q[]="abc",r[]="abcde";
    strcat(p,r);
    strcpy(p+strlen(q),q);
    printf("%d",strlen(p));
```

```
    return 0;
}
```

3. 编程题

(1) 编写程序，求下列矩阵各行元素之和及各列元素之和。

  1 3 5 7 9
  2 4 6 8 10
  3 5 8 7 6

(2) 编程实现：有 10 个整数，使其前面各数按顺序向后移 3 个位置，最后面的 3 个数变成最前面的 3 个数。

(3) 编程实现：输出 Fibonacci 数列的前 20 项，并计算前 20 项的和（使用数组）。

(4) 编程实现：输入一个十进制正整数，将其转换成十六进制形式并输出（不要用"%x"直接输出）。

(5) 编程实现：有 n 个整数，使其前面的各数按顺序向后移 m 个位置，最后面的 m 个数变成最前面的 m 个数。

(6) 编程实现：有 n 个人围成一圈，按顺序排号。从第一个人开始报数（从 1 到 3 报数），凡报到 3 的人退出圈子，问最后留下的是原来第几号的那个人。

(7) 编程实现：从键盘输入 10 个字符串，按照从小到大的顺序排序并输出。

第 5 章 指针

指针是 C 语言的一种数据类型，本章将对指针进行深入讨论。通过学习本章，读者可以掌握 C 语言中指针的含义及应用。

5.1 指针和指针变量

5.1.1 变量的地址

如果在程序中定义了一个变量，那么编译时就要为该变量分配内存单元。系统根据所定义变量的类型，为变量分配相应字节数目的存储空间。例如，在 Dev-C++中，系统为整型变量分配 4 字节的存储空间，为双精度型变量分配 8 字节的存储空间，为字符变量分配 1 字节的存储空间。为了方便管理内存单元，计算机为内存中的每个字节进行编号，这个编号就是"地址"。变量在内存中所占存储空间的首地址称为该变量的地址。

如果有 int x=22，假设编译时为变量 x 分配的存储空间是 2000、2001、2002 和 2003，那么变量 x 的地址为 2000，而从 2000 开始的 4 个单元中存储的数据 22 就是 x 的内容，如图 5.1 所示。

可以定义一种特殊的变量，这种变量专门用来存储另一个变量的地址。例如，定义一个特殊的变量 p，用来存储整型变量 x 的地址，这样就在变量 p 和变量 x 之间建立了一种联系，即通过变量 p 可以知道变量 x 的地址，从而找到变量 x 的内存单元，获取变量 x 的值。将这种联系称为指向，即 p 指向 x，如图 5.2 所示。

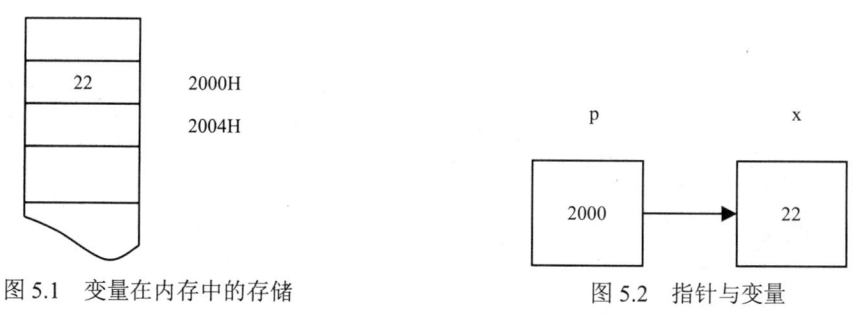

图 5.1　变量在内存中的存储

图 5.2　指针与变量

应当指出的是，变量的地址和变量中存储的数据是两个不同的概念，地址是变量在内存中所占存储空间的首地址，数据是在相应的内存单元中保存的数值。

5.1.2 变量的指针和指针变量

变量的地址就是变量的指针，如变量 x 的地址是 2000，地址 2000 就是变量 x 的指针。用于存储变量的地址的变量称为指针变量。

定义一个指针变量的语法格式如下：

```
类型说明符 *变量名;
```

"类型说明符"用来指定该指针变量所指向的变量的类型，"*"表示定义的是一个指针变量。

下面举例说明：

```
float *p;          //定义 p 为指向实型变量的指针变量
int *q;            //定义 q 为指向整型变量的指针变量
char *s;           //定义 s 为指向字符变量的指针变量
```

5.1.3 取地址运算符和指针运算符

本节主要介绍两个相关的运算符，即取地址运算符和指针运算符。

（1）取地址运算符：&。

例如，&a 是取变量 a 的地址。取地址运算符具有右结合性，其优先级和自增运算符的优先级相同。

（2）指针运算符（或者称为间接访问运算符）：*。

例如，*p 为指针变量 p 所指向的变量。同样，指针运算符也具有右结合性，其优先级与取地址运算符的优先级相同。

【例 5.1】 指针变量的定义与使用。

```
#include <stdio.h>
int main(){
    int a=10;
    int *p;                          //定义指针变量 p
    p=&a;                            //指针变量 p 指向变量 a
    printf("a=%d,*p=%d", a,*p);      //*p 输出指针变量 p 指向的变量 a 的值
    return 0;
}
```

程序的运行结果如下：

```
a=10, *p=10
```

注意：在使用指针变量前需要进行定义，并且被赋予变量的地址值。也可以在定义的同时进行初始化，如例 5.1 中的 int *p; p=&a;也可以修改为 int *p=&a;。

【例 5.2】 指针变量的使用。

```
#include <stdio.h>
int main(){
    int *p;
```

```
    float x=12.0, y;
    p=&x;
    y=*p;
    printf("%f\n", y);
    return 0;
}
```

上述程序在编译时会指出 p=&x;语句存在错误。

注意：在使用指针变量时，需要注意指针变量的类型说明符说明了该指针变量只能存储这种类型的变量的地址，不能存储其他类型的变量的地址。

【例 5.3】指针运算符和取地址运算符的使用。

```
#include <stdio.h>
int main(){
    int a=20,b=22;
    int *p1,*p2;
    p1=&b;
    p2=&*p1;
    printf("a=%d,*&a=%d\n", a,*&a);
    printf("b=%d,*p2=%d\n", b,*p2);
    return 0;
}
```

程序的运行结果如下：

```
a=20,*&a=20
b=22,*p2=22
```

由此可知，*&a 等价于 a，&*p1 等价于 p1。由于取地址运算符和指针运算符都是按照从右到左的方向结合的，因此*&a 先进行&a 的运算，得到 a 的地址，再进行指针运算，即&a 所指向的变量。&*p1 先进行*p1 的运算，就是变量 b，再进行取地址运算，&b 即 p1。

实训 12　指针的初步应用

1．实训目的

理解指针变量的概念，能正确使用指针变量。

2．实训内容

（1）使用指针交换两个数。

```
#include <stdio.h>
int main(){
    int x=1000,y=2022,t;
    int *p1,*p2;
    p1=&x; p2=&y;
    printf("x=%d, y=%d\n", x, y);
    t=*p1;
    *p1=*p2;
    *p2=t;
```

```
        printf("x=%d, y=%d\n", x, y);
        return 0;
}
```

程序的运行结果如下：

```
x=1000, y=2022
x=2022, y=1000
```

（2）分析如下程序和上述程序有何不同。

```
#include <stdio.h>
int main(){
    int x=1000,y=2022;
    int *p1,*p2,*t;
    p1=&x;p2=&y;
    printf("x=%d, y=%d\n", x, y);
    t=p1;
    p1=p2;
    p2=t;
    printf("x=%d, y=%d\n", x, y);
    return 0;
}
```

程序的运行结果如下：

```
x=1000, y=2022
x=1000, y=2022
```

3．实训思考

（1）指针变量与其他类型的变量有什么不同？

（2）将上面的输出语句 printf("x=%d, y=%d\n", x, y);均修改为 printf("x=%d, y=%d\n", *p1, *p2);，程序的运行结果是否会发生变化？请读者自行分析原因。

5.2 指针与数组

5.2.1 指针与一维数组

任何一个变量在内存中都有其地址，而数组包含多个元素，每个元素在内存中占有相应的地址。一个指针变量既可以指向变量，也可以指向数组元素。在 C 语言中，数组名本身就是首个元素的地址，所以指针与数组之间存在密切的联系。

通过指针引用数组元素

1．指向数组元素的指针

所谓数组元素的指针就是数组元素的地址。定义一个指向数组元素的指针变量，与 5.1.2 节介绍的定义指向变量的方法相同。下面举例说明：

```
int a[10];
int *p;
```

```
p=&a[0];//把a[0]元素的地址赋给指针变量p,即p指向a[0]
```
需要注意的是，定义的指针变量的类型要与指向的数组类型一致。因为数组 a 为整型，所以指针变量 p 也应为整型。

在定义指针变量时可以进行初始化：
```
int *p=&a[0];
```
等价于：
```
int *p;
p=&a[0];
```

一个数组是按（下标）顺序存储在内存中的，也就是说，各元素在内存中是连续的。int a[5]={8,4,3,7,5}在内存中的存储情况如图 5.3 所示。

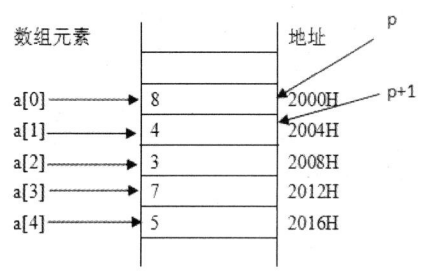

图 5.3　数组 a 在内存中的存储情况

C 语言规定，数组名代表数组的首个元素的地址，也就是第 0 号元素的地址。因此，语句 p=&a[0];和 p=a;是等价的。int *p=a;的含义是定义一个指向整型变量的指针变量 p，它指向数组 a，也就是指向数组 a 的第 0 号元素 a[0]。所以，p、a 和&a[0]均指向同一单元，它们是数组 a 的首地址，也是第 0 号元素 a[0]的地址。应该说明的是，p 是指针变量，而 a 和&a[0]都是指针常量，在编程时应予以注意。

2．通过指针引用数组元素

C 语言规定，如果 p 为指向某个数组的指针变量，则 p+1 指向同一数组中的下一个元素。如果有以下定义：
```
int a[5];
int *p=a;
```
则 p 指向 a[0]，p+1 指向 a[1]，p+2 指向 a[2]，p+i 指向 a[i]（i 小于数组 a 的长度）。

由此可知，引用一个数组元素可以采用以下两种方法。

（1）下标法：用 a[i]的形式访问数组元素。前面在使用数组时采用的就是这种方法。

（2）指针法：采用*(a+i)或*(p+i)的形式，用间接访问的方法访问数组元素，其中，a 是数组名，p 是指向数组 a 的指针变量。

【例 5.4】用指针法输出数组中的全部元素。
```
#include <stdio.h>
int main(){
    int a[5],i;
    for(i=0;i<5;i++)
```

```
        *(a+i)=i;
    for(i=0;i<5;i++)
        printf("a[%d]=%d\n",i,*(a+i));
    return 0;
}
```

程序的运行结果如下：

```
a[0]=0
a[1]=1
a[2]=2
a[3]=3
a[4]=4
```

说明：*(a+i)与a[i]的作用相同，只是引用数组元素的方法不同。下标法比较直观，用指针变量引用数组元素的速度比较快。

注意：

（1）数组名是指针常量，始终指向数组的首地址；而指向数组的指针是一个变量，可以实现本身值的改变。例如，以下语句是合法的：

```
p=a;
p++;
p+=3;
```

a++; 和 a=p; 都是错误的。

（2）指针变量的当前值在程序运行过程中可能经常发生变化，在使用时应保证指向数组中有效的元素。

【例 5.5】 输出程序的运行结果。

```
#include <stdio.h>
int main(){
    int *p,i,a[5];
    p=a;
    for(i=0;i<5;i++)
        *p++=i;                    //循环结束，p的指向已超出了数组a
    p=a;                           //重新让p指向数组a
    for(i=0;i<5;i++)
        printf("a[%d]=%d\n",i,*p++);
    return 0;
}
```

程序的运行结果如下：

```
a[0]=0
a[1]=1
a[2]=2
a[3]=3
a[4]=4
```

说明：程序中使用指针变量p自增引用数组元素，当第一个循环结束时指针变量p已指向数组 a 之后的内存单元，要继续使用指针变量 p 引用数组元素，必须重新让 p 指向数组 a。由于自增运算符和指针运算符的优先级相同，结合方向为自右向左，因此*p++等价于*(p++)。

（3）在使用过程中应注意*(p++)与*(++p)的区别。

若 p 的初值为 a，则*(p++)等价于 a[0]，*(++p)等价于 a[1]。而(*p)++表示 p 所指向的元素值加 1。

如果 p 当前指向数组 a 中的第 i 个元素，则*(p--)等价于 a[i--]，*(++p)等价于 a[++i]，*(--p)等价于 a[--i]。

5.2.2 指针与二维数组

1. 二维数组元素的地址

假设整型二维数组 a[3][4]为

$$\begin{pmatrix} 1 & 2 & 3 & 4 \\ 5 & 6 & 7 & 8 \\ 9 & 10 & 11 & 12 \end{pmatrix}$$

它的定义可以表示为如下形式：

```
int a[3][4]={{1,2,3,4},{5,6,7,8},{9,10,11,12}};
```

假设二维数组 a 的首地址为 2000，各下标变量的首地址及其值如图 5.4 所示。

2000	1	2	3	4
2016	5	6	7	8
2032	9	10	11	12

图 5.4　各下标变量的首地址及其值

说明：元素地址使用十六进制整型表示，为了便于理解，这里使用的是十进制整型。

C 语言允许把一个二维数组分解为多个一维数组来处理。因此，可以将二维数组 a 分解为 3 个一维数组，即 a[0]、a[1]和 a[2]，每个一维数组又包含 4 个元素，如图 5.5 所示。

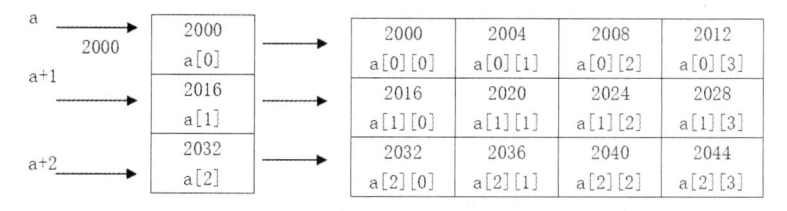

图 5.5　二维数组的分解示意图

数组 a[0]包含 a[0][0]、a[0][1]、a[0][2]和 a[0][3]这 4 个元素。
数组 a[1]包含 a[1][0]、a[1][1]、a[1][2]和 a[1][3]这 4 个元素。
数组 a[2]包含 a[2][0]、a[2][1]、a[2][2]和 a[2][3]这 4 个元素。

因此，二维数组 a 包含 a[0]、a[1]和 a[2]这 3 个元素，*a 就是 a[0]；数组 a[0]包含 a[0][0]、a[0][1]、a[0][2]和 a[0][3]这 4 个元素，*a[0]就是 a[0][0]。

可以将 a[0][0]看作二维数组 a 的子元素。a 是二维数组名，代表整个二维数组的首地址,也是二维数组第 0 个元素的首地址,等于 2000。a+1 代表数组 a[1]的首地址,等于 2016,如图 5.5 所示。所以,虽然 a 和 a[0]中存储的地址都是 2000,但它们所指向的元素的类型不同。

【例 5.6】 用指针输出二维数组的所有元素。

```
#include <stdio.h>
int main(){
    int a[3][4]={1,2,3,4,5,6,7,8,9,10,11,12};
    int i,j;
    for(i=0;i<3;i++) {
        for(j=0;j<4;j++)
            printf("%5d",*(*(a+i)+j));
        printf("\n");
    }
    return 0;
}
```

程序的运行结果如下:

```
    1    2    3    4
    5    6    7    8
    9   10   11   12
```

说明:通过前面的分析可知,*a 就是 a[0],*(a+i)就是 a[i],所以,*(*(a+i)+j)是 a[i][j]。

2. 通过指针引用二维数组的元素

使用指针既可以访问一维数组,也可以访问二维数组。

定义二维数组指针变量的一般形式如下:

　类型说明符　(*指针变量名)[长度]

说明:

(1)"类型说明符"是所指向数组的数据类型;"*"表示其后的变量是指针类型;"长度"表示当二维数组分解为多个一维数组时一维数组的长度,也就是二维数组的列数。

(2)不能省略圆括号,如果缺少圆括号则表示的是指针数组。

把上述二维数组 a 分解为一维数组 a[0]、a[1]和 a[2]之后,假设 p 为指向二维数组的指针变量,可以定义为如下形式:

　int (*p)[4];

p 是一个指针变量,指向包含 4 个元素的一维数组。若 p 指向第一个一维数组 a[0],则其值等于 a,p+i 指向一维数组 a[i]。由前面的分析可知,*(p+i)+j 是二维数组第 i 行第 j 列的元素的地址,而*(*(p+i)+j)是第 i 行第 j 列的元素的值,即等价于 a[i][j]。

【例 5.7】 使用二维数组的指针变量来输出二维数组的元素。

```
#include <stdio.h>
int main(){
    int a[3][4]={1,2,3,4,5,6,7,8,9,10,11,12};
    int(*p)[4];
```

```
    int i,j;
    p=a;
    for(i=0;i<3;i++) {
        for(j=0;j<4;j++)
            printf("%2d",*(*(p+i)+j));
        printf("\n");
    }
    return 0;
}
```

5.2.3 指针数组和指向指针的指针

在 C 语言中,使用数组可以使程序简洁、明了,但对于一些长度不一致的数据,只能按最长的数据来定义数组,这种方法虽然可行,但浪费了许多内存单元,如果能够将长度不同的数组组合在一起,就能避免这种浪费。下面举例说明。

【例 5.8】假设存在若干长度不等的字符串,要求按字母顺序输出(由小到大)。

```
#include <stdio.h>
#include <string.h>
int main(){
    char *p[]={"teacher","book","pascal","hello","and","me"};
    int n=6,i,j,k;
    char *temp;
    for(i=0;i<n-1;i++){
        k=i;
        for(j=i+1;j<n;j++)
            if(strcmp(p[k],p[j])>0)
                k=j;
        if(k!=j){
            temp=p[k];
            p[k]=p[i];
            p[i]=temp;
        }
    }
    for(i=0;i<n;i++)
        printf("%s\n",p[i]);
    return 0;
}
```

程序的运行结果如下:

```
and
book
hello
me
pascal
teacher
```

上述程序中使用了指针数组,下面介绍指针数组的概念。

1. 指针数组

如果一个数组的元素都是指针类型，则将这个数组称为指针数组，即数组的元素都是指针变量。一维指针数组的定义形式如下：

```
类型说明符 *数组名[数组长度];
```

下面举例说明：

```
int *p[4];
```

说明：由于下标运算符的优先级比指针运算符的优先级高，因此 p 先与[]结合，形成 p[4]的形式，即数组形式，它有 4 个元素，其元素的类型是整型指针。

在编写程序时需要注意 int (*p)[4]和 int *p[4]的区别。

【例 5.9】假设存在若干字符串，请输出其中最长的字符串。

```
#include <stdio.h>
#include <string.h>
int main(){
    char *p[]={"teacher","book","pascal","hello","and","computer design"};
    char *q;   //用于指向最长的字符串
    int i;
    q=p[0];
    for(i=1;i<6;i++)
    if(strlen(p[i])>strlen(q))
    q=p[i];
    printf("%s\n",q);
    return 0;
}
```

程序的运行结果如下：

```
computer design
```

说明：上述程序用指针变量 q 记录最长的字符串的地址。

如果对上述程序进行如下修改，则是错误的：

```
#include <stdio.h>
#include <string.h>
int main(){
    char *p[7];   //定义一个字符指针数组
    char *q;
    int i;
    for(i=0;i<7;i++)
    gets(p[i]);
    q=p[0];
    for(i=1;i<6;i++)
    if(strlen(p[i])>strlen(q))
    q=p[i];
    printf("%s\n",q);
    return 0;
}
```

上述程序仅定义了一个字符指针数组，该数组中的元素并没有指向任何一个字符数组，因此不能进行输入。但例 5.9 中的语句 char *p[]={"teacher","book","pascal","hello","and","computer design"};在定义时为各指针元素进行了初始化，只是它们指向的是匿名字符数组，即所定义的字符串。

2．指向指针的指针

指针变量存储的是所指向变量的地址，但作为变量它也有自己的存储地址，用于指向指针数据的指针变量，简称为指针的指针。从例 5.9 中可以看到，p 是一个指针数组，它的每个元素是一个指针型数据，值为地址。同时，p 又是一个数组，它的每个元素都有相应的地址，数组名 p 代表该指针数组的首地址。p+i 是 p[i]的地址，p+i 就是指向指针数据的指针。

定义指向指针数据的指针变量的格式如下：

```
类型说明符 **指针变量；
```

下面举例说明：

```
char **q;
```

指针变量 q 的前面有两个"*"，由于指针运算符是右结合性的，因此**q 等价于*(*q)。显然，*q 是指针变量的定义形式，其前面的另一个"*"表示指针变量 q 指向的是一个字符指针变量。

【例 5.10】指向指针的指针的使用。

```
#include <stdio.h>
int main(){
    char *p[]={"teacher","book","pascal","hello","and","me"};
    char **q;                      //q是指向指针的指针变量
    int j;
    q=p;                           //q指向指针数组
    for(j=0;j<6;j++)
        printf("%s\n",*q++);
    return 0;
}
```

程序的运行结果如下：

```
teacher
book
pascal
hello
and
me
```

说明：由于指针运算符和自增运算符的优先级相同，并且都是右结合性的，因此*q++等价于*(q++)。

5.2.4 指针数组作为 main()函数的形参

指针数组的一个重要应用是作为 main()函数的形参。在以往的程序中，main()函数一般写成以下形式：

```
int main()
```

圆括号中是空的。实际上，main()函数可以有参数，其形式如下：

```
int main(int argc,char *argv[])
```

main()函数是由系统调用的。因此，main()函数的形参的值是从命令行得到的。

【例 5.11】设以下程序的文件名为 file.c，编译、连接后的可执行文件为 file.exe。

```
#include <stdio.h>
int main(int argc,char *argv[])
{
    while(argc>1){
        ++argv;
        printf("%s\n",*argv);
        --argc;
    }
    return 0;
}
```

程序的运行效果如图 5.6 所示。

图 5.6　程序的运行效果

说明：

（1）例 5.11 的文件存储在 D 盘的根目录下，文件名为 file.c。

（2）argc 从系统中接收的是参数的个数，包括文件名本身。argv 指针数组指向输入的各参数的首地址。

有关函数的参数的说明请参考第 6 章的相关内容。

实训 13　指针的应用

1．实训目的

（1）理解指针与数组的关系。

（2）掌握指向一维数组指针的使用。

（3）掌握指向二维数组指针的使用。

（4）熟练使用指针解决实际问题。

2．实训内容

（1）利用指针将数组元素按照从大到小的顺序排序（采用选择法）。

源程序代码如下:

```c
#include <stdio.h>
int main(){
    int a[10],i,j,t,*p;
    printf("请输入需要排序的10个数\n");
    p=a;
    for(i=0;i<10;i++)
        scanf("%d",p++);            //输入10个整数
    for(i=0;i<9;i++){               //排序的轮次控制
        p=a+i;
        for(j=i+1;j<10;j++)         //比较的次数控制
            if(*p<*(a+j))           //用指针p记录本轮最大值的位置
                p=a+j;
        t=*p;                       //将本轮最大元素和本轮起始元素交换
        *p=*(a+i);
        *(a+i)=t;
    }
    p=a;
    for(i=0;i<10;i++)               //输出排序后的结果
        printf("%5d",*p++);
    printf("\n");
    return 0;
}
```

（2）利用指针在排好序的数组（由小到大）中插入一个数，要求插入后数组元素仍按照原来的排序规律显示。

算法介绍：首先查找输入的数在数组中应存储的位置，然后将数组中大于要插入的数的所有数后移一个单元，最后将要插入的数保存到数组中。

源程序代码如下:

```c
#include <stdio.h>
int main()
{
    int a[11]={1,5,6,8,15,18,49,58,200,300};
    int *p,i,j,number;
    printf("请输入插入的数据:");
    scanf("%d",&number);
    for(p=a,i=0;*p<number&&i<10;p++,i++);
    for(j=10;j>i;j--)
        *(a+j)=*(a+j-1);
    *(a+j)=number;
    for(j=0;j<11;j++)
        printf("%5d",*(a+j));
    printf("\n");
    return 0;
}
```

（3）矩阵的加法运算。矩阵的加法运算的规则为对应位置上的元素值相加。

源程序代码如下：

```c
#include <stdio.h>
int main(){
int a[2][3]={{1,2,3},{4,5,6}},b[2][3]={{11,12,13},{14,15,16}};
int c[2][3]={0},i,j,k;
int (*p)[3],(*q)[3],(*r)[3];
 p=a;q=b;r=c;
for(i=0;i<2;i++)
  for(j=0;j<3;j++)
   *(*(r+i)+j)=*(*(p+i)+j)+*(*(q+i)+j);
for(i=0;i<2;i++){
   for(j=0;j<3;j++)
  printf("%5d",*(*(r+i)+j));
   printf("\n");
   }
return 0;
}
```

（4）Josephus 问题：将一群学生围成一圈，按照顺序编号。从第一个学生起，按照顺时针方向报数，从 1 报到 m，凡是报到 m 的学生退出圈子。随着学生的不断离开，圈子越缩越小。最后剩下的学生便是胜利者。请问最后剩下的学生是原来的第几号？

为了解决这个问题，需要先对每个学生赋予一个序号值作为学生的标志。当某个学生离开时，将他的序号改为 0 作为离开的标志。

源程序代码如下：

```c
#include <stdio.h>
int main(){
    int i,k,j,n,m,*p;
    int a[500];
    printf("请输入学生总数n：");
    scanf("%d",&n);
    printf("请输入报数的最大值m：");
    scanf("%d",&m);
    p=a;
    for(i=0;i<n;i++)
     *(p+i)=i+1;                  //以 1 到 n 为序给每个学生编号
    i=0;                          //i 为循环变量
    k=0;                          //k 为按 1,2,3,…,m 报数时的计数变量
    j=0;                          //j 为退出的学生数
    while(j<n-1)  {               //当退出学生数比 n-1 少时执行
       if(*(p+i)!=0)k++;
       if(k==m)
        {
           *(p+i)=0;              //将退出的学生的序号设置为 0
           k=0;
           j++;
        }
```

```
        i++;
        if(i==n)i=0;                    //报数到末尾后，i恢复为0
    }
    while(*p==0)
    p++;
    printf("第%d号是%d个学生中的胜利者\n",*p,n);
    return 0;
}
```

运行程序，根据提示进行操作：

请输入学生总数 n：100✓
请输入报数的最大值 m：8✓
第 97 号是 100 个学生中的胜利者

（5）复制文件。

凡是使用过计算机的人，对复制文件都不陌生。如果用 C 语言来设计一个复制文件的程序，那么应该如何实现呢？

复制文件就是先打开源文件并建立一个新的目标文件，然后从源文件中读取一个字节数据写入目标文件中，如此反复，直到源文件的结尾。最终将源文件和目标文件关闭。关于文件的打开和关闭操作的说明请参考第 9 章的相关内容。

```
/*copyfile.c*/
#include <stdio.h>
int main(int argc,char *argv[]){
    FILE *fp1,*fp2;
    char ch;
    if(argc<3){
        printf("格式错误，请按以下格式输入：\nfilecopy 源文件名 目标文件名\n");
        return;
    }
    if((fp1=fopen(argv[1],"r"))==NULL){     //判断源文件是否存在
    printf("源文件不存在，请重新输入\n");
    return;
    }
    if((fp2=fopen(argv[2],"w+"))==NULL){    //判断目标文件是否建立成功
    printf("磁盘空间不够，无法复制文件\n");
    return;
    }
    while((ch=fgetc(fp1))!=EOF)             //读取一个字节并判断是否到达源文件的结尾处
        fputc(ch,fp2);                      //写入目标文件
        fputc(ch,fp2);
        fclose(fp1);
        fclose(fp2);
    return 0;
}
```

程序的运行效果如图 5.7 所示。

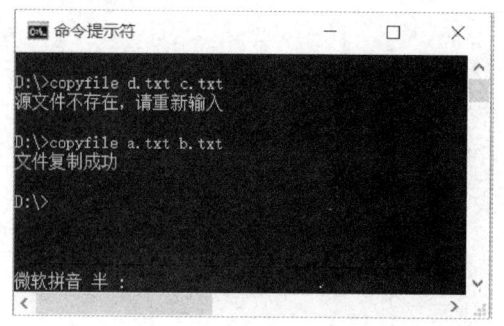

图 5.7　程序的运行效果

说明：此时源文件和需要复制的文件均存储在 D 盘的根目录下。

3．实训思考

（1）运行上述程序，如果采用不同的方式应该如何实现？

（2）是否可以使用指向一维数组的指针变量输出二维数组中所有元素的值？如果可以，应该如何实现？

（3）引用二维数组中的元素有几种方法？

本章小结

变量的指针就是变量的地址，用于存储变量的地址的变量称为指针变量。指针变量既可以用于存储基本类型数据的地址，也可以用于存储一维数组、二维数组及其他指针变量的地址。

（1）指针变量可以指向基本类型的数据，在定义时既可以采用初始化赋值方式，也可以采用赋值语句对指针变量进行赋值。

（2）指针变量既可以指向一维数组和二维数组，也可以通过指向数组的指针来引用数组元素，所以数组元素的引用可以采用下标法或指针法。

（3）指针数组与其他类型的数组的使用方法一致，不同之处在于数组中元素的类型为指针。

（4）main()函数可以有参数，指针数组可以作为 main()函数的形参，运行时参数值是从命令行得到的。

习题 5

1．选择题

（1）已知 int *p,a;，则 p=&a;语句中的"&"的含义是（　　）。

A．算术与运算　　　　　　　　　　B．逻辑与运算符

C．取指针内容　　　　　　　　　　D．取变量地址

（2）设指针 p 指向的整型变量值为 22，则 printf("%d\n",++*p)的输出结果是（　　）。

A．21　　　　B．22　　　　C．23　　　　D．24

（3）若已定义 a 为整型变量，则对指针 p 的说明和初始化正确的是（　　）。
   A．int *p=a;　　　　B．int p=a;　　　　C．int *p=*a　　　　D．int *p=&a;
（4）若有说明语句 int a[10],*p=a;，则对数组元素的引用正确的是（　　）。
   A．p+2　　　　　　B．p[a]　　　　　　C．*(p+2)　　　　　D．a[p]
（5）设 p1 和 p2 均是指向同一个整型一维数组的指针变量，x 为整型变量，下列语句不正确的是（　　）。
   A．p2=x;　　　　　B．p1=p2;　　　　　C．x=*p1+*p2;　　　D．x=*p1*(*p2);
（6）若有语句 int i,j=2022,*p=&i;，则与 i=j;等价的语句是（　　）。
   A．i=*p;　　　　　B．*p=*&j;　　　　 C．i=&j;　　　　　D．i=**p;
（7）若有定义 int A[3][4];，则能表示数组元素 A[1][1]的是（　　）。
   A．(A[1]+1)　　　　B．*(&A[1][1])
   C．(*(A+1)[1])　　　D．*(A+5)
（8）若有说明语句 int q[4][5],(*p)[5];p=q;，则对 q 数组元素的引用正确的是（　　）。
   A．p+1　　　　　　B．*(p+3)　　　　　C．*(p+1)+3　　　　D．*(*p+2)
（9）若有语句 int a[10]={0,1,2,3,4,5,6,7,8,9},*p=a;，则（　　）不是对数组 a 的正确引用（其中 0≤i<10）（　　）。
   A．a[p-a]　　　　　B．*(*(a+1))　　　　C．p[i]　　　　　　D．*(&a[i])
（10）若有程序段 char str[]="hello",*ptr=str;，则执行该程序段后，*(ptr+5)的值为（　　）。
   A．'0'　　　　　　 B．'\0'　　　　　　 C．不确定　　　　　D．'0'的地址
（11）若有以下程序段：

```
int a[12]={0},*p[3],**pp,i;
for(i=0;i<3;i++)
p[i]=&a[i*4];
 pp=p;
```

则对数组的引用错误的是（　　）。
   A．pp[0][1]　　　　B．a[10]　　　　　　C．p[3][1]　　　　　D．*(*(p+2)+2)
（12）char(*A)[5]中标识符"A"的意义是（　　）。
A．A 是一个指向有 5 个字符型元素的指针变量
B．A 是一个有 5 个元素的一维数组，每个元素是指向字符型的指针变量
C．A 是一个指向字符型的函数的指针变量
D．A 是一个有 5 个元素的一维数组，每个元素指向整型变量的指针变量
（13）执行下列程序后，y 的值是（　　）。

```
#include <stdio.h>
int main()
{
int a[]={2, 4, 6, 8, 10};
int y=1, x, *p;
p=&a[1];
```

```
for(x=0; x<3; x++)
  y+=*(p+x);
printf("%d\n", y);
return 0;
}
```

A. 17　　　　　B. 18　　　　　C. 19　　　　　D. 20

（14）若有 char *p1, *p2, *p3, *p4, ch;，则赋值不正确的是（　　）。

A. p1=&ch;　　scanf("%c", p1);

B. p2= (char*)malloc(1);　　scanf("%c", p2);

C. *p3=getchar();

D. p4=&ch;　　*p4=getchar();

（15）指针 s 所指的字符串的长度为（　　）。

```
char *s="\t\'name\\address\n";
```

A. 19　　　　　B. 18　　　　　C. 15　　　　　D. 17

（16）若有 int a,x;，则赋值语句正确的是（　　）。

A. a=(a[1]+a[2])/2;　　　　　　B. a*=*a+1;

C. a=(x=1,x++,x+2)　　　　　　D. a="good"

（17）若 x 是整型变量，pb 是基类型为整型的指针变量，则赋值表达式正确的是（　　）。

A. pb=&x　　　B. pb=x　　　C. *pb=&x　　　D. *pb=*x

（18）若有定义 int a[2][3],(*pa)[3];pa=a;，则对数组 a 的元素的引用不合法的是（　　）。

A. *(a[0]+2)　　B. *pa[2]　　C. pa[0][0]　　D. *(pa[1]+2)

2．填空题

（1）*称为_____运算符，&称为_____运算符。

（2）若有以下语句：

```
int a[3][2]={1,2,3,4,5,6};
int (*p)[2]; p=a;
```

则*(*(p+1)+1)的值是_____，*(p+2)是元素_____的地址。

（3）若有以下定义，则不移动指针 p，并且通过指针 p 引用值为 98 的数组元素的表达式是_____。

```
int a[]={23,54,10,33,47,98,72,80,61,102},*p=a;
```

（4）若有 char *a="abcde";，则 printf("%s",a);的输出结果是_____，printf("%c",*a);的输出结果是_____。

（5）若有以下语句：

```
int a[4]={2,4,6,8};
int *p[4]={&a[0],&a[1],&a[2],&a[3]};
int **pp;
pp=p;
```

则**(p+2)的值是_____，*(p+3)的值是元素_____的地址。

（6）输出数组中的最大值和最小值，请填空。

```
#include <stdio.h>
int main()
{
int a[]={5, 8, 7, 6, 2, 7, 3};
int *max, *min;
int i;
max=a;min=a;
for (i=1; i<7; i++)
if (a[i]>*max)
    _____;
else
if (a[i]<*min)
    _____;

printf("\n%d, %d", *max, _____);
return 0;
}
```

（7）通过指针操作，找出输入的3个整数中最大的数并输出，请填空。

```
#include <stdio.h>
int main()
{ int x,y,z,max,*a=&x, *b=&y, *c=&z;
  scanf("%d,%d,%d",_____);
  printf("x=%d, y=%d, z=%d\n",x,y,z);
  max=*a;
  if(max<*b)_____;
  if(max<*c)_____;
  printf("max=%d\n",max);
  return 0;
}
```

（8）从键盘输入两个字符串，将第二个字符串连接到第一个字符串的后面，并输出连接后的第一个字符串和字符串的长度。

```
#include <stdio.h>
int main()
{
char str1[80],str2[40],*p,*q;
int len=0;
  printf("输入字符串 1:\n"); gets(str1);
  printf("输入字符串 2:\n"); gets(str2);
  p=str1;
  q=str2;
  while(*p)
{len_____; p++;}
 while(*q)
{*p_____;
```

```
    p_____; q_____; len++;
}
  printf("%s\n",str1);
  printf("%d\n",len);
  return 0;
}
```

（9）字符串 s 中下标为奇数的字符复制两遍，并插入新字符串 t 中，字符串 t 中的字符按其原来在字符串 s 中出现的逆序排列（将 0 看作偶数），若输入 123456789，则输出 88664422，请填空。

```
#include <stdio.h>
#include <string.h>
int main()
{ char a[80],b[80];
  char *s=a,*t=b;
 int i,j,len;
 gets(s);
 len=strlen(s);
 if(len%2) len-=2;_____ len--;
 for(i=len,j=0;i>=0;i-=2)
  { t[2*j]=s[i];
    _____=s[i];
    j++;
  }
 t[2*j]='\0';
 puts(b);
 return 0;
}
```

3．程序阅读题
（1）如下程序的运行结果是（　　）。

```
#include <stdio.h>
int main()
  {
    int a=3,b=5;
    int *p1,*p2,*t;
    p1=&a;
    p2=&b;
    t=p1; p1=p2; p2=t;
    printf("a=%d, b=%d\n", a, b);
    printf("%d, %d\n",*p1,*p2);
    return 0;
  }
```

（2）如下程序的运行结果是（　　）。

```
#include <stdio.h>
int main()
{ int arr[]={30,25,20,15,10,5},*p=arr;
```

```
 p++;
 printf("%d\n",*(p+4));
 return 0;
}
```

(3) 如下程序的运行结果是（　　）。

```
#include <stdio.h>
int main()
{
 int a[]={1,2,3,4,5,6,7,8,9,10},*p;
 p=a;
 printf("%d\n",*p+5);
 return 0;
}
```

(4) 如下程序的运行结果是（　　）。

```
#include <stdio.h>
#include <string.h>
int main()
{
char ch[2][5]={"9876","4321"},*p[2];
int i,j,s=0;
for(i=0;i<2;i++) p[i]=ch[i];
for(i=0;i<2;i++)
  for(j=0;p[i][j]>'0';j+=2)
    s=10*s+p[i][j]-'0';
printf("%d\n",s);
return 0;
}
```

4．编程题（用指针完成）

（1）输入一行字符，将其中的每个字符从小到大排列后输出。
（2）编写一个程序，输入 10 个整数保存到一维数组中，按逆序重新保存后输出。
（3）编写一个程序，输入一个 4×4 的矩阵，输出转置后的矩阵。
（4）输入 10 个整数，将其中最大的数与最后一个数交换，最小的数与第一个数交换。

第 6 章 函数

对复杂问题的求解,最直接的解决办法就是分解。同样,一个大型程序可以分解为若干模块,每个模块实现一项特定的功能,用函数进行具体的编码。这些模块可以交给多个程序员完成,以实现真正意义上的并行开发。

函数是 C 语言和 C++的程序的基本模块,是构成结构化程序的基本单元。在前面几章中,每个程序大都只有一个主函数 main(),但实际编写的程序往往由多个函数组成。通过学习本章,读者可以掌握 C 语言中函数的定义及使用。

6.1 函数的定义

函数是构成 C 语言程序的基本单元。从用户使用的角度来看,函数可以分为以下两类。
(1)标准函数(库函数):由系统提供,因此也可称为系统函数,用户可以直接使用。
(2)用户自定义函数:由用户根据实际需要编写。
在一个 C 语言程序中,除了 main()函数,还经常使用一些其他的函数。
【例 6.1】函数的使用。

函数的定义

```
#include <stdio.h>
void printStar()                            //定义 printStar()函数
{
    printf("\n************************\n");  //调用库函数 printf()
}
int sum(int a,int b)                        //定义 sum()函数
{
    return a+b;
}
int main()
{
    printStar();                            //调用 printStar()函数
    printf("欢迎来到 C 语言世界");
```

```
        printStar();                            //调用printStar()函数
        printf("这是C程序设计语言");
        printStar();                            //调用printStar()函数
        printf("result=%d",sum(3,5));           //调用sum()函数
        printStar();                            //调用printStar()函数
        return 0;                               //退出main()函数,并返回0
}
```

程序的运行结果如下：

```
**************************
欢迎来到C语言世界
**************************
这是C程序设计语言
**************************
result=8
**************************
```

在上述程序中，除了main()函数，还出现了3个函数，分别为printf()、printStar()和sum()。其中，printf()是库函数，使用时需要在程序的最上面包含头文件stdio.h，引用头文件可以使用#include <stdio.h>或#include "stdio.h"。printStar()和sum()是用户自定义函数，分别实现打印星号和求和运算，一个有参数一个没有参数。由此可以看出，一个C语言程序可以由多个函数组成，除了 main()函数（必需），还可以有其他的函数。另外，具有不同功能的函数的形式是不一样的。函数名后面的括号内可以有参数也可以没有参数。

由此，函数定义的一般形式如下：

```
函数返回值类型 函数名([数据类型1 形式参数1[,数据类型2 形式参数2…]])
{
    函数体;
}
```

其中，函数返回值类型和形式参数的数据类型为C语言的基本数据类型，既可以是整型、长整型、字符型、单浮点型、双浮点型及空类型等，也可以是指针类型。

函数体为实现该函数功能的一组语句，并且包括在一对花括号"{"和"}"中。

方括号代表可选，即表示函数可以有形式参数，也可以没有形式参数，还可以有多个形式参数。

有形式参数的函数为有参函数，没有形式参数的函数为无参函数。

若函数没有返回值，则函数返回值设置为空类型。

根据函数定义的形式，可以根据需要编写自定义函数。

【例6.2】求x的绝对值。

分析：在主程序中输入一个正数或负数，调用求绝对值函数求其绝对值，并显示结果。

```
#include <stdio.h>
float fabs(float x)                    //求x的绝对值
{
    if( x < 0 ) { x = -x ; }           //如果x是负数则返回其相反数,否则直接返回
    return(x);
```

```
}
int main()
{
    float num;
    printf("请输入一个数：");
    scanf("%f",&num);
    printf("该数的绝对值为：%f",fabs(num));
    return 0;
}
```

运行程序，根据提示进行操作：

```
请输入一个数：-25↙
该数的绝对值为：25.000000
```

【例 6.3】用函数求 n 的阶乘。

分析：在主程序中输入一个正整数，调用求阶乘函数得到 n 的阶乘，并显示结果。

```
#include <stdio.h>
#include <conio.h>
long fact(int n){
    long y=1;
    int i;
    for(i=1;i<=n;i++)
    y*=i;
    return(y);
}
int main(){
    int num;
    long result;
    printf("请输入一个整型数据：");
    scanf("%d",&num);
    result=fact(num);//调用求阶乘函数
    printf("数据%d 的阶乘为：%ld",num,result);
    getch();
    return 0;
}
```

运行程序，根据提示进行操作：

```
请输入一个整型数据：5↙
数据 5 的阶乘为：120
```

实训 14 建立和使用函数

1. 实训目的

（1）熟悉函数的定义格式及应用。

（2）掌握函数调用的含义与格式。

（3）理解什么是不带参数的函数，什么是带参数的函数。

2. 实训内容

（1）自定义求最大公约数的函数 ZDGYS(int n1,int n2)。

```c
#include "stdio.h"
int ZDGYS(int n1,int n2)
{
   int temp;
   if(n1<n2)
   {
     temp=n1;
     n1=n2;
     n2=temp;
   }
   while(n2!=0)
   {
     temp=n1%n2;
     n1=n2;
     n2=temp;
   }
   return(n1);
}
int main()
{
  int a,b,result;
  printf("请输入两个正整数a,b：");
  scanf("%d,%d",&a,&b);
  result=ZDGYS(a,b);
  printf("正整数%d,%d 的最大公约数为 %d",a,b,result);
  return 0;
}
```

运行程序，根据提示进行操作：

```
请输入两个正整数a,b：24,56✓
正整数24,56 的最大公约数为 8
```

（2）自定义求最小公倍数的函数 ZXGBS(int n1,int n2)。

```c
#include "stdio.h"
int ZXGBS(int n1,int n2)
{
   int temp,result;
   temp=ZDGYS(n1,n2);     //调用求最大公约数的函数
   result=n1*n2/temp;
   return(result);
}
int main()
{
  int a,b,result;
```

```
    printf("请输入两个正整数 a,b: ");
    scanf("%d,%d",&a,&b);
    result=ZXGBS(a,b);
    printf("正整数%d,%d 的最小公倍数为 %d",a,b,result);
    return 0;
}
```

运行程序，根据提示进行操作：

请输入两个正整数 a,b: 24,56✓
正整数 24,56 的最小公倍数为 168

3．实训思考

（1）函数调用的基本格式是什么？
（2）在比较复杂的程序设计中，功能相对独立的函数模块有哪些优越性？

6.2　函数的参数与返回值

在调用函数时，主调函数和被调函数之间通常需要传递数据（有参函数）。

在定义有参函数时，函数名后面的括号中的变量名称为形式参数（简称形参），在主调函数中调用一个函数时，此函数名后面的括号中的参数称为实际参数（简称实参）。

函数的分类

在调用有参函数前，没有为形参分配内存空间，形参也没有任何值。当函数被调用时，系统会为形参分配内存空间，并将实参的值传递给形参。在传递参数时，根据参数类型可以分为简单变量作为函数参数传递、数组名作为函数参数传递和指针作为函数参数传递等多种情况。

在 C 语言中，参数传递有两种方式，分别为值传递和地址（指针）传递。

6.2.1　形式参数与实际参数

【例 6.4】函数调用参数传递的示例。

分析：max()函数用于求两个数中的最大值，在主函数中调用可以求解最大值。

```c
#include "stdio.h"
int max(int x,int y)
{
    int z;
    z=x>y ? x : y;
    return z;
}
int main()
{
    int a,b,c;
    printf("请输入两个正整数 a,b: ");
    scanf("%d,%d",&a,&b);
    c=max(a,b);
```

```
    printf("Max is %d!",c);
    return 0;
}
```

在上述程序中，定义 max(int x,int y)时，使用的 x 和 y 是形参，语句 c=max(a,b);中使用的 a 和 b 是实参，实参 a 和 b 的值将传递给形参 x 和 y。

6.2.2 参数的值传递方式和地址传递方式

1. 值传递方式

值传递方式是把实参的数值复制给形参，即调用函数向被调函数传递的参数是变量本身的值。在内存中，形参与实参占用的存储单元不同，形参的值的变化不影响实参的值。到目前为止，函数示例中采用的均为值传递方式。

【例6.5】值传递方式的示例。

```
#include "stdio.h"
void swap(int x,int y) //交换函数 swap()，用于交换 x 和 y 的值
{
   int temp;
   printf("\n\n===========交换函数内部处理结果============");
   printf("\n 接收参数：x=%d\ty=%d\n",x,y);
   //交换处理
   temp=x;
   x=y;
   y=temp;
   printf("\n 交换结果：x=%d\ty=%d\n",x,y);
   printf("\n======================================");
}
int main()
{
   int a,b;
   printf("\n 请输入整数（a,b）：");
   scanf("%d,%d",&a,&b);
   printf("\n 主函数输入数据：a=%d,b=%d",a,b);
   swap(a,b);//数据交换操作
   printf("\n 主函数交换的结果：a=%d,b=%d",a,b);
   return 0;
}
```

运行程序，根据提示进行操作：

```
请输入整数（a,b）：23,15✓
主函数输入数据：a=23,b=15
===========交换函数内部处理结果============
接收参数：x=23  y=15
交换结果：x=15  y=23
======================================
主函数交换的结果：a=23,b=15
```

通过分析程序的运行结果可知，实参 a 的初值为 23，b 的初值为 15，调用交换函数 swap()后，形参的值发生变化，x 的值为 15，y 的值为 23，而实参 a 的值仍然为 23，b 的值仍然为 15，这说明此处函数的调用对实参 a 和 b 不起作用。这是为什么呢？

因为 C 语言规定，实参变量对形参变量的数据采用值传递，即单向传递，只能由实参传给形参，不能由形参传给实参。

在函数被调用时，系统为形参变量分配内存单元，并将实参对应的值赋给形参变量，调用结束后，立即释放形参的存储单元，实参保持原值。因此，形参变量只有在函数体内才是有效的，离开函数就不能再使用，并且在函数调用过程中，形参与实参使用的是不同的存储单元，形参的值的变化不影响实参的值。

2．地址传递方式

地址传递方式是在调用时把实参的地址复制给形参，使用地址访问实参。此时主调函数向被调函数传递的参数不是变量的值，而是变量的地址，当被调函数向相应的地址写入不同的数值之后，也就改变了主调函数中相应变量（实参）的值，如果采用地址传递方式，那么实参的值可以在函数调用过程中被修改。在 C 语言中，地址传递方式是通过指针实现的，并且形参与实参占用相同的存储单元。

地址传递方式的函数原型如下：

```
函数类型  函数名(类型名1 *参数1, 类型名2 *参数2,…);
```

调用时的函数形式如下：

```
函数名（&参数1, &参数2,…)
```

【例 6.6】 地址传递方式的示例。

```c
#include "stdio.h"
void swap(int *x,int *y)  //参数为指针类型
{
  int temp;
  printf("\n\n===========交换函数内部处理结果=============");
  printf("\n 接收参数: x=%d\ty=%d\n",*x,*y);
  //交换处理
  temp=*x;
  *x=*y;
  *y=temp;
  printf("\n 交换结果: x=%d\ty=%d\n",*x,*y);
  printf("\n=======================================");
}
int main()
{
  int a,b;
  printf("\n 请输入整数（a,b): ");
  scanf("%d,%d",&a,&b);
  printf("\n 主函数输入数据: a=%d,b=%d",a,b);
  swap(&a,&b);//数据交换操作
  printf("\n 主函数交换后的结果: a=%d,b=%d",a,b);
```

```
    return 0;
}
```

运行程序,根据提示进行操作:

```
请输入整数(a,b):23,15↙
主函数输入数据:a=23,b=15
===========交换函数内部处理结果=============
接收参数:x=23  y=15
交换结果:x=15  y=23
======================================
主函数交换后的结果:a=15,b=23
```

与例 6.5 相比,这里的交换函数调用起交换主函数中实参的值的作用。通过这两个示例,读者可以清晰地了解值传递方式和地址传递方式。如果在函数调用后不改变实参的值,那么采用值传递方式进行参数传递;如果要修改实参的值,那么采用地址传递方式进行参数传递。

在函数调用过程中,使用 return 语句只能返回一个函数值,如果程序需要返回多个函数值,那么可以采用地址传递方式带回多个返回值。需要注意的是,如果采用地址方式传递参数,那么使用不当就容易导致系统出错。

实训 15　参数的值传递方式和地址传递方式的应用

1. 实训目的

(1)理解函数中形参与实参的概念。
(2)重点掌握函数的值传递方式和地址传递方式的原理。
(3)理解函数中两种参数的传递方式的区别。

2. 实训内容

运行下面的程序,计算输入的字符串中数字、字母及其他字符的个数,观察并统计数字的返回方式及实参的变化。

```c
#include "stdio.h"
#include "string.h"
//定义字符串分析函数
int string_analysis (char str[],int *num_digit,int *num_letter,int *num_other)
{
int i;
    int total=strlen(str);
    * num_digit =0;
    * num_letter =0;
    * num_other =0;
    for(i=0;i<total;i++)
    {
        if(str[i]>='0'&&str[i]<='9')
        {
            (*num_digit)++;
        }
```

```c
            else if((str[i]>='a'&&str[i]<='z')||(str[i]>='A'&&str[i]<='Z'))
            {
                (*num_letter)++;
            }
            else
            {
                (*num_other)++;
            }
    }
    return total;
}
int main()
{
    char str[100];
    int num_total=0, num_digit =0, num_letter =0, num_other =0;

    printf("\n===============字符统计===============\n");
    printf("请输入一个长度小于 100 的字符串: \n");
    scanf("%s",str);
    num_total= string_analysis (str,&num_digit,&num_letter,&num_other);
    printf("\n 字符串总长度: %d", num_total);
    printf("\n 数字     个数: %d", num_digit);
    printf("\n 字母     个数: %d", num_letter);
    printf("\n 其他字符个数: %d", num_other);
    printf("\n===============字符统计===============\n");
    return 0;
}
```

运行程序，根据提示进行操作：

```
===============字符统计===============
请输入一个长度小于 100 的字符串:
abcd1234FFGJ^&*%0987%sddsds✓
字符串总长度: 27
数字     个数: 8
字母     个数: 14
其他字符个数: 5
===============字符统计===============
```

3. 实训思考

（1）形参与实参的区别是什么？在调用函数时，它们之间是怎样传递参数的？

（2）如何理解值传递方式和地址传递方式？

（3）如何实现一个函数有多个返回值？

6.2.3 参数类型

1. 简单变量作为函数参数

将简单变量作为函数参数时，实参为简单变量或数组元素，即采用值传递方式传递参数。前面诸多示例采用的就是这种情形，此处不再赘述。

2．指针作为函数参数

将指针作为函数参数时，传递参数为实参的地址。当指针作为函数参数时，采用的是地址传递方式。前面的示例和实训中均出现过指针作为参数的情况，读者可以参照前面的代码。

3．数组作为函数参数

当函数参数是数组时，此时只传递数组的地址，而不是将整个数组元素都复制到函数中，即将数组名作为实参传递给被调函数，调用时数组的首地址被传递给被调函数。需要注意的是，实参的数组类型必须与对应形参的类型相匹配。

数组作为函数参数采用的是地址传递方式。此时，数组函数的原型可以有以下几种写法（设有整型数组 array）：

```c
int my_function(int array[10]);
int my_function(int array[]);
int my_function(int *array);
```

【例 6.7】输入一维数组，最大的元素与第一个元素交换，最小的元素与最后一个元素交换，输出交换后的一维数组。

```c
#include <stdio.h>
//声明函数原型
void input(int number[10],int n);
void max_min(int array[],int n);
void output(int *array,int n);
//========定义函数========
//输入函数
void input(int number[10],int n){
    int i;
    printf("\n 请输入 10 个整数（以空格分隔）：\n");
    for(i=0;i<n;i++) scanf("%d",&number[i]);
    printf("\n 输入数据：\n");
    for(i=0;i<n;i++) printf("%6d",number[i]);
}
//最大最小值处理函数
void max_min(int array[],int n){
    int *max,*min,tmp;
    int *p,*arrEnd;
    arrEnd=array+n;
    max=min=array;
    for(p=array+1;p<arrEnd;p++) {
        if(*p>*max)
            max=p;
        else if(*p<*min)
            min=p;
    }
    tmp=array[0];array[0]=*max;*max=tmp;
    tmp=array[9];array[9]=*min;*min=tmp;
```

```
    }
    //输出函数
    void output(int *array,int n){
      int *p;
      printf("\n 处理结果: \n");
      for(p=array;p<array+n;p++)
        printf("%6d",*p);
    }
    //定义主函数
    int main(){
        int number[10];
        input(number,10);
        max_min(number,10);
        output(number,10);
        return 0;
    }
```

运行程序，根据提示进行操作：

```
请输入 10 个整数（以空格分隔）：
100 1 3 6 4 200 388 -100 -200 0↙
输入数据：
   100    1    3    6    4   200   388  -100  -200     0
处理结果：
   388    1    3    6    4   200   100  -100     0  -200
```

为了使读者能够熟悉数组作为参数的几种形式，在声明函数时，采用了 3 种不同的方式，请思考这 3 种方式的异同点。

实训 16 函数参数传递的方式

1. 实训目的

掌握简单变量、数组和指针作为函数参数进行传递的方式。

2. 实训内容

字符串的相关操作。

（1）求字符串的长度。

```
#include <stdio.h>
int length(char string[]){   //求字符串的长度
    int index=0;
    while(string[index] != '\0') index++;
    return(index);
}
int main(){
    char string[80];
    int len;
    printf("\n 请输入一个字符串: \n");
    scanf ("%s",string);
```

```
    len=length(string);
    printf("字符串的长度是：%d",len);
    return 0;
}
```

（2）字符串的查找。

```
#include <stdio.h>
//在 string1 中查找 string2
int find_string(char string1[] ,char string2[])
{   char temp;
    int index1=0, index2;
    while(string1[index1] != '\0')
    {   index2=0;
        //下面的 while 循环用于找子字符串的位置
        temp=string1[index1+index2];
        while((string2[index2] != '\0') && (temp == string2[index2]))
            {temp = string1[index1+ ++index2];}
        if(string2[index2] == '\0') return(index1);//找到
        index1++;
    }
    return(-1);   //未找到
}
int main(){
    char string1[80],string2[80];
    int result;
    printf("\n 字符串 1 :\n");   scanf("%s",string1);
    printf("\n 字符串 2 :\n");   scanf("%s",string2);
    result = find_string(string1,string2);
    if(result>=0) {
        printf("\n 找到!\n");
        printf("子字符串在主串中的位置为:%d\n", result);
    }
    else{
        printf("\n 未找到!\n");
    }
    return 0;
}
```

3．实训思考

（1）在调用函数时，有哪些形式可以作为参数进行传递？函数是否可以作为参数进行传递？

（2）在调用函数时，对形参和实参有什么要求？

6.2.4 函数的返回值

在 C 语言中，可以通过函数调用得到一个确定的值，即函数的返回值。一般使用 return 语句返回一个具体的值，返回语句的形式如下：

```
return ;   //表示返回值为空
```

或者：

```
return 表达式;
```

或者：

```
return(表达式);
```

return 语句的作用包括以下几点。

（1）立即退出当前函数，返回到调用它的程序中。

（2）返回一个值给调用它的函数。

使用 return 语句需要注意以下几点。

（1）返回值的类型要与函数值的类型一致，即如果要返回一个值，则在定义函数时指定函数值的类型。例如：

```
int max(float x, float y)            //函数值为整型，返回值也应为整型
double min(double x,double y)        //函数值为双精度浮点型，返回值也应为双精度浮点型
```

如果函数值的类型和 return 语句中表达式的类型不一致，则以函数值的类型为准，系统将自动把表达式值的类型转换为函数值的类型，即函数值的类型决定返回值的类型。

（2）如果被调函数中没有 return 语句，则函数将返回一个随机值，为了明确表示"不返回值"，在定义函数时将函数值定义为空类型，即无类型，这样可以保证函数不返回任何值。

实训 17　函数的返回值的应用

1．实训目的

了解函数的返回值的基本返回方式及类型。

2．实训内容

（1）查找整型数组中元素的最小值，并返回其值。

```c
#include <stdio.h>
int findMin(int num[],int n)
{
    int i;
    int min=num[0];
    for(i=1;i<n;i++)
    {
        if(num[i]<min) min=num[i];
    }
    return min;
}
int main()
{
    int num[10]={23,-23,100,34,66,-120,36,44,12,10};
    int value=0,i;
```

```c
    value=findMin(num,10);
    //p=findMinPointer(num,10);
    printf("\n===============数组元素列表=================\n");
    for(i=0;i<10;i++) printf("%6d",num[i]);
    printf("\n 元素的最小值为：%d",value);
    getch();
    return 0;
}
```

程序的运行结果如下：

```
===============数组元素列表=================
   23   -23   100    34    66  -120    36    44    12    10
元素的最小值为：-120
```

（2）查找整型数组中元素的最小值，并返回其存储地址。

```c
 #include <stdio.h>
int *findMinPointer(int num[],int n)
{
    int i;
    int *min;
    min=&num[0];
    for(i=1;i<n;i++)
    {
        if(num[i]<*min) min=&num[i];
    }
    return min;
}
int main()
{
    int num[10]={23,-23,100,34,66,-120,36,44,12,10};
    int *p,i;
    p=findMinPointer(num,10);
    printf("\n===============数组元素列表=================\n");
    for(i=0;i<10;i++) printf("%6d",num[i]);
    printf("\n 元素的最小值为：%d,指针地址为：%lx",*p,p);
    getch();
    return 0;
}
```

程序的运行结果如下：

```
===============数组元素列表=================
   23   -23   100    34    66  -120    36    44    12    10
元素的最小值为：-120,指针地址为：12ff6c
```

3．实训思考

函数的返回值的类型有哪些？函数返回的指针类型有什么意义？

6.3 函数的调用

6.3.1 调用函数的基本问题

1. 函数的调用格式

如果在程序中已经定义了若干函数,那么这些函数就可以在程序中使用。在程序中应该如何使用这些函数呢?函数又是怎样被执行的呢?通过学习前面的内容,读者已初步了解了函数的基本形式。调用函数的一般形式如下:

函数名(实参列表);

其中,实参是有确定值的变量或表达式,各参数之间需要用逗号隔开。

说明:

(1) 在实参列表中,实参的个数与顺序必须和形参的个数与顺序相同,实参的数据类型必须和对应的形参的数据类型相同。

(2) 若为无参数调用,则调用时函数名后的括号不能省略。

(3) 函数间可以互相调用,但不能调用 main()函数。

在 C 语言中,根据函数在程序中出现的位置,可以将函数调用分为 3 种方式。

2. 函数的调用位置

【例 6.8】不同函数的调用方式的示例。

```
#include <stdio.h>
int main(){
  int max(int,int,int);
  int a,b,c,result1,result2;
  printf("请输入 3 个整数(a ,b, c):");
  scanf("%d,%d,%d",&a,&b,&c);
  result1=3*max(a,b,c);                    //函数作为表达式
  printf("处理结果 1: %d\n",result1);
  result2=max(a, max(a,b,result1),c);      //函数作为参数
  printf("处理结果 2: %d\n",result2);
  printf("处理结果 3: %d\n", max(a,b,result2));
  return 0;
}
int max(int x, int y, int z){
  int max;
  max=x>y?x:y;                             //求最大值
  max=max>z?max:z;
  return(max);                             //返回最大值
}
```

通过分析上述程序段可知,按照函数在程序中出现的位置进行区分,有以下 3 种调用位置。

(1) 函数语句:把函数调用当作一条语句,即"函数名();",如例 6.8 中的标准函数

scanf()和 printf()等。

（2）函数表达式：函数出现在一个表达式中，要求函数返回一个确定的值以参加表达式运算，如例 6.8 中的 result1=3*max(a,b,c)。

（3）函数参数：函数调用作为一个函数的实参，如例 6.8 中的 result2=max(a,max(a,b,result1),c)。实际上，例 6.8 中的 printf("处理结果 3：%d\n",max(a,b,result2));语句也是把 max(a,b,result2)作为 printf()函数的一个参数。

无论在什么情况下，只要调用有参函数，就必须要求实参与形参的个数相等，顺序一致，类型相同。但在 C 语言的标准中，关于实参表的求值，有的系统按自右向左的顺序计算，有的系统按自左向右的顺序计算，应以用户使用的 C 语言环境而定。

3．函数的声明与函数原型

一个函数调用另一个函数需要具备一定的条件。

（1）如果使用库函数，则需要在文件开头用#include 命令将调用库函数所需的有关信息包含到本文件中。示例如下：

```
#include <stdio.h>
```

其中，stdio.h 是一个头文件，该文件中有输入/输出库函数所用的一些宏定义信息。如果不包含 stdio.h 文件，就无法使用输入/输出库中的函数，在 Dev-C++和 Visual C++环境下系统将自动引入基本标准库。

（2）如果使用用户自己定义的函数，并且该函数与调用它的函数（主调函数）在同一个文件中，那么一般应在主调函数调用该函数之前先进行声明。

【例 6.9】对被调函数进行声明的示例。

```
#include <stdio.h>
  int main(){
    float sub(float x,float y);    //对被调函数进行声明
    float n1,n2,result;
    scanf("%f,%f",&n1,&n2);
    result=sub(n1,n2);
    printf("%f",result);
    return 0;
}
  float sub(float x,float y) {    //定义函数

    float z;
    z=x-y;
    return(z);
}
```

思考：如果不使用函数声明语句 float sub(float x,float y);，是否能够得到正确的结果？

注意：由例 6.9 可以看出，函数定义与函数声明不同。定义的功能是创建函数，函数由函数首部与函数体组成。声明的作用是把函数名称、函数类型，以及形参的类型、个数和顺序通知编译系统，以便在调用函数时系统按此对照检查。

说明：

（1）在 C 语言中，函数声明称为函数原型。其作用是利用它在程序编译阶段对被调函数的合法性进行全面的检查。

（2）函数原型的一般形式如下：

函数类型 函数名（[形参表]）；

（3）以下几种情况可以不对函数进行声明。
- 被调函数的定义在主调函数之前可以不进行声明。
- 函数类型是整型的可以不进行声明。但采用此种方法系统无法对参数类型进行检查，若参数使用不当，编译时不会报错。为了安全起见，建议进行函数声明。
- 在定义所有函数之前，如果在函数外部已经声明，则在主调函数中不必再声明。

6.3.2 函数的嵌套调用

在 C 语言中，函数的定义都是互相独立的。一个函数的定义中不能包含另一个函数的定义，也就是说，C 语言是不能嵌套定义函数的，但 C 语言允许嵌套调用函数。所谓嵌套调用是指在调用一个函数并执行该函数的过程中，该函数又调用其他函数。

【例 6.10】编写一个程序计算 C_m^n 的值。

本例使用函数 comb() 计算组合数，使用函数 fact() 计算阶乘。计算组合数的公式如下：

$$C_m^n = \frac{m!}{n!(m-n)!}$$

程序的结构如下：主函数 main() 调用函数 comb()，而函数 comb() 三次调用函数 fact()，用于计算 m!、n! 和 (m-n)!。计算结果返回给主函数输出。m 和 n 由键盘输入。

```c
#include <stdio.h>
//阶乘的计算
long fact(long x){
    long i,result=1;
    for(i=1;i<=x;i++)
        result=result*i;
    return(result);
}
//组合数的计算
long comb(long m,long n){
    long a,c;
    a=fact(m);
    c=fact(n);
    c=a/c;
    a=fact(m-n);
    c=c/a;
    return(c);
}
int main(){
    long m,n,c;
```

```
        printf("请输入整数 (m,n): ");
        scanf("%ld,%ld",&m,&n);
        c=comb(m,n);
        printf("C(%ld,%ld)=%ld\n",m,n,c);
        return 0;
}
```

运行程序，根据提示进行操作：

```
请输入整数 (m,n): 10,6↙
C(10,6)=262
```

例 6.10 的函数嵌套调用和返回的过程如图 6.1 所示。

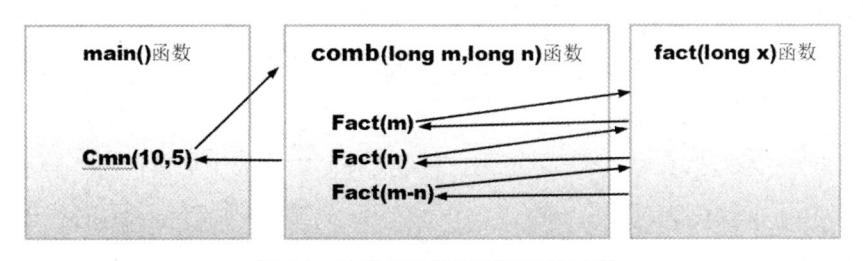

图 6.1 函数嵌套调用和返回的过程

6.3.3 函数的递归调用

6.3.2 节介绍了在一个函数中如何嵌套调用另一个函数，那么，一个函数在执行过程中是否可以直接或间接地调用该函数本身呢？答案是可以的。函数在调用过程中调用自身的这种情况称为递归调用。C 语言中的递归调用分为直接递归调用和间接递归调用。

【例 6.11】用递归调用编写计算 n!的函数 fact()。

阶乘的计算公式为 n! =n*(n-1)!。

根据上面的计算公式，为了计算 n!，需要调用计算阶乘的函数 fact(n)，它又要计算 (n-1)!，此时又需要再调用函数 fact(n-1)，以此类推，形成递归调用。这个调用过程一直持续到计算 1! 为止（因为 0! =1! =1）。

```
#include <stdio.h>
float fact (int n){
    float result;
    if(n<0)
        printf("n<0,数据出错! \n");
    else if((n==0)||(n==1))
        result=1;
    else
        result=n*fact(n-1);
    return(result);
}
int main(){
    int n;
    float result;
```

```
        printf("请输入一个整数(n): ");
        scanf("%d",&n);
        result=fact(n);
        printf("%d! = %16.0f",n, result);
        return 0;
}
```

例 6.11 体现递归调用思想的语句为 result=n*fact(n-1);。

其中，n 是所要计算的阶乘，result 是 n 的阶乘的值。该语句为递归调用（直接递归调用），在调用函数 fact(n)的过程中又需要调用函数 fact(n-1)。下面以 5！为例分析程序的递归调用和返回过程。递归调用和返回过程如图 6.2 所示。

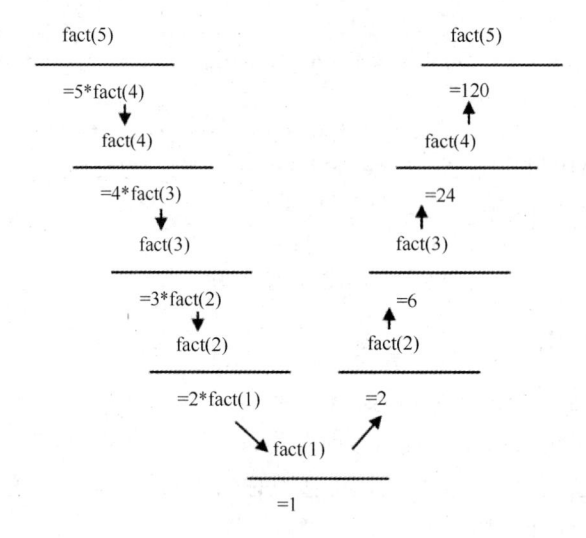

```
        fact(5)                           fact(5)
        ─────                             ─────
       =5*fact(4)                          =120
           ↓                                ↑
        fact(4)                           fact(4)
        ─────                             ─────
       =4*fact(3)                          =24
           ↓                                ↑
        fact(3)                           fact(3)
        ─────                             ─────
       =3*fact(2)                          =6
           ↓                                ↑
        fact(2)                           fact(2)
        ─────                             ─────
       =2*fact(1)                          =2
              ↘  fact(1)  ↗
                 ─────
                   =1
```

图 6.2　递归调用和返回过程

【例 6.12】用递归方法求解 Fibonacci 数列。

Fibonacci 数列的第一个数为 1，第二个数为 1，之后的每个数都是它前面的两个数的和。也就是说，Fibonacci 数列为 1，1，2，3，5，8，13，21，34，55，…。计算公式为 Fib(n)= Fib(n-1)+Fib(n-2)，其中 n 大于或等于 3。根据题意分析，程序需要使用函数的递归调用。

```
#include <stdio.h>
int Fib(int n){
    int result;
    if(n<=0) printf("n<=0,数据出错! \n");
    else if((n==1)||(n==2))
        result=1;
    else
        result=Fib(n-1)+Fib(n-2);
    return(result);
}

int main(){
```

```
    int Fib(int);
    int n,result;
    printf("请输入一个整数：");
    scanf("%d",&n);
    result=Fib(n);
    printf("Fib(%d) = %d\n",n,result);
    return 0;
}
```

运行程序，根据提示进行操作：

```
请输入一个整数：10↙
Fib(10) = 55
```

实训 18　嵌套调用与递归调用的实现

1．实训目的

（1）掌握函数的嵌套调用与递归调用的含义。

（2）重点掌握函数的嵌套调用与递归调用的实现过程。

（3）培养和锻炼解决较复杂 C 语言程序设计的能力。

2．实训内容

汉诺（Hanoi）塔问题：古代有一个梵塔，塔内有 3 个柱子 A、B、C，开始时 A 柱子上有 64 个盘子，盘子大小不等，大的在下，小的在上，如图 6.3 所示。有一个老和尚想把这 64 个盘子从 A 柱子移到 C 柱子上，但每次只允许移动一个盘子，并且在移动过程中 3 个柱子上的盘子始终保持大的在下，小的在上，在移动过程中可以利用 B 柱子。

现在有 4 个按大小顺序摆放的盘子放在 A 柱子上，请利用 B 柱子，按照汉诺塔问题限定的要求（每次移动小盘子始终在最上面），将 A 柱子上的 4 个盘子移到 C 柱子上。程序要求能够打印出每次盘子的移动步骤，并统计移动的总次数。

程序设计的思路如下。

（1）这是典型的非数值问题，64 个盘子的移动次数为 18 446 744 073 709 611 616 次。显然，计算机是难以处理这样大的数据的（只能采用递归方法解决）。

（2）具体分析如下。

假设要解决的汉诺塔共有 N 个盘子，对 A 柱子上的 N 个盘子按照从小到大的顺序编号，最小的盘子为 1 号，次之为 2 号，以此类推，则最下面的盘子的编号为 N。

第一步：先将问题简化。假设 A 柱子上只有一个盘子，即汉诺塔只有一层 N=1，则只要将 1 号盘子从 A 柱子移到 B 柱子上即可。

第二步：对于一个有 N（N>1）个盘子的汉诺塔，将 N 个盘子分成两部分，分别为上面的 N-1 个盘子和最下面的 N 号盘子。

第三步：将"上面的 N-1 个盘子"看成一个整体，为了解决 N 个盘子的汉诺塔问题，可以按照下面的方式操作。

（3）根据分析，设计移动盘子的递归算法如下。

① 将 A 柱子上的 N-1 个盘子借助 B 柱子移到 C 柱子上，如图 6.4 所示。

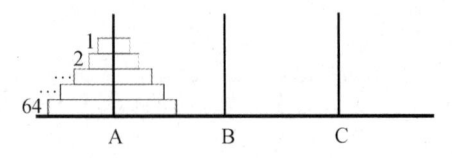

图 6.3　汉诺塔问题的初始模型 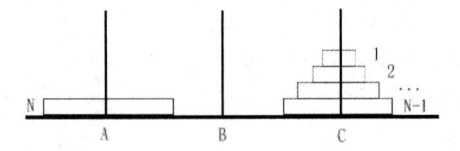　　　　　图 6.4　将 A 柱子上的 N-1 个盘子借助
　　　　　　　　　　　　　　　　　　　　　　　　B 柱子移到 C 柱子上

② 将 A 柱子上剩余的 N 号盘子移到 B 柱子上，如图 6.5 所示。
③ 将 C 柱子上的 N-1 个盘子借助 A 柱子移到 B 柱子上，如图 6.6 所示。

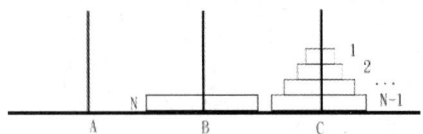

图 6.5　将 A 柱子上剩余的 N 号盘子移到 B 柱子上 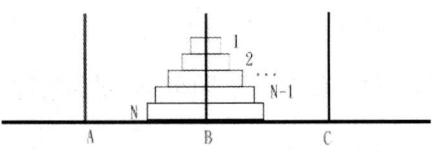　　图 6.6　将 C 柱子上的 N-1 个盘子借助
　　　　　　　　　　　　　　　　　　　　　　　　　　　　　　A 柱子移到 B 柱子上

（4）根据以上分析，移动 N 个盘子的递归算法的实现代码如下：

```c
void hanoi(int n,char one,char two,char three)  //hanoi()函数
{
if(n==1){
move(n,one,three);              //当只有 1 个盘子时，直接打印输出
counter=counter+1;              //统计次数
}else
{
                                //将 one 柱子上的 n-1 个盘子借助 three 柱子移到 two 柱子上
hanoi(n-1,one,three,two);
move(n,one,three);              //打印输出 n 号盘子
counter=counter+1;              //统计次数，每移动 1 次 counter 加 1
//将 two 柱子上的 n-1 个盘子借助 one 柱子移到 three 柱子上
hanoi(n-1,two,one,three);
}
}
```

（5）打印输出移动步骤的代码如下：

```c
void move(int n,char x,char y) //打印输出移动步骤
{
printf("Disk %d from %c move to %c:\t%c ====>> %c\n",n,x,y,x,y);
}
```

（6）根据分析，设计主函数，输入盘子数 n，调用以上函数，输出结果，代码如下：

```c
#include <stdio.h>
#include <conio.h>
int counter=0;                  //全局变量，用于统计移动次数
int main()
{
```

```
    int number;
    printf("Please Input the number of diskes: ");
    scanf("%d",&number);
    printf("\nThe steps to moving %3d diskes:\n",number);
    hanoi(number,'A','B','C');
    printf("\nDiskes move total steps:%6d",counter);
    return 0;
}
```

运行程序，根据提示进行操作：

```
Please Input the number of diskes: 3↙

The steps to moving   3 diskes:
Disk 1 from A move to C:        A ====>> C
Disk 2 from A move to B:        A ====>> B
Disk 1 from C move to B:        C ====>> B
Disk 3 from A move to C:        A ====>> C
Disk 1 from B move to A:        B ====>> A
Disk 2 from B move to C:        B ====>> C
Disk 1 from A move to C:        A ====>> C

Diskes move total steps:      7
```

注意：在上机调试程序时，请将上述自定义的各个函数加到主函数 main()之前。

3．实训思考

（1）函数嵌套与递归调用的实现过程是怎样的？

（2）函数递归调用结束的出口条件是什么？实训中的递归调用结束的出口条件是什么？

（3）什么是直接递归和间接递归？请举例说明。

6.4　函数与指针

6.4.1　返回指针值的函数

函数的 return 语句可以返回一个整型值、字符值、实型值等，也可以返回指针型数据（即地址）。返回值为指针的函数称为指针型函数。

指针型函数原型的一般形式如下：

类型名　*函数名(参数类型表);

说明："类型名"为函数值（指针）所指的类型。

示例如下：

```
int *a(int x,int y);
float *b(float n);
char *str(char ch);
```

在上述 3 个指针函数的原型中，*a、*b 和*str 的两侧没有括号，表示 a、b 和 str 是指针型函数（函数返回值是指针）。

【例6.13】从键盘输入一个字符串，输入要查找的字符，调用match()函数在字符串中查找该字符。如果可以找到相同的字符，则返回一个指向该字符串中这一位置的指针；如果没有找到相同的字符，则返回一个空（NULL）指针。

```
#include <stdio.h>
char *match(char c, char *s){
    int i=0;
    while(c!=s[i]&&s[i]!='\n') i++; //找字符串中指定的字符
    return(&s[i]);                  //返回所找字符的地址
}
int main(){
char s[40], c, *str;
    printf("\n请输入一个字符串：");
    gets(s);                        //从键盘输入字符串
    printf("\n请输入一个字符：");
    c=getche();                     //从键盘输入字符
    str=match(c, s);                //调用子函数
    //输出子函数返回的指针所指的字符串
    printf("\n搜索结果：%s",str);
    return 0;
}
```

运行程序，根据提示进行操作：

请输入一个字符串：The whole city was discussing the news. ✓
请输入一个字符：w
搜索结果：whole city was discussing the news.

请读者仔细体会本例中指针变量的含义和用法，并分析会不会出现意外的结果？

6.4.2 指向函数的指针

1．函数指针

指向函数的指针

在实际的程序设计中，不仅可以用指针变量指向整型变量、字符串、数组，还可以指向一个函数。一个函数在编译时，系统为其分配一个入口地址，这个入口地址称为函数指针。可以先用一个指针变量指向函数，然后通过该指针变量调用此函数。

【例6.14】指向函数的指针示例。

```
#include <stdio.h>
int sum(int x,int y){
    return(x+y);
}
int main(){
    int (*p)(int,int);//指向函数的指针
    int a,b,result;
    p=sum;
    printf("请输入两个整数(a,b):");
    scanf("%d,%d",&a,&b);
```

```
    result=(*p)(a,b);
    printf("\n两个数的和为: %d\n",result);
    return 0;
}
```

运行程序，根据提示进行操作：

```
请输入两个整数(a,b):34,66✓
两个数的和为: 90
```

在上述程序中，语句 int (*p)();定义 p 是一个指向函数的指针变量，此函数的返回值是整型的。需要注意的是，*p 两侧的括号不可以省略。int (*p)()和 int *p()的区别是什么？

赋值语句 p=sum;的作用是将函数 sum()的入口地址赋给指针变量 p。调用*p 就是调用函数 sum()。需要注意的是，p 是指向函数的指针变量，并且只能指向函数的入口处，不能指向函数中的某一条指令，因此，*(p+1)这种表示函数的下一条指令的做法是错误的。

result=(*p)(a,b)与 result=sum(a,b)是等价的吗？

说明：

（1）指向函数的指针变量一般的定义形式如下：

数据类型 (*指针变量名)();

其中，"数据类型"是指函数值的返回类型。

（2）函数的调用可以通过调用函数名来实现，也可以通过调用函数指针（即用指向函数的指针变量调用）来实现。函数指针可以这样赋值：

函数指针变量=函数名;

例 6.14 中的语句 p=sum;（函数名后不能有括号）采用的就是这种形式。

语句 result=(*p)(a,b);表示调用 p 指向的函数，实参为 a 和 b，得到的函数值赋给变量 result。

2．指向函数的指针作为函数参数

使用函数指针可以实现将一个函数传递给另一个函数，即函数名作为实参传递给其他函数。函数指针常见的用途之一是把指针作为参数传递给其他函数。

【例 6.15】输入两个非零整数，通过调用加/减/乘/除函数，实现加/减/乘/除值的计算处理。

```
#include <stdio.h>
//基本函数
int add(int x, int y){
    return x+y;
}
int sub(int x, int y){
    return x-y;
}
int mul(int x, int y){
    return x*y;
}
```

```
int div(int x, int y){
    return x/y;
}
//指向函数的指针作为函数参数
int calculate(int x,int y, int (*f1)(int,int), int (*f2)(int,int),int (*f3)(int,int),
int (*f4)(int,int)){
    printf("\nFun1 计算结果：%d",(*f1)(x,y));
    printf("\nFun2 计算结果：%d",(*f2)(x,y));
    printf("\nFun3 计算结果：%d",(*f3)(x,y));
    printf("\nFun4 计算结果：%d",(*f4)(x,y));
}
int main(){
    int a,b;
    printf("请输入两个非零整数（a,b）:");
    scanf("%d,%d",&a,&b);
    calculate(a,b,add,sub,mul,div);
    return 0;
}
```

运行程序，根据提示进行操作：

```
请输入两个非零整数（a,b）:23,11✓
Fun1 计算结果：34
Fun2 计算结果：12
Fun3 计算结果：253
Fun4 计算结果：2
```

6.5 变量作用域和存储类别

前面在介绍函数形参时提到，形参只在被调用期间才分配内存单元，调用结束立即释放内存。这表明形参变量在函数内是有效的，一旦离开该函数就无法使用。在 C 语言中，所有的变量都有自己的作用域。变量说明的方式不同，其作用域也不同。在 C 语言中，变量按作用域的范围可分为两种，分别为局部变量和全局变量。

6.5.1 局部变量

在一个函数体内部定义的变量叫作局部变量，只在本函数体内有效，只能在函数体内进行访问。

【例 6.16】在 main()函数中，定义 3 个数据类型和变量名相同的局部变量 i，在程序 4 次访问这些变量时不会混淆。

```
#include <stdio.h>
int main(){
    int i=10;                          //函数 main()的局部变量 i
    printf("输入一个正整数或负整数：");
    scanf("%d",&i);
    printf("主程序中 i 的值是%d\n",i);
```

```
    if (i>0) {                        //复合语句中的局部变量
        int i= -10;
        printf("在if语句中i的值是%d\n",i);
    }
    else{
        int i=0;                      //复合语句中的局部变量
        printf("在else语句中i的值是%d\n",i);
    }
    printf("主程序中i的值依然是%d\n",i);
    return 0;
```

运行程序，根据提示进行操作：

```
输入一个正整数或负整数：25✓
主程序中i的值是25
在if语句中i的值是-10
主程序中i的值依然是25
```

图 6.7 所示为变量 i 的作用域。

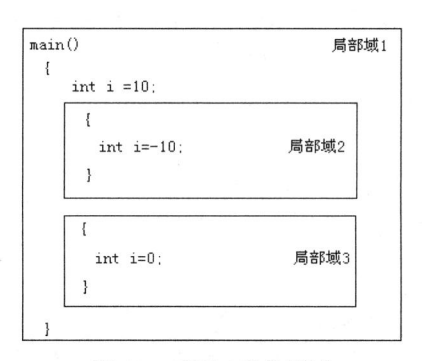

图 6.7　变量 i 的作用域

说明：
（1）在复合语句中也可以定义变量，其作用域只在复合语句范围内有效。
（2）局部变量在没有被赋值之前，其值是不确定的。
（3）形参变量是被调函数的局部变量，实参变量是主调函数的局部变量。
（4）允许在不同的函数中使用相同的变量名，它们代表不同的对象，分配不同的单元，互不干扰，也不会发生混淆。

6.5.2　全局变量

在函数之外定义的变量称为全局变量或外部变量。全局变量的作用域是从定义变量的位置开始一直到本源程序文件结束。全局变量为在其作用域内的各函数共享。在整个程序执行过程中，全局变量一直存在。全局变量在没有被初始化或赋值前，默认为 0。

【例 6.17】全局变量的应用示例。

```
#include <stdio.h>
int m[10];                            //定义全局变量——数组m
```

```
void disp(void) {
    int j;
    printf("\ndisp 调用处理结果：\n");              //子函数中输出数组的值
    for (j=0; j<10; j++){
        m[j]=m[j]*10;
        printf("%3d", m[j]);
    }
}
int main(){
    int i;
    printf("\n 在主函数调用 disp 之前：\n");
    for(i=0; i<10; i++)    {
        m[i]=i;
        printf("%3d", m[i]);                        //输出调用子函数前数组的值
    }
    disp();                                         //调用子函数
    printf("\n 在主函数调用 disp 之后：\n");
    for(i=0; i<10; i++) printf("%3d", m[i]);       //输出调用子函数后数组的值
    return 0;
}
```

程序的运行结果如下：

```
在主函数调用 disp 之前：
  0  1  2  3  4  5  6  7  8  9
disp 调用处理结果：
  0 10 20 30 40 50 60 70 80 90
在主函数调用 disp 之后：
  0 10 20 30 40 50 60 70 80 90
```

说明：

（1）使用 return 语句，函数只能给出一个返回值，由于全局变量具有在函数间传递数据的作用，因此通过设置全局变量可以减少函数形参的数目和增加函数返回值的数目。

（2）模块化程序设计希望函数是封闭的，用户可以通过参数使其与外界发生联系。在实际开发中，建议非必要不使用全局变量，尽量使用局部变量。

（3）若在同一个源文件中，全局变量与局部变量同名，则在局部变量的作用范围内，全局变量被"屏蔽"，即全局变量不起作用。

【例 6.18】全局变量与局部变量同名的应用示例。

```
#include <stdio.h>
int a=3,b=6;                        //定义全局变量
int max(int a,int b){               //a 和 b 为局部变量
    int c;
    c=a>b?a:b;
    return(c);
}
int main() {                        //主函数
```

```
    int a=10;                        //局部变量a，只在main()函数中有效
        printf("%d",max(a,b));
        return 0;
}
```

程序的运行结果如下：

```
10
```

请读者自行分析程序执行过程中变量的作用域的范围的变化。

6.5.3 变量的存储类别

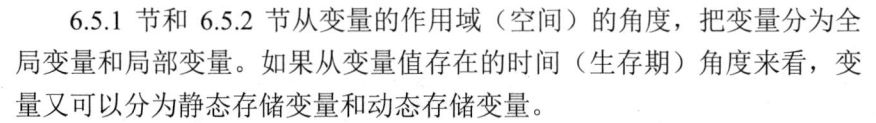

6.5.1 节和 6.5.2 节从变量的作用域（空间）的角度，把变量分为全局变量和局部变量。如果从变量值存在的时间（生存期）角度来看，变量又可以分为静态存储变量和动态存储变量。

根据这两类存储变量，存储方法也可以分为两类，即静态存储方法和动态存储方法。根据这两类存储方法，变量又可以分为 4 种，分别为自动的（auto）、静态的（static）、寄存器的（register）和外部的（extern）。

在定义变量的语句中，存储定义符放在它所修饰的基本数据类型的前面，其一般形式如下：

存储定义符 基本数据类型 变量名表；

其中，"存储定义符"可以是 auto、static、register 和 extern；"基本数据类型"可以是 int、float、char 和 double 等。

1. 局部变量的存储

局部变量是在函数体内部定义的，包括形参，编译时分配在动态存储区中。C 语言中有 3 种局部变量，分别为自动变量、静态局部变量和寄存器变量。

1）自动变量

局部变量在一般情况下（不加特殊声明）属于动态存储类。auto 定义符用于说明这种局部变量（也称为自动变量）。一个局部变量如果没有用于说明存储类别定义符，则自动被说明为 auto。自动变量的定义形式如下：

[auto] 数据类型 变量名；

自动变量是动态分配和释放存储空间的，在程序进入其作用域期间存在，在程序离开其作用域范围后消失。前面使用的一些变量都是自动变量。

2）静态局部变量

当希望局部变量的值在每次离开其作用范围后保持原值，则不释放占用的存储空间。可以使用存储定义符 static 将变量定义为静态局部变量。静态局部变量的定义形式如下：

static 数据类型 变量名；

【例 6.19】静态局部变量的应用示例。

```
#include <stdio.h>
int f(int n){
```

```c
    auto int x=0;
    static int y=3;
    x=x+1;
    y=y+1;
    return(n+x+y);
}
int main(){
    int n=2,i;
    for(i=0;i<3;i++)
        printf("%3d",f(n));
    return 0;
}
```

程序的运行结果如下:

```
 7  8  9
```

说明：

（1）静态局部变量属于静态存储类，在静态存储区分配存储空间，在整个程序运行期间都不释放。

（2）静态局部变量的存储空间在整个程序运行过程中一直存在，但在它的作用域之外，仍然不能被引用。

（3）对于静态局部变量来说，若在程序中不对它进行初始化，则编译器会自动根据变量的数据类型给它赋初始值。例如，数值型变量自动赋初始值 0，字符变量赋空字符。

3）寄存器变量

如果变量在程序运行过程中使用得非常频繁，那么利用寄存器操作速度快的特点，将变量保存到 CPU 的寄存器中，可以提高程序的运行效率。定义寄存器变量的形式如下：

```
register  类型名  变量名;
```

例如，register int num;定义的是一个名为 num 的寄存器变量。

说明：

（1）register 仅能用于定义局部变量或函数的形参，不能用于定义全局变量。

（2）静态局部变量也不能定义为寄存器变量。示例如下：

```
register static int a,b,c;
```

这条定义语句是错误的。因为不能把变量 a、b 和 c 既放在静态存储区中，又放在寄存器中，二者只能选择其一，一个变量只能声明为一个存储类别。

（3）现在的优化编译系统能够自动识别使用非常频繁的变量，从而自动将这些变量放在寄存器中，因此，在实际应用中不必在程序中用 register 声明寄存器变量。

2．全局变量的存储

全局变量是在函数体外部定义的，编译时分配在静态存储区中。C 语言中有两种全局变量，分别为外部全局变量（extern）和静态全局变量（static）。

1）外部全局变量

若在一个源文件中将某些变量定义为全局变量，而这些全局变量允许被其他源文件中的函数引用，则需要把程序中的全局变量的作用域延伸到所有的源文件。解决办法是，在一个源文件中将变量定义为全局变量，而在其他源文件中用 extern 来声明这些变量。示例如下：

```
extern int a;
```

若整型变量 a 在某个源文件中已被定义为全局变量，则可以在其他源文件中通过上面的声明语句来引用。

说明：

（1）所有源文件都可以访问的全局变量在程序中只能被定义一次，但在不同的地方可以被多次说明为外部变量。在说明为外部变量时，不再为它分配内存。

（2）extern 定义符的作用是将全局变量的作用域延伸到其他源文件。

【例 6.20】计算阶乘的示例。

程序由源文件 file1.cpp 和 file2.cpp 构成。源文件 file1.cpp 定义主函数和一个全局变量；源文件 file2.cpp 定义计算阶乘的函数 fact()，并说明变量 m 为外部变量。

源文件 file1.cpp 的代码如下：

```
#include <stdio.h>
#include "file2.cpp"
extern int fact();
int m;                              //定义 m 为全局变量
int main(){
int result;                         //定义局部变量 result
    printf("Please input a number:");
    scanf("%d",&m);
    result=fact();
    printf("%d!= %d\n",m,result);
    return 0;
}
```

源文件 file2.cpp 的代码如下：

```
extern int m;                       //说明变量 m 是外部全局变量
int fact(){
int result=1,i;                     //定义局部变量 result 和 i
    for(i=1;i<=m;i++) result=result*i;
    return(result);
}
```

2）静态全局变量

全局变量可以被定义它的源文件和其他源文件引用，而静态全局变量只能被定义它的源文件引用。定义静态全局变量的形式是在全局变量的定义语句的数据类型前加上静态存储定义符 static，其形式和静态局部变量的一样。示例如下：

```
static int a;
```

下面从作用域和存在性的角度对变量的存储类型进行归纳，如表 6.1 所示（"√"表示"是"，"×"表示"否"）。

表 6.1　不同变量的作用域和存在性

变量存储类型		定义在语句块内		定义在语句块外		在源文件外	
		作用域	存在性	作用域	存在性	作用域	存在性
局部变量	auto	√	√	×	×	×	×
	register	√	√	×	×	×	×
	static	√	√	×	√	×	√
全局变量	static	√	√	√	√	×	×
	extern	√	√	√	√	√	√

实训 19　局部变量和全局变量的使用

1．实训目的

（1）掌握局部变量与全局变量的概念、定义形式和应用。

（2）掌握变量的作用域范围和生存期。

（3）掌握变量的存储方式。

2．实训内容

要求：给定某班级所有学生某门课程的分数，分别求其平均分、最高分和最低分。

（1）根据程序要求选择设计方法，并写出自定义函数。

return 语句一次只能从函数中返回一个值，从一个函数中同时得到 3 个不同的值是难以做到的，但可以用全局变量进行设计。

根据要求设计两个全局变量 max、min，分别从一个函数中返回学生的最高分、最低分，并赋初始值 0。

求所有学生平均分的函数为 average_score()，代码如下：

```c
float average_score(float array[],int n){
    int i;
    float aver,sum=array[0];
    max=min=array[0];
    for(i=1;i<n;i++){
        if (array[i]>max)
            max=array[i];
        else if(array[i]<min)
            min=array[i];
        sum=sum+array[i];
    }
    aver=sum/n;
    return(aver);
}
```

（2）根据程序需求设计主函数 main()，调用上述函数求学生的平均分、最高分和最低分。

相应的代码如下：

```c
#include <stdio.h>
float max=0,min=0;   //定义全局变量
```

```
int main()
{
float average,score[10];
int i;
    printf("请输入学生的成绩（10 个）：\n");
for(i=0;i<10;i++) scanf("%f",&score[i]);
average=average_score(score,10);
printf("最好成绩是%6.2f\n最低成绩是%6.2f\n",max,min);
printf("平均成绩是%6.2f\n",average);
return 0;
}
```

注意：在上机调试程序时，请将上面自定义的各函数放在主函数 main()之前。

（3）保存上述程序设计的代码，编译、调试、连接并运行，记录运行结果。

3．实训思考

（1）全局变量与局部变量的主要区别是什么？

（2）局部变量可以分为哪几类？局部变量是否可以同名？若能同名，则有什么要求？

（3）具体的变量存储类型为哪 4 类？

（4）用 static 修饰的局部变量与用 static 修饰的全局变量有什么区别？

6.6 内部函数和外部函数

在一个程序中，一个函数可以调用该程序中的任何函数。在 C 语言中，从本质上来说函数是全局的。对于一个多文件的 C 语言程序来说，根据一个函数能否被其他程序调用，可以将函数分为内部函数和外部函数。

内部函数和
外部函数

6.6.1 内部函数

内部函数只能被定义它的源文件中的其他函数调用。内部函数也叫静态函数。内部函数在定义时，要在函数类型前加上说明符 static。其定义形式一般如下：

```
static  类型标识符  函数名(形式参数表)
```

示例如下：

```
static  char  myfunction(char ch)
{
}
```

使用内部函数的好处是，在一个较大程序的某些文件中，函数同名不会相互干扰，不同的人编写不同的函数，不必担心函数是否同名，这有利于模块化程序设计。

6.6.2 外部函数

外部函数可以被除定义它的源文件外的其他文件调用。定义外部函数的方法是，当定义函数时，在函数类型前加 extern。其定义形式一般如下：

```
extern  类型标识符  函数名(形式参数表)
```

示例如下：

```
extern float func(int x,float y)
{
}
```

如果在定义函数时省略 extern，则隐含为外部函数。例如，例 6.21 中的函数：

```
int power(int m)
```

在定义时虽然没有用 extern 说明，但实际上为外部函数，它们可以被另一个文件的函数调用。在需要调用外部函数的文件中，用 extern 说明所用的函数是外部函数。

【例 6.21】本程序由两个源文件组成。第一个源文件 file1.c 包含主函数，用于从键盘读取两个整数并赋给变量 a 和 n，同时调用求 a^n 的函数 power()。函数 power()在第二个源文件 file2.c 中定义。在 file2.c 中将变量 A 和函数 power()声明为 extern；在 file1.c 中将函数 power()的原型声明为 extern。

各源文件的程序代码如下：

```
//file1.c
#include <stdio.h>
#include "file2.c"
extern int power(int);              //外部函数原型
int A;                              //全局变量
int main(){
   int n,result;
   printf("请输入整数a，n，并计算a的n次方：");
   scanf("%d,%d",&A,&n);
   result=power(n);
   printf("%d的%d次方为 %d\n",A,n,result);
   return 0;
}
//file2.c
extern int A;                       //说明变量A是外部的
int power(int m){                   //定义外部函数
  int i,result=1;
  for(i=1;i<=m;i++)
     result*=A;
  return(result);
}
```

当创建一个项目文件，并且经过编译和连接后，运行程序，根据提示进行操作：

```
请输入整数a，n，并计算a的n次方：2,10↙
2 的 10 次方为 1024
```

课程设计 3　模拟自动取款机

1．课题描述

在现实生活中，人们经常使用自动取款机进行自助查询、存款和取款等操作，请利用函数模拟各个功能模块。

2. 课题分析

将自动取款机的实现划分为欢迎语、登录、身份认证、模拟自动取款机的部分功能、主函数等功能模块。其中，登录模块需要进行身份认证，只有用户名和密码都正确用户才可以进行后续操作。

3. 程序实现

```c
#include <stdio.h>
#include <string.h>
int countmoney=1000;
void welcome(){//欢迎语
    printf("\n********************\n");
    printf("欢迎使用自动取款机");
    printf("\n********************\n");
}
int identify(char *username,char *password){//身份认证
    if(strcmp(username,"tom")==0)
        if(strcmp(password,"123456")==0){
            return 1;
        }
    return 0;
}
void login(){//登录
    char username[50],password[6];
    printf("请输入用户名：");
    memset(username,0,sizeof(username));
    scanf("%s",username);
    printf("请输入密码：");
    scanf("%s",password);
    while(identify(username,password)!=1)
    {
        printf("请输入用户名：");
        scanf("%s",username);
        getchar();
        printf("请输入密码：");
        scanf("%s",password);
    }
}
void atm(){//模拟自动取款机的部分功能
    int op;
    int money;
    while(1){
        printf("请输入您要进行的操作：(1：查询余额，2：存钱，3：取钱，0：退出)\n");
        scanf("%d",&op);
        switch(op){
            case 1:
                printf("您的账户余额为：%d\n",countmoney);
                break;
```

```c
            case 2:
                printf("请输入您要存的钱数：");
                scanf("%d",&money);
                if(money<=0){
                    printf("您输入的钱数不符合要求！\n");
                    break;
                }else{
                    countmoney+=money;
                    printf("存入成功！\n");
                }
                break;
            case 3:
                printf("请输入您要取的钱数：");
                scanf("%d",&money);
                if(money>countmoney){
                    printf("您输入的钱数不符合要求！\n");
                    break;
                }else{
                    countmoney-=money;
                    printf("取出成功！\n");
                }
                break;
            case 0:
                printf("欢迎下次光临！\n");
                return ;
        }
    }
}
int main(){//主函数
    welcome();
    login();
    atm();
    return 0;
}
```

4. 程序的运行结果

```
***********************
欢迎使用自动取款机
***********************
请输入用户名：tom
请输入密码：123456
请输入您要进行的操作：(1：查询余额，2：存钱，3：取钱，0：退出)
1
您的账户余额为：1000
请输入您要进行的操作：(1：查询余额，2：存钱，3：取钱，0：退出)
2
请输入您要存的钱数：-200
您输入的钱数不符合要求！
```

```
请输入您要进行的操作：(1：查询余额，2：存钱，3：取钱，0：退出)
2
请输入您要存的钱数：200
存入成功！
请输入您要进行的操作：(1：查询余额，2：存钱，3：取钱，0：退出)
1
您的账户余额为：1200
请输入您要进行的操作：(1：查询余额，2：存钱，3：取钱，0：退出)
3
请输入您要取的钱数：2000
您输入的钱数不符合要求！
请输入您要进行的操作：(1：查询余额，2：存钱，3：取钱，0：退出)
3
请输入您要取的钱数：1000
取出成功！
请输入您要进行的操作：(1：查询余额，2：存钱，3：取钱，0：退出)
1
您的账户余额为：200
请输入您要进行的操作：(1：查询余额，2：存钱，3：取钱，0：退出)
0
欢迎下次光临
```

本章小结

函数是构成 C 语言程序的基本单元。因此，函数的使用就成为掌握 C 语言程序设计的核心问题。本章主要讨论了以下几个问题和要求。

（1）函数的分类。
- 库函数：由 C 语言提供的函数。
- 用户自定义函数：由用户自己定义的函数。
- 有返回值的函数：向调用者返回函数值，应说明函数类型（即返回值的类型）。
- 无返回值的函数：不返回函数值，说明为空（void）类型。
- 有参函数：主调函数向被调函数传送数据。
- 无参函数：主调函数与被调函数之间无数据传送。
- 内部函数：只能在本源文件中使用的函数。
- 外部函数：可以在整个源程序中使用的函数。

（2）函数定义的一般形式如下：

```
[extern/static] 类型说明符 函数名([形参表])
```

其中，方括号内为可选项。

（3）函数声明的一般形式如下：

```
[extern] 类型说明符 函数名([形参表]);
```

（4）函数调用的一般形式如下：

```
函数名([实参表]);
```

（5）函数的参数分为形参和实参两种，形参出现在函数定义中，实参出现在函数调用中，当发生函数调用时，将实参的值传递给形参。

（6）函数的值是指函数的返回值，在函数中由 return 语句返回。

（7）当数组名作为函数参数时不进行值传送而进行地址传送。形参和实参实际上为同一数组的两个名称。因此，一旦形参数组的值发生变化，实参数组的值也会发生变化。

（8）在 C 语言中，允许函数的嵌套调用和函数的递归调用。

（9）可以从 3 个方面对变量进行分类，即变量的数据类型、变量的作用域和变量的存储类型。本章介绍了变量的作用域和变量的存储类型。

（10）变量的作用域是指变量在程序中的有效范围。可以将变量分为局部变量和全局变量。

（11）变量的存储类型是指变量在内存中的存储方式，分为静态存储和动态存储，表示变量的生存期。

（12）在两大存储类别中，变量可以分为自动变量、寄存器变量、外部变量和静态变量。定义变量的形式如下：

存储定义符　基本数据类型　变量名表；

习题 6

1．选择题

（1）下列叙述中正确的是（　　）。

A．在 C 语言中，函数可以嵌套定义

B．main()函数可以在任意位置

C．在函数中，只能有一条 return 语句

D．在 C 语言程序中，所有函数之间都可以相互调用

（2）C 语言程序是从（　　）开始执行的。

A．程序中的第一条可执行语句　　　　B．程序中的第一个函数

C．程序中的 main()函数　　　　　　　D．包含文件中的第一个函数

（3）若一个函数原型如下：

```
Test(float x,float y);
```

则该函数的返回类型为（　　）。

A．void　　　　　B．double　　　　　C．int　　　　　D．float

（4）函数调用不允许出现在（　　）中。

A．实参　　　　　　　　　　　　　　B．表达式

C．单独的一条语句　　　　　　　　　D．形参

（5）下列叙述中正确的是（　　）。

A．当函数未被调用时，系统将不为形参分配内存单元

B．实参与形参的个数应相等，并且实参与形参的类型必须对应一致

C．当形参是变量时，实参可以是常量、变量或表达式

D．形参可以是常量、变量或表达式

（6）声明静态局部变量使用关键字（　　）。
　　A．auto　　　　　　B．extern　　　　　　C．register　　　　D．static
（7）声明内部变量使用关键字（　　）。
　　A．auto　　　　　　B．extern　　　　　　C．register　　　　D．static
（8）声明外部变量使用关键字（　　）。
　　A．auto　　　　　　B．extern　　　　　　C．register　　　　D．static
（9）声明寄存器变量使用关键字（　　）。
　　A．auto　　　　　　B．extern　　　　　　C．register　　　　D．static
（10）函数调用 max((a,b,c),t,(x,y)) 的实参个数是（　　）。
　　A．1个　　　　　　B．2个　　　　　　　C．3个　　　　　　D．4个

2．填空题

（1）在 C 语言中，用_____描述程序模块。
（2）定义函数时的参数称为_____参数，调用函数时的参数称为_____参数。
（3）在函数体内调用自身的函数称为_____函数。
（4）当调用函数时，参数的两种传递方式是_____和_____。
（5）默认的存储类别的关键字是_____。
（6）只有_____变量才有可能在同一个程序中被其他源文件引用。
（7）以下程序的功能是先求数组 b 中各相邻两个元素的和并依次保存到数组 a 中，然后输出。

```
#include <stdio.h>
int main(){
int b[10],a[9],i;
for (i=0;i<10;i++)
scanf("%d",&b[i]);
for(_____;i<10;i++)
a[i]=b[i]+_____;
for(i=0;i<9;i++)
printf("%d",a[i]);
printf("\n");
return 0;
}
```

（8）下面的程序运行后，r 的值为_____。

```
#include <stdio.h>
void f(int  n, int  *r){
int r1=0;
if(n%3==0)
r1=n/3;
else if(n%5==0)
r1=n/5;
else
f(--n,&r1);
*r=r1;
```

```
}
int main(){
int m=7,r;
f(m,&r);
printf("%d\n",r);
return 0;
}
```

3. 程序阅读题

（1）下列程序的运行结果是（　　）。

```
#include <stdio.h>
int main(){
int sum(int,int);
int a=20,result;
result=sum(a,a=a*2);
printf("result = %d\n",result);
return 0;
}
int sum(int x,int y)
{
return(x+y);
}
```

（2）下列程序的运行结果是（　　）。

```
#include <stdio.h>
int func(int a,int b){
return(a+b);
}
int main(){
int x=3,y=5,z=8,result;
result =func(func(x,y),z);
printf("%d\n", result);
return 0;
}
```

（3）下列程序的运行结果是（　　）。

```
#include <stdio.h>
int fun(int*x,int n){
if(n==0)
return x[0];
else
return x[0]+fun(x+1,n-1);
}
int main(){
int a[]={1,2,3,4,5,6,7};
printf("%d\n",fun(a,3));
return 0;
}
```

（4）下列程序的运行结果是（　　）。

```c
#include <stdio.h>
int fun(int n){
int f=1;
f=f*n*2;
return(f);
}
int main(){
int i,j;
for(i=1; i<=5; i++)
printf("%d\t",fun(i));
return 0;
}
```

（5）下列程序的运行结果是（　　）。

```c
#include <stdio.h>
int func(int a,int *p);
int main(){
int a=1,b=2,c;
c=func(a,&b);  b=func(c,&a);  a=func(b,&c);
printf("a=%d,b=%d,c=%d",a,b,c);
return 0;
}
int func(int a,int *p){
a++;
*p=a+2;
return(*p+a);
}
```

4．编程题

（1）写一个判断素数的函数，在主函数中输入一个整数，输出是否是素数的信息。

（2）写一个函数，实现3×3矩阵的转置（即行列互换）。

（3）用递归法将任意一个整数 m 转换为字符串。例如，输入7768，输出字符串"7768"。

（4）写一个函数，将十六进制数转换为十进制数。

（5）求 1！+2！+3！+…+6！的和。

（6）用递归法求解 Ackerman 函数。

Ackerman 函数的定义如下：

$$Ack(m,n)=\begin{cases} n+1, & 当\ m=0\ 时 \\ Ack(m-1,1), & 当\ m\neq 0,\ n=0\ 时 \\ Ack(m-1,Ack(m,n-1)), & 当\ m\neq 0,\ n\neq 0\ 时 \end{cases}$$

第 7 章

编译预处理

7.1 预处理命令概述

  C 语言程序在编译之前，通常还需要对源文件进行简单的处理，如文本替换、文件包含和删除部分代码等。在程序编译之前对源文件进行简单加工的过程称为预处理。预处理是 C 语言中的一项重要功能，由预处理程序完成。合理地使用预处理命令会使编写的程序便于阅读、修改、移植和调试，也有利于模块化程序设计。在介绍什么是预处理之前，下面先引入一个示例。

预处理命令概述

  【例 7.1】 根据输入的半径 r 计算圆的面积 area 的示例。

```
#define PI  3.1415926            //预处理命令——宏定义
#include <stdio.h>                //预处理命令——文件包含
int main(){
    double r, area;
    scanf("%lf",&r);
    area=PI*r*r;                  //计算圆的面积
    printf("AREA=%15.8f", area);
    return 0;
}
```

  例 7.1 的程序中使用了两条预处理命令。利用#define 命令可以定义一个符号常量 PI，在预处理时将程序中所有的 PI 都替换成 3.1415926；利用#include 命令包含一个文件 stdio.h，在预处理时将 stdio.h 文件中的实际内容代替该命令。

  预处理命令的特点如下。

  （1）命令以"#"开头，表示与 C 语言的语句的区别，"#"的后面是指令关键字（如 define 和 include 等）。

  （2）每条命令独占一行，整行语句构成一条预处理命令。

  （3）命令不以";"为结束语。

预处理过程不是 C 语言中的语句，而是先于编译器对源代码进行处理，通常认为是独立于编译器的。预处理过程可以读入源代码，检查包含预处理命令的语句和宏定义，并对源代码进行相应的转换，还会删除程序中的注释和多余的空白字符。

C 语言提供的预处理功能主要有 3 种，分别为宏定义、文件包含和条件编译。

7.2 宏定义

宏定义使用一个标识符（如例 7.1 中的 PI，又称为宏名）定义一个字符串（又称为宏体）。预处理过程会把源代码中所有在宏定义中定义的标识符都用宏定义中的相应字符串替换，称为宏替换或宏展开。宏的用法有两种：第一种用法是定义不带参数的宏，代表某个值的全局符号；第二种用法是定义带参数的宏，这样的宏可以像函数一样被调用，但是在调用语句处展开宏，并用调用时的实参来替换定义中的形参。

7.2.1 不带参数的宏定义

不带参数的宏定义指的是用一个标识符来代替某个字符串，格式如下：

```
#define 标识符 字符串
```

其中，"标识符"就是宏（也就是符号常量），"字符串"是宏所代表的内容，"#define"就是宏定义命令。宏定义使标识符等同于字符串。示例如下：

```
#define PI 3.1415926
```

PI 是宏名，字符串 3.1415926 是 PI 所代表的内容。预处理程序将程序中凡以 PI 作为标识符出现的地方都用 3.1415926 替换，例 7.1 中的 PI*r*r 就等价于 3.1415926*r*r。

宏名所替换的值都是字符串。当使用它们时的类型自动适应其所在的表达式的类型。

使用宏定义的好处如下：用一个有意义的标识符代替一个字符串，不仅便于记忆，还可以减少程序中重复使用某些字符串的工作量；易于修改，一改全改，可以提高程序的通用性。

【例 7.2】求数组的和。

```
#define N 10
#include <stdio.h>
int main(){
int i,s=0;
    int a[N];
    for(i=0;i<N;i++){
    scanf("%d",&a[i]);
    s=s+a[i];
    }
    printf("sum=%d\n",s);
    return 0;
}
```

在例 7.2 中，用宏 N 代替了数组 a 的长度。这样做的好处是，如果数组的长度发生变化，只要修改 N 的数值，就可以将下面所有的 N 值都进行修改，做到一改全改。实际上，这也是使用数组时的常用用法。

宏名的有效范围为宏定义命令之后到当前文件结束。通常，#define 命令在文件开头，并且在此文件中有效。如果希望改变其作用域，则可以使用#undef 命令终止其作用域。

【例 7.3】 宏的作用域。

```
#define G 9.8
#include <stdio.h>
f1()
{
    printf("G=%f\n",G);
}
#undef G
int main()
{
    float G=1.2;
    printf("G=%f",G);
    f1();
    return 0;
}
```

程序的运行结果如下：

```
G=1.2
G=9.8
```

在例 7.3 中，G 的作用域就在 f1 内起作用，在 main()函数中不再代表 9.8，这样就可以灵活控制宏定义的作用范围。

在使用不带参数的宏时需要注意以下几点。

（1）宏名一般用大写字母，以便与程序中的变量名或函数名进行区分。

（2）宏是常量，不能对它进行赋值。

（3）宏定义不是 C 语言的语句，语句结束时不必加分号，如果使用了分号就会弄巧成拙，系统会将分号作为字符串的一部分一起进行替换。

（4）宏替换只是进行简单的替换，不进行语法检查，不分配存储空间。只有当编译系统对展开后的源程序进行编译时才可能报错。

（5）在进行宏定义时，可以使用已定义过的宏名，即宏定义嵌套形式。示例如下：

```
#define MEG  "This is a string"
#define PRT   printf(MEG)
#include "stdio.h"
int main()
{
PRT;
return 0;
}
```

程序的运行结果是 This is a string，等同于 printf("This is a string")。这里就做了两次替换，第一次是把 PRT 替换成 printf(MEG)，第二次是把 MEG 替换成"This is a string"。

（6）程序中用双引号引起来的宏名不进行替换，如上面的代码可以改为如下形式：

```
#define  MEG  "This is a string"
#define  PRT  printf("MEG")
int main()
{
    PRT;
    return 0;
}
```

程序的运行结果是 MEG。也就是说，这里只做了一次替换，PRT 将替换成 printf("MEG")，因为双引号内的 MEG 是一个普通字符串而不是定义的宏，所以没有被替换。

7.2.2 带参数的宏定义

带参数的宏定义的格式如下：

```
#define  标识符(参数表)  字符串
```

"字符串"中应包含"参数表"中指定的参数。示例如下：

```
#define  SUM(a,b)  a+b
```

在程序中使用语句 c=SUM(3,7);，就是把 3 和 7 分别替换宏 SUM 中的参数 a 和 b。所以，该语句展开为如下形式：

```
c=3+7;
```

置换原理：在程序中若出现带参数的宏，则按宏定义中的参数顺序从左向右进行置换。若在字符串中也有对应的参数，则用语句中对应的实参的值进行替换，保留其余的字符。

置换原理的示意图如图 7.1 所示。

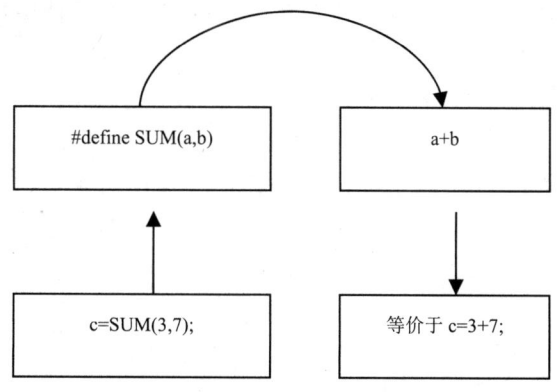

图 7.1　置换原理的示意图

【例 7.4】将例 7.1 改写为带参数的宏定义。

```
#define  PI  3.1415926
#define  AREA(a)  PI*(a)*(a)
#include "stdio.h"
```

```
int main(){
    double r,s;
    scanf("%lf",&r);
    s=AREA(r);
    printf("s=%15.8lf", s);
    return 0;
}
```

在使用带参数的宏定义时,需要注意以下几点。

(1)在使用带参数的宏定义时,宏名与带括号的参数之间不能有空格。否则,将空格之后的字符都作为替换字符串的一部分,这样就变为不带参数的宏定义。示例如下:

```
#define AREA (a) PI*(a)*(a)
```

这样定义的 AREA 为不带参数的宏名,代表字符串"(a)　PI*(a)*(a)"。

(2)在宏定义中,字符串中的形参通常要用括号括起来,以免出错。

如果将例7.4中的括号删除就变为#define　AREA(a)　PI*a*a,结果就会不同。

【例7.5】求圆的面积的示例。

```
#define PI 3.14
#define AREA(a) PI*a*a
#include "stdio.h"
int main(){
    double s;
    s=AREA(1+2);
    printf("s=%f", s);
    return 0;
}
```

程序的运行结果为 s=7.14,不是 28.26。

对带参数的宏的展开只是将宏名中的实参 1+2 代替了#define 中的形参 a。所以,例7.5中的替换过程不是我们设想的替换为 s=3.14*(1+2)*(1+2),而是替换为 s=3.14*1+2*1+2,根据运算规则,其结果为 7.14。

【例7.6】带参数的宏定义与宏替换。

```
#include <stdio.h>
#define f(x) x*x*x
int main()
{
    int a=3,s,t;
    s=f(a+1);
    t=f((a+1));
    printf("s=%d,t=%d\n",s,t);
    return 0;
}
```

程序的运行结果如下:

```
s=10,t=64。
```

s 和 t 的值是不同的,这是因为:宏 f(a+1)在预处理时,用参数 a+1 替换宏定义字符串中的 x,f(a+1)被替换为 a+1*a+1*a+1,所以 s=3+1*3+1*3+1 的结果为 10;宏 f((a+1))在预处理时,用参数(a+1)替换宏定义字符串中的 x,f((a+1))被替换为(a+1)*(a+1)*(a+1),所以 t=(3+1)*(3+1)*(3+1)的结果为 64。

(3)虽然宏调用与函数调用非常相似,但二者实际上完全不同。下面对比它们的区别。

【例 7.7】 函数的定义与调用。

```
#include "stdio.h"
int f(int x){
    return(x*x);
}
int main(){
    int i=1,s;
    while(i<=10){
        s=f(i++);
        printf("%5d",s);
    }
    return 0;
}
```

程序的运行结果如下:

```
1,4,9,16,25,36,49,64,81,100
```

【例 7.8】 宏定义与宏调用。

```
#define f(x)  (x)*(x)
#include "stdio.h"
int main(){
    int i=1,s;
    while(i<=10){
        s=f(i++);
        printf("%5d",s);
    }
    return 0;
}
```

程序的运行结果如下:

```
1,9,25,49,81
```

两个程序的结果截然不同,这是因为二者的运行过程完全不同。

在例 7.7 中,当利用函数进行求解时,函数调用先将实参(i++)的值代入形参 x,然后计算 i++,相当于求解 1*1、2*2、3*3、4*4、5*5、6*6、7*7、8*8、9*9 和 10*10。

在例 7.8 中,当利用宏定义进行求解时,宏展开时直接用 i++替换宏定义字符串中的 x,相当于 s=(i++)*(i++),即求解 1*1、3*3、5*5、7*7 和 9*9。

所以,在使用宏时,必须把可能产生副作用的操作移到宏调用的外面,将例 7.8 中的宏调用语句改成 s=f(i); i++;就不会出现错误。

7.3 文件包含

所谓的文件包含是指一个源文件可以将另一个源文件的全部内容包含进来，即将另外的文件包含到本文件之中。文件包含也是一种模块化程序设计的手段。在程序设计过程中，可以把通用的变量、函数的定义或说明及宏定义等内容单独作为一个文件，当使用时用#include 命令把它们包含在所需的程序中。这样非常方便，不仅减轻了程序员的工作量，还为程序的可移植性、可修改性提供了良好的条件。

包含文件的命令格式有如下两种。

格式一：

```
#include  <文件名>
```

格式二：

```
#include  "文件名"
```

二者的区别如下。

当使用尖括号时，预处理程序只按照系统规定的标准方式检索文件目录，即仅在设置的系统路径下检索文件（一般是库函数头文件所在的目录下）。如果文件不在该路径下，即使文件存在，系统也将给出文件不存在的信息，并停止编译。

当使用双引号时，预处理程序首先在原来的源文件目录下检索指定的文件 filename，如果查找不到则按系统指定的标准方式继续查找。

所以，如果要包含的是用户自己编写的文件，那么一般使用双引号。

预处理程序在对源文件进行扫描时，如果遇到#include 命令，则将指定的 filename 文件的内容替换到源文件的#include 命令中。

【例 7.9】求两个数的最大公约数和最小公倍数。

```
//源文件file1.c
static int gcd(int x,int y){        //求最大公约数
   int r;
   while(y){
      r=x%y;
      x=y;
      y=r;
   }
   return x;
}
//源文件file2.c
static int lcm(int x,int y) {       //求最小公倍数
   int z;
   z=(x*y)/gcd(x,y);
   return z;
}
//源文件file3.c
```

```c
#include "file1.c"
#include "file2.c"
#include "stdio.h"
int main(){
    int a,b;
    scanf("%d,%d",&a,&b);
    printf("%d,%d",gcd(a,b),lcm(a,b));
    return 0;
}
```

在例 7.9 中，将求最大公约数的函数放在 file1.c 文件中，求最小公倍数的函数放在 file2.c 文件中。在 file3.c 文件中利用#include 命令将两个文件包含起来。与下面的程序是等价的：

```c
#include "stdio.h"
static int gcd(int x,int y){        //求最大公约数
    int r;
    while(y){
        r=x%y;
        x=y;
        y=r;
    }
    return x;
}
static int lcm(int x,int y){        //求最小公倍数
    int z;
    z=(x*y)/gcd(x,y);
    return z;
}
int main(){
    int a,b;
    scanf("%d,%d",&a,&b);
    printf("%d,%d",gcd(a,b),lcm(a,b));
return 0;
}
```

在使用文件包含时需要注意以下几点。

（1）一条文件包含命令一次只能指定一个被包含文件，若要包含 n 个文件，则使用 n 条文件包含命令。示例如下：

```c
#include "file1.c"
#include "file2.c"
#include "stdio.h"
```

（2）文件包含可以嵌套，即在一个被包含文件中可以包含另一个被包含文件。
（3）被包含文件与其所在的包含文件在预处理后已成为同一个文件，不必再进行定义。

7.4 条件编译

在通常情况下，整个源程序都需要参加编译。如果只需要对其中的部分内容进行编译，

则可以利用条件编译来实现。C 语言提供的条件编译命令可以根据表达式的值或某个特定的宏是否被定义来确定编译条件，决定哪些代码被编译，哪些代码不被编译。

条件编译命令有以下几种常用形式。

1．# if 形式

1）一般格式

```
#if  <表达式>
     <程序段 1>
[#else
     <程序段 2>]
#endif
```

2）运行过程

如果#if 后面的表达式为真，则对程序段 1 进行编译，反之则对#else 后面的程序段 2 进行编译（#else 部分允许省略）。

【例 7.10】#if 的使用。

```
#define DEBUG 1
#include <stdio.h>
int main(){
    #if DEBUG
    printf("TRUE\n");
    #else
    printf("FALSE\n");
    #endif
    return 0;
}
```

运行时：若 DEBUG 宏的值为真，则对 printf("TRUE\n");进行编译，输出 TRUE；若将语句改成#define DEBUG 0，则对 printf("FALSE\n");进行编译，输出 FALSE。

由此可以看出，条件编译和条件语句非常相似，但是两者的原理完全不同。条件语句只是控制程序的运行顺序，所有的语句都要进行编译。条件编译则可以只编译满足条件的语句，从而减少目标代码的程度。如果条件编译很多，则可以大大缩减目标代码的长度。

2．#ifdef 形式

1）一般格式

```
#ifdef  <标识符>
       <程序段 1>
 [#else
       <程序段 2>]
#endif
```

2）运行过程

如果#ifdef 后面的标识符被定义过（一般使用#define 宏定义），则对程序段 1 进行编译，反之则对程序段 2 进行编译。

【例 7.11】 #ifdef 的使用。

```
#ifdef  IBM_PC
#define  INTEGER_SIZE  16
#else
#define  INTEGER_SIZE  32
#endif
```

若 IBM_PC 在前面已被定义过，如：

```
#define  IBM_PC  0
```

则只编译命令行：

```
#define  INTEGER_SIZE  16
```

否则，只编译命令行：

```
#define  INTEGER_SIZE  32
```

这样，源程序不进行任何修改就可以用于不同类型的计算机系统。

3．#ifndef 形式

1）一般格式

```
#ifndef   <标识符>
          <程序段 1>
[#else
          <程序段 2>]
#endif
```

2）运行过程

与#ifdef 正好相反。如果#ifndef 后面的标识符被定义过，则对程序段 2 进行编译，反之则对程序段 1 进行编译。

例 7.11 和例 7.12 中的程序分别用#ifdef 形式和#ifndef 形式实现，其作用完全相同。

【例 7.12】 #ifndef 的使用。

```
#ifndef  IBM_PC
   #define  INTEGER_SIZE  32
#else
   #define  INTEGER_SIZE  16
#endif
```

实训 20　定义宏和使用宏

1．实训目的

（1）掌握不带参数和带参数的宏定义的格式。
（2）理解宏定义的替换过程。
（3）理解带参数的宏在替换时实参与形参的对应关系。
（4）理解条件编译的意义。

2．实训内容

（1）本题和例 7.2 的程序完全相同，只是将其中的 "{"、"}"、int 和 printf 使用宏定义进行替换。

```
#define N 100
#define BEGIN {
#define END }
#define INTEGER int
#define WRITELN printf
#include <stdio.h>
INTEGER main()
BEGIN
    INTEGER i,s=0;
    for(i=1;i<N;i++)
        s=s+i;
    WRITELN("sum=%d\n",s);
    Return 0;
END
```

程序的运行结果如下：

```
sum=2500
```

上面的程序把 C 语言中有关符号和字符用易于理解的形式来表达，熟悉 Pascal 语言的读者可能更习惯使用这种形式。

（2）利用带参数的宏定义对程序中的宏进行替换，并比较以下 3 个相似程序的运行结果。

程序 1：

```
#include <stdio.h>
#define SQ(y) y*y
int main(){
    int a=3,sq;
    sq=160/SQ(a+1);
    printf("sq=%d\n",sq);
return 0;
}
```

程序 2：

```
#include <stdio.h>
#define SQ(y) (y)*(y)
int main(){
    int a=3,sq;
    sq=160/SQ(a+1);
    printf("sq=%d\n",sq);
    return 0;
}
```

程序 3：

```
#include <stdio.h>
#define Q(y) ((y)*(y))
int main(){
    int a=3,sq;
    sq=160/SQ(a+1);
    printf("sq=%d\n",sq);
    return 0;
}
```

程序 1 的运行结果如下：

sq=57

程序 2 的运行结果如下：

sq=160

程序 3 的运行结果如下：

sq=10

思考：在以上 3 个程序中，带参数的宏定义中加括号和不加括号为什么会产生不同的运行结果？带参数的宏在预处理时是如何替换的？

（3）利用条件编译命令完成大小写字母互换。

源程序代码如下：

```
#define TYPE 1
#include <stdio.h>
int main(){
    char s[20];
    int i=0;
    printf("Enter String:");
    gets(s);
    while(s[i]!='\0'){
        #ifdef  TYPE
            if(s[i]>='a'&&s[i]<='z')
                s[i]=s[i]-32;
        #else
            if(s[i]>='A'&&s[i]<='Z')
                s[i]=s[i]+32;
        #endif
        putchar(s[i]);
        i++;
    }
    return 0;
}
```

程序的运行结果如下：

Enter String:aBcD

ABCD

由运行结果可以看出,程序中定义了#define TYPE 1(或#define TYPE),由于条件编译#ifdef TYPE…#else…#endif 的作用,输入字符串中的小写字母变为大写字母;如果去掉#define TYPE 1 命令,则输出结果为小写字母 abcd,即输入字符串中的大写字母变为小写字母,这是条件编译#ifdef TYPE…#else…#endif 中的#else 导致的。

3. 实训思考

上面的程序中用宏定义分别定义了许多宏名,如果将这些宏定义收集到一个头文件中,并使用包含文件命令将它包含进来,那么应该如何修改这些程序来完成各自的要求呢?

本章小结

本章主要介绍编译预处理的 3 种不同形式,即宏定义、文件包含和条件编译。它们是在程序具体编译之前,预先对源程序代码进行处理。使用这些预处理命令可以编写出易移植、易调试、模块化的程序,从而提高程序的开发效率。

习题 7

1. 选择题

(1) 下列关于宏的叙述中正确的是( )。

A. 宏名必须用大写字母表示
B. 宏定义必须位于源程序中的所有语句之前
C. 宏替换没有数据类型的限制
D. 宏调用比函数调用耗费时间

(2) 设有宏定义#include IsDIV(k,n)((k%n==1)?1:0),并且变量 m 已正确定义并赋值,则宏调用 IsDIV(m,5)&& IsDIV(m,7)为真时所要表达的是( )。

A. 判断 m 是否能被 5 或 7 整除   B. 判断 m 是否能被 5 和 7 整除
C. 判断 m 被 5 或 7 整除是否余 1   D. 判断 m 被 5 和 7 整除是否余 1

(3) 下列叙述中错误的是( )。

A. 在程序中凡是以"#"开始的语句行都是预处理命令行
B. 预处理命令行的最后不能以分号表示结束
C. #define MAX 是合法的宏定义命令行
D. C 语言程序对预处理命令行的处理是在程序执行的过程中进行的

(4) 若程序中有宏定义行#define N 100,则下列叙述中正确的是( )。

A. 宏定义行中定义标识符 N 的值为整数 100
B. 在编译程序对 C 语言程序进行预处理时用 100 替换标识符 N
C. 对 C 语言程序进行编译时用 100 替换标识符 N
D. 在运行时用 100 替换标识符 N

（5）在文件包含预处理语句的使用形式中，当#include 后面的文件名用尖括号括起来时，寻找被包含文件的方式是（   ）。

A．仅搜索当前目录

B．仅搜索源程序所在的目录

C．直接按系统设定的标准方式搜索目录

D．先在源程序所在的目录搜索，再按系统设定的标准方式搜索

（6）C 语言提供的预处理功能包括条件编译，其基本形式如下：

```
# xxx 标识符
程序段 1
# else
程序段 2
# endif
```

xxx 可以是（   ）。

A．define 或 include   B．ifdef 或 include

C．ifdef 或 ifndef 或 define   D．ifdef 或 ifndef 或 if

（7）下列程序的运行结果是（   ）。

```
#define MIN(x,y) (x)<(y)?(x):(y)
int main(){
    int i,j,k;
    i=10;
    j=15;
    k=10*MIN(i,j);
    printf("%d\n",k);
    return 0;
}
```

A．15   B．100   C．10   D．150

（8）有一个名为 init.txt 的文件，内容如下：

```
#define HDY(A,B) A/B
#define PRINT(Y) printf("y=%d\n",Y)
```

有以下程序：

```
#include "init.txt"
int main(){
    int a=1,b=2,c=3,d=4,k;
    K=HDY(a+c,b+d);
    PRINT(K);
    return 0;
}
```

下列针对该程序的叙述正确的是（   ）。

A．编译有错   B．运行出错

C．运行结果为 y=0   D．运行结果为 y=6

2．定义一个宏，用于判断任意一年是否是闰年。

3. 定义一个交换两个参数的值的宏，并编写程序，先输入 3 个数，然后利用宏按照从大到小的顺序排列并输出。

4. 定义一组用于输出的宏，并把它存入一个文件中。设计一个程序，验证定义的宏的正确性。

5. 利用条件编译方法编写程序。输入一行字符，使之能将字母全部改为大写形式输出或全部改为小写形式输出。

6. 请写出下列程序的运行结果，并说明产生此结果的原因。

程序 1：

```
#define NL putchar('\n')
#define PR(format,value) printf("value=%format\t",(value))
#define PRINT1(f,x1) PR(f,x1);NL
#define PRINT2(f,x1,x2) PR(f,x1);PRINT1(f,x2)
#include <stdio.h>
int main(){
    float x=5,x1=3,x2=8;
    PR(d,x);
    PRINT1(d,x);
    PRINT2(d,x1,x2);
    return 0;
}
```

程序 2：

```
#define FUDGF(y) 2.84+y
#define PR(a)   printf("%d",(int)(a))
#define PRINT1(a)  PR(a);putchar('\n')
#include <stdio.h>
int main(){
    int x=2;
    PRINT1(FUDGF(5)*x);
    return 0;
}
```

程序 3：

```
#define N  2
#define M  N+1
#define NUM   (M+1)*M/2
#include <stdio.h>
int main(){
    int i;
    for (i=1;i<=NUM; i++);
        printf("%d\n",i);
    return 0;
}
```

程序 4：

```
#define   MIN(x,y) (x)<(y)?(x):(y)
```

```
#include <stdio.h>
int main(){
    int i,j,k;
    i=10;
    j=15;
    k=10*MIN(i,j);
    printf("%d\n",k);
return 0;
}
```

7. 用条件编译方法实现下列程序的功能。

在传输电报时，有时需要使用加密技术。此时要求在输入一行电报文字时，有两种输出方式可以选中。一种是将字母转变为其下下个字母（如"a"变为"c"，"b"变为"d"，以此类推，"y"变为"a"，"z"变为"b"，其他字符不变）；另一种是原文输出。利用#define命令来控制是否需要译成密码。示例如下：

```
#define CODE 1
```

如果使用上述形式，则输出密码。

```
#define CODE 0
```

如果使用上述形式，则不翻译成密码，按原文输出。

第 8 章

结构体和链表

在现实生活中，常常需要描述多个不同性质的数据项组成的复杂的构造数据类型，如学生信息中的姓名、性别和成绩等，它们代表一个整体对象的某几个属性，具有不同的数据类型。第 4 章已经介绍了一种构造数据类型——数组，使用数组可以带来很多便利，但是数组要求被处理数据必须是相同的数据类型。由于姓名和成绩等的数据类型不同，因此数组并不适用。也可以将姓名、性别和成绩等使用多个变量分别描述，但这样做将失去一个对象的整体性，无法反映各个数据项之间的内在关系。因此，C 语言提供了一种全新的构造数据类型——结构体类型（也可称为结构类型）。

本章将重点介绍结构体的定义及引用、链表的概念及操作，同时对共用体类型和枚举类型的定义等进行简单介绍。通过学习本章，读者能够熟练掌握结构体的定义和使用方法，能够理解顺序存储和链式存储的区别，灵活地运用链表解决实际问题，以及了解共用体类型、枚举类型和自定义类型。

8.1 结构体

结构体是一种可以由用户自定义的构造数据类型，可以由多个数据项成员组成，并且各成员数据的类型可以不同。程序可以通过结构体描述数据对象的类型，并且利用结构体变量描述特定的对象。

8.1.1 结构体的定义、引用和初始化

1. 结构体类型的定义的一般形式

结构体类型的定义的一般形式如下：

```
struct 结构体名
{ 数据类型    成员名1;
  数据类型    成员名2;
  …
  数据类型    成员名n;
```

结构体类型的概念与基本定义

结构体类型的定义

};

说明：

（1）结构体类型的定义分为结构体声明和成员说明表两部分。

（2）结构体声明的格式为"struct 结构体名"。其中，struct 是关键字，作为定义结构体类型的标志；结构体名为用户自定义的标识符，代表该结构体类型的名称。

（3）成员说明表用花括号括起来，用来说明该结构体有哪些成员及各成员的数据类型。

（4）结构体成员项应该是该结构体变量具有的共同属性和特征，如长方形的长和宽，以及学生的学号和姓名等。

（5）结构体结束时不能省略分号，它表示一种结构体类型的定义的终止。

【例 8.1】 定义学生信息表中的学生结构体类型，假设学生的成员信息项为学号、姓名、出生日期和性别等。

分析：学号和姓名均为字符串；性别为字符型；出生日期是由年、月、日组成的一个整体，因此定义为结构体类型。

```
//定义出生日期为结构体类型的日期型，结构体名为 Date
struct Date
{int year;
 int month;
 int day;
};
//定义学生结构体类型，结构体名为 Student
struct Student
{
  char no[20];                //学号，类型为字符串
  char name[20];              //学生姓名，类型为字符串
  struct Date date;           //出生日期，类型为已定义的结构体类型的日期型
  char sex;                   //性别，类型为字符型
};
```

注意：

（1）结构体成员的类型可以是简单类型、数组类型或结构体类型等任何数据类型。

（2）结构体类型的定义只是描述结构体的组织形式，规定这个结构体使用内存模式，并没有分配一段内存单元来存储各数据项成员。只有定义了这种类型的变量，系统才为变量分配内存空间，占据存储单元。

（3）结构体类型的定义可以在函数内部，也可以在函数外部。在函数内部定义的结构体的作用域仅限于该函数内部，在函数外部定义的结构体的作用域从定义处开始到本文件结束。

（4）在定义结构体类型时，数据类型相同的成员可以在一行中说明，成员之间用逗号隔开。

2. 结构体变量的定义

结构体类型一经定义，就可以作为一种已存在的数据类型使用，可以指明该种结构体类型的具体对象，即定义该种类型的变量。定义结构体变量可以使用以下 3 种方法。

（1）先定义结构体类型，再定义该种类型的变量。

一般形式如下：

```
struct 结构体名
{ 数据类型  成员名1;
  数据类型  成员名2;
    …
  数据类型  成员名n;
};
struct 结构体名  结构体变量名表;
```

结构体变量的定义

示例如下：

```
struct Date
{ int year;
  int month;
  int day;
};
struct Date date1,date2;//定义了结构体类型 Date 的结构体变量 date1 和 date2
```

说明：

在这种形式中，struct 结构体名作为一种已定义的数据类型，其定义变量的格式与基本数据类型完全一致。

基本数据类型采用的格式为"数据类型名 变量名表;"。

结构体类型采用的格式为"struct 结构体名 结构体变量名表;"。

其中，struct 结构体名=已定义的数据类型名。

（2）在定义结构体类型的同时定义结构体变量。

一般形式如下：

```
struct 结构体名
{ 数据类型   成员名1;
  数据类型   成员名2;
    …
  数据类型   成员名n;
}结构体变量名表;
```

示例如下：

```
struct Date
{int year;
 int month;
 int day;
}date1,date2;//在定义结构体类型 Date 的同时定义结构体变量 date1 和 date2
```

（3）直接定义结构体变量。

一般形式如下：

```
struct
{ 数据类型   成员名1;
  数据类型   成员名2;
    …
```

```
    数据类型    成员名n;
}结构体变量名表;
```

示例如下:

```
struct
{int year;
int month;
int day;
}date1,date2;//在定义结构体类型的同时定义结构体变量date1和date2
```

此时只是直接定义了两个结构体变量 date1 和 date2。由于这种形式省略了结构体名，因此没有结构体类型名，也不能用它来定义其他变量。

说明：

① 结构体变量可以在函数的数据说明部分定义，也可以在函数的外部定义。但必须参照上述 3 种结构体变量的定义形式，类型定义在前，变量定义在后。

② 结构体变量一经定义，在程序运行时，系统将按照定义结构体类型时的内存模式为结构体变量分配一定的存储单元。

③ 结构体变量的内存分配。

- 分配原则。
  - 结构体变量所占的内存应该是结构体类型定义的所有成员所占的内存之和。
  - 计算结构体内存大小时需要考虑内存布局，结构体在内存中是按单元保存的，每个单元多大取决于结构体中最大基本类型的大小。
  - CPU 能够快速访问，提高访问效率，变量的起始地址应该具有某些特性，这就是所谓的"对齐"。例如，4 字节的整型变量的起始地址应该在 4 字节的边界上，即起始地址可以被 4 整除。
  - 可以通过 sizeof(结构体类型名)或 sizeof(结构体变量名)输出测试结构体类型所占的内存。

- 示例。

【例 8.2】结构体变量内存分配的示例。

```
struct Demo1
{
    int A;
    char B;
    double C;
};
int main() {
    printf("%d", sizeof(struct Demo1));
    return 0;
}
```

程序的运行结果如下：

16

说明：

结构体 Demo1 中有 3 种数据类型的成员，其中双精度型占用的字节最大，因此，以双精度型的 8 字节作为倍数。

A	A	A	A	B			
C	C	C	C	C	C	C	C

其中，A 为整型且占用 4 字节，B 占用 1 字节，剩下的 3 字节存储不下双精度型的 C，需要开辟新的单元。因此，总字节数为 8+8=16（字节）。

【例8.3】结构体变量内存分配的示例。

```
struct Demo2
{
    int A;
    double C;
    char B;
};
int main() {
    printf("%d", sizeof(struct Demo2));
    return 0;
}
```

程序的运行结果如下：

```
24
```

说明：

A	A	A	A				
C	C	C	C	C	C	C	C
B							

其中，A 为整型且占用 4 字节，剩下的 4 字节存储不下双精度型的 C，需要开辟新的单元，由于 C 所在的单元没有剩余空间存储 B，因此也需要重新开辟新的单元，总字节数为 8+8+8=24（字节）。

3．结构体变量的引用

（1）引用结构体变量的成员项。

对结构体变量的引用，在一般情况下不将其作为一个整体参加数据处理，而是用其各个成员项来参加各种运算和操作。引用结构体变量中的成员项的一般形式如下：

结构体变量名.成员项名

例如，将日期 2022 年 10 月 9 日赋给结构体变量 date 可以表示为如下形式：

```
date.year=2022;
date.month=10;
date.day=9;
```

【例 8.4】 应用结构体变量的示例。

```c
#include <stdio.h>
struct Date                          //定义一个表示日期的结构体类型
{int year;
 int month;
 int day;
};
struct Student                       //定义一个表示学生信息的结构体类型
{
  char *no;                          //学号，字符串，也可以定义为字符数组
  char *name;                        //学生姓名，字符串，也可以定义为字符数组
  struct Date date;                  //出生日期，日期型
  char sex;                          //性别，字符型
};
int main()
{
    struct Student s1,s2;
    //使用直接赋值语句为变量 s1 的各成员项赋值
    s1.no="0902110";
    s1.name="wangli";
    s1.date.year=1990;
    s1.date.month=10;
    s1.date.day=22;
    s1.sex='m';
    //使用键盘输入语句为变量 s2 的各成员项赋值
    printf("请输入学生信息(学号，姓名，出生日期（*年*月*日）和性别)：\n");
    char no[20],name[20];
    gets(no);
    s2.no=no;
    gets(name);
    s2.name=name;
    scanf("%d年%d月%d日",&s2.date.year,&s2.date.month,&s2.date.day);
    scanf("\n%c",&s2.sex);
    //查看变量 s1 和 s2 的值
    printf("-------变量 s1 的信息为：--------\n");
    printf("学号: %s\n",s1.no);
    printf("姓名: %s\n",s1.name);
    printf("出生日期: %d年%d月%d日\n",s1.date.year,s1.date.month,s1.date.day);
    printf("性别: %c\n",s1.sex);
    printf("-------变量 s2 的信息为：--------\n");
    printf("学号: %s\n",s2.no);
    printf("姓名: %s\n",s2.name);
    printf("出生日期: %d年%d月%d日\n",s2.date.year,s2.date.month,s2.date.day);
    printf("性别: %c\n",s2.sex);
    return 0;
}
```

结构体变量综合示例

运行程序，根据提示进行操作：

```
请输入学生信息(学号，姓名，出生日期（*年*月*日）和性别)：
0902111↙
lily↙
1990年1月20日↙
m↙
--------变量s1的信息为：--------
学号：0902110
姓名：wangli
出生日期：1990年10月22日
性别：m
--------变量s2的信息为：--------
学号：0902111
姓名：lily
出生日期：1990年1月20日
性别：m
```

说明：

① "."是一个运算符，表示对结构体变量的成员进行访问。"."运算符的优先级最高，是第一级，结合方向是从左到右。如果一个结构体成员本身又是一个结构体变量，则要通过两个"."运算符来访问该结构成员的结构成员，程序只能对最低一级的成员进行运算。

② 结构体成员项是结构体中的一个数据，成员项的数据类型是结构体类型定义时给成员项规定的，对结构体变量的成员可以进行何种运算是由其类型决定的。允许参加运算的种类与相同类型的简单变量的种类相同。例如，s2.date.year 的数据是整数类型，相当于一个整型变量。凡是整型变量所允许的运算，对 s2.date.year 均可使用。例如，对 s2.date.year 进行自增运算，s2.date.year++相当于(s2.date.year)++；对 s2.date.year 进行取地址运算，&s2.date.year 表示变量 s2.date.year 的起始地址。

由此可以看出，一个结构体类型无论多么复杂，它的使用特性最终都要落实到结构体成员项上。

（2）一个结构体变量作为一个整体来引用。

C 语言允许两个相同类型的结构体变量之间相互赋值，这种赋值的过程是一个结构体变量的成员项的值赋给另一个结构体变量的相应部分。例如，下面的赋值语句是合法的：

结构体变量的整体引用

```
s2=s1;
```

需要注意的是，不允许使用赋值语句将一组常量直接赋值给一个结构体变量。例如，下面的赋值语句是不合法的：

```
s1={"09001","lily",{1990,1,12},'男'};
```

4．结构体变量的初始化

同其他数据类型一样，结构体变量在定义时也可以直接进行初始化。

结构体变量的初始化

示例如下：
```
struct Student s1={"09001","lily",{1990,1,12},'w'};
```
或者：
```
struct Student/*定义一个表示学生信息的结构体类型*/
{
    char *no;
    char *name;
    struct Date date;
    char sex;
}s1={"09001","lily",{1990,1,12},'男'};
```

这种结构体变量的初始化形式，只是在变量的后面加上赋值运算符，将成员项的对应值用一对花括号括起来，放在赋值运算符的后面即可。

8.1.2 结构体数组和结构体指针

1．结构体数组

第 4 章介绍了数组类型，数组元素可以是简单数据类型，也可以是构造类型。当数组元素是结构体类型时，就构成了结构体数组。结构体数组是具有相同结构体变量集合。结构体数组的定义形式类似于 8.1.1 节中结构体变量的定义形式。可以用以下 3 种方法定义结构体数组。

（1）先定义结构体类型，再定义该种类型的数组。

定义结构体数组的一般形式如下：
```
struct 结构体名  结构体数组名[数组长度];
```

其中，"struct 结构体名"代表一种已定义的数据类型。

示例如下：
```
struct Rectangle//定义一个长方形结构体类型
{
    float width;
    float length;
};
struct Rectangle rec[3];
```

结构体数组的使用

上述代码定义了一个包含 3 个元素的数组 rec，3 个元素 rec[0]、rec[1]和 rec[2]都是结构体类型 struct Rectangle 的变量。

与结构体变量的定义类似，也可以在定义结构体数组的同时进行初始化。示例如下：
```
struct Rectangle rec[3]={{10,10},{5,5},{10,5}};
```

由此可见，结构体数组的初始化就是将结构体数组的每个元素初始化后用一对花括号括起来。

（2）在定义结构体类型的同时定义结构体数组。

一般形式如下：

```
struct 结构体名
    { 数据类型   成员名1;
      数据类型   成员名2;
      …
      数据类型   成员名n;
    }结构体数组名[数组长度];
```

(3) 直接定义结构体类型的数组。

一般形式如下:

```
struct
    { 数据类型   成员名1;
      数据类型   成员名2;
      …
      数据类型   成员名n;
    }结构体数组名[数组长度];
```

【例8.5】结构体数组的应用:从键盘输入3个学生的信息,计算每个学生的总分数,并输出所有学生的信息和总分数。

```c
#include <stdio.h>
//定义一个学生结构体类型,其成员包含学号、姓名及各科成绩
struct Student{
    char no[20];
    char name[20];
    float chinese;
    float math;
    float english;
};
int main()
{
    //定义一个学生数组,数组的长度为3,包含的3个成员分别为s[0]、s[1]和s[2]
    struct Student s[3];
    //定义sum数组,包含3个数组元素,分别存储3个学生的总分数
    float sum[3];
    int i;
    //循环输入和输出学生信息,同时计算每个学生的总分数
    for(i=0;i<3;i++){
        printf("请输入第%d个学生的信息(学号,姓名,语文,
            数学和英语)\n",i+1);
        scanf("%s%s%f%f%f",s[i].no,s[i].name,&s[i].chinese,&s[i].math,
            &s[i].english);
    }
    printf("学号\t姓名\t语文\t数学\t英语\t总分数\n");
    for(i=0;i<3;i++){
        sum[i]=s[i].chinese+s[i].math+s[i].english;
        printf("%s\t%s\t%.2f\t%.2f\t%.2f\t%.2f\n",s[i].no,s[i].name,s[i].chinese,
            s[i].math,s[i].english,sum[i]);
    }
```

```
        return 0;
}
```

运行程序,根据提示进行操作:

```
请输入第 1 个学生的信息(学号,姓名,语文,数学和英语)
0902110  lily 70 80 90✓
请输入第 2 个学生的信息(学号,姓名,语文,数学和英语)
0902111  lucy 80 100 90✓
请输入第 3 个学生的信息(学号,姓名,语文,数学和英语)
0902112  tom 100 100 90✓
学号        姓名        语文        数学        英语        总分
0902110    lily        70.00      80.00      90.00      240.00
0902111    lucy        80.00      100.00     90.00      270.00
0902112    tom         100.00     100.00     90.00      290.00
```

2. 结构体指针

指针可以指向任何数据类型的变量,同样可以定义一个指向结构体变量的指针,把这种指向结构体变量的指针称为指向结构体的指针或结构体指针。

定义结构体指针的一般形式如下:

```
struct 结构体名  *结构体指针名;
```

示例如下:

```
struct Rectangle  *op;
```

其中,op 为指向结构体变量的指针。

【例 8.6】用结构体指针引用结构体成员的示例。

```
#include <stdio.h>
struct Student
{   char no[20];
    char name[20];
    float chinese;
    float math;
    float english;
};
int main()
{
    struct Student stu={"0902110","lily",70,80,90};
    struct Student *p;              //定义结构体 Student 类型的指针 p
    p=&stu;                         //p 指向变量 stu 的首地址
    printf("%s\t%s\t%.2f\t%.2f\t%.2f\n",stu.no,stu.name,
           stu.chinese,stu.math,stu.english);
    printf("%s\t%s\t%.2f\t%.2f\t%.2f\n",p->no,p->name,
           p->chinese,p->math,p->english);
    printf("%s\t%s\t%.2f\t%.2f\t%.2f\n",(*p).no,(*p).name,
           (*p).chinese,(*p).math,(*p).english);
        return 0;
}
```

结构体指针的使用

由此可以看出，访问结构体指针所指向的结构体变量的成员可以采用以下两种方法。

方法一：

(*结构体指针名).成员项名

示例如下：

(*p).no 和(*p).name

方法二：

结构体指针名->成员项名

示例如下：

p->no 和 p->name

说明：

（1）方法一中的括号不可以省略。"*"运算符的优先级低于"."运算符的优先级，因此如果省略括号，则理解为*(结构体指针名.成员项名)。

（2）两种方法的功能相同，均代表通过指针引用结构体的成员。

8.1.3 结构体与函数

函数的形参与返回值的类型可以是基本数据类型的变量、指针和数组，也可以是一个结构体类型。结构体与函数的关系主要分为 3 种：结构体变量作为函数的参数，结构体数组作为函数的参数，函数的返回值为结构体类型。

【例 8.7】结构体变量作为函数的参数的示例：利用函数从键盘输入 3 个学生的信息，计算学生的总分数，并输出学生的信息及总分数。

```c
#include <stdio.h>
//定义一个学生结构体类型，其成员包含学号、姓名及各科成绩
struct Student{
    char no[20];
    char name[20];
    float chinese;
    float math;
    float english;
};
//定义函数printStudent()，功能是输出学生的信息及总分数
void printStudent(struct Student s)
{
    float sum=s.chinese+s.math+s.english;
    printf("%s\t%s\t%.2f\t%.2f\t%.2f\t%.2f\n",s.no,s.name,s.chinese,
        s.math,s.english,sum);
}
//定义函数getStudent()，功能是从键盘输入学生的信息
void getStudent(struct Student *p)
{
    scanf("%s%s%f%f%f",p->no,p->name,&p->chinese,&p->math,
        &p->english);
```

结构体变量作为函数参数

```
}
int main()
{
    struct Student s[3];
    int i;
    printf("请输入 3 个学生的信息（学号，姓名，语文，数学和英语）\n");
    //循环调用 getStudent()函数输入 3 个学生的信息
    for(i=0;i<3;i++){
        getStudent(&s[i]);
    }
    printf("学号\t 姓名\t 语文\t 数学\t 英语\t 总分数\n");
    //循环调用 printStudent()函数输出 3 个学生的信息及总分数
    for(i=0;i<3;i++){
        printStudent(s[i]);
    }
    return 0;
}
```

运行程序，根据提示进行操作：

```
请输入 3 个学生的信息（学号，姓名，语文，数学和英语）
0902110  lily 70 80 90↙
0902111  lucy 80 100 90↙
0902112  tom 100 100 90↙
学号      姓名    语文     数学      英语      总分
0902110  lily    70.00    80.00    90.00     240.00
0902111  lucy    80.00    100.00   90.00     270.00
0902112  tom     100.00   100.00   90.00     290.00
```

说明：

（1）结构体变量同基本数据类型的变量一样，传递的是各成员的值（如结构体变量的整体赋值），因此，将结构体变量作为函数的参数时采用的是值传递方式。

（2）在调用函数输入结构体变量的值时，必须通过指针实现地址传递方式，因此，调用函数时传递的实参是结构体变量的地址。

（3）本例也可以将函数的参数设为结构体数组。此时参数传递的是结构体数组的首地址，传递方式为地址传递。

【例 8.8】结构体数组作为函数的参数的示例。

```
#include<stdio.h>
struct Student{
char no[20];
    char name[20];
    float chinese;
    float math;
    float english;
};
//定义函数 printStudent()，功能是输出所有学生的信息及总分
void printStudent(struct Student s[],int n)//n 表示学生的数量
```

结构体数组作为函数参数

```c
{
    int i;
    printf("学号\t姓名\t语文\t数学\t英语\t总分\n");
    for(i=0;i<n;i++)
    {
        float sum=s[i].chinese+s[i].math+s[i].english;
        printf("%s\t%s\t%.2f\t%.2f\t%.2f\t%.2f\n",s[i].no,s[i].name,s[i].chinese
            ,s[i].math,s[i].english,sum);
    }
}
//定义函数getStudent(),功能是从键盘输入所有学生的信息
void getStudent(struct Student s[],int n)
{
    int i;
    for(i=0;i<n;i++)
    {
        printf("请输入第%d个学生的信息(学号,姓名,语文,数学和
            英语)\n",i+1);
        scanf("%s%s%f%f%f",s[i].no,s[i].name,&s[i].chinese,&s[i].math,
            &s[i].english);
    }
}
int main()
{
    struct Student s[3];
    float sum[3];
    getStudent(s,3);
    printStudent(s,3);
    return 0;
}
```

运行程序,根据提示进行操作(与例 8.5 的一致):

```
请输入第 1 个学生的信息(学号,姓名,语文,数学和英语)
0902110  lily 70 80 90✓
请输入第 2 个学生的信息(学号,姓名,语文,数学和英语)
0902111  lucy 80 100 90✓
请输入第 3 个学生的信息(学号,姓名,语文,数学和英语)
0902112  tom 100 100 90✓
学号       姓名    语文     数学     英语     总分数
0902110   lily    70.00    80.00    90.00    240.00
0902111   lucy    80.00    100.00   90.00    270.00
0902112   tom     100.00   100.00   90.00    290.00
```

【例 8.9】函数的返回值为结构体类型:改写例 8.6 中的 getStudent()函数,利用函数返回从键盘输入的学生信息。

```c
struct Student getStudent()
{
    struct Student s;
```

```
        scanf("%s%s%f%f%f",s.no,s.name,&s.chinese,&s.math,&s.english);
        return s;
}
```

经过上述改动后，输入学生信息的函数的调用格式也需要进行相应的修改。代码如下：

```
//循环调用 getStudent()函数输入 3 个学生的信息
for(i=0;i<3;i++){
        s[i]=getStudent();
}
```

说明：返回值类型为结构体类型的函数，需要先定义一个局部结构体变量存储结构体成员的值，然后实现整体赋值。在复杂的结构体类型下，这种方法比较浪费空间和时间，效率比较低。

实训 21 结构体的应用

1．实训目的

（1）掌握结构体类型的说明和定义变量的方法。
（2）掌握结构体变量的引用形式。
（3）掌握结构体数组的定义及应用。
（4）理解结构体作为不同数据类型的一个整体在实际编程中的作用。

2．实训内容

定义一个长方形结构体，并定义长方形结构体数组，长度为 5，从键盘输入各长方形成员的值，计算各长方形的面积并输出面积最大的长方形。

源程序代码如下：

```
#include <stdio.h>
#define N 5
//定义长方形结构体类型
struct Rectangle
{
    int length;
    int width;
};
//定义函数 maxRectangle()计算长方形数组的各长方形的面积并输出面积最大的长方形
void maxRectangle(struct Rectangle rec[])
{
    int i,j;
    int area[N];//area 数组保存各长方形的面积
    for(i=0;i<N;i++){
        area[i]=rec[i].length*rec[i].width;
    }
    int max=area[0];
    j=0;
    for(i=1;i<N;i++)
```

```
        {
            if(max<area[i]){
                max=area[i];
                j=i;
            }
        }
        printf("面积最大的长方形为第%d个长方形，其长：%d\t 宽：%d\t
            面积：%d\t",j+1,rec[j].length,rec[j].width,area[j]);
}
int main()
{
    struct Rectangle rec[N];
    printf("请输入5个长方形的长和宽\n");
    for(int i=0;i<N;i++)
    {
        scanf("%d%d",&rec[i].length,&rec[i].width);
    }
    maxRectangle(rec);
    return 0;
}
```

3. 实训思考

仿照上述程序，编写函数从键盘输入5个学生的信息，计算学生的总分数，找出总分数最高的学生，并输出该学生的信息。

8.2 链表

第4章已经介绍了数组的概念及其相关技术。数组又称为顺序存储结构，数组元素按下标顺序依次排列，通过数组下标可以很方便地引用数组元素，但在插入和删除元素时需要移动大量的数据，同时数组长度的固定也使数组的应用有了一定的限制。如何有效地解决数组的这些问题呢？本节将介绍链表的相关内容，包括链表的概念、链表的实现及链表的操作。

8.2.1 链表的概念

链表是一种动态数据结构，是动态分配存储空间的一种结构，在数据结构中被形象地称为链式存储结构。链表中最常用的是单链表（本节均以单链表为例进行介绍）。单链表的结构示意图如图8.1所示。

图 8.1　单链表的结构示意图

单链表由以下两部分组成。

（1）头指针节点。头指针存储第一个节点的首地址。

（2）链表中的各元素存储在"节点"中，每个节点由两部分组成。

- 数据域：用户需要用的数据。
- 指针域：存储下一个元素节点的地址。

最后一个元素节点称为链表的尾节点，其指针域为 NULL，通常用来判断链表是否结束。

节点的概念及定义

如图 8.1 所示，链表的元素通过指针域进行连接，因此，不需要预先分配固定的内存空间（内存空间可以连续，也可以不连续），链表中的元素可以任意添加或删除。当查找元素时，必须从第一个节点开始，通过第一个节点查找第二个节点的地址，通过第二个节点查找第三个节点的地址，以此类推，直到找到对应的元素或指针域为空。

链表和数组均可用来存储大量的相同数据类型的元素，但在以下几个方面有一定的区别。

（1）数组的元素个数在定义数组时指定，数组长度固定，内存空间大小固定。链表的内存空间分配在执行过程中根据需要动态申请，链表的个数可以根据需要增加或减少。

（2）数组元素的查找通过数组下标和数组首地址确定各元素的地址空间。链表的查找操作必须从第一个节点开始依次查找每个元素。

（3）数组元素的插入和删除必须通过大量移动数据来实现。链表的插入和删除仅需要改变节点的指针的指向。

8.2.2 链表的实现

链表是一种动态数据结构，因此，链表的内存空间是在执行过程中根据实际需要动态申请的。C 语言提供了一些内存管理函数。

1．内存管理函数

1）malloc()函数

函数原型如下：

```
void *malloc(unsigned int size)
```

说明：

（1）malloc()函数的作用是在动态存储区中分配大小为 size 的内存空间，并返回指向该内存空间的首地址。

（2）形参 size 是无符号整数。

（3）函数返回值为指向空类型的指针，若没有提供足够的内存空间，则返回空指针 NULL。

（4）若需要返回指向整型或其他类型的指针，则需要利用强制类型转换将其从指向空类型的指针转换为所需类型。

示例如下：

```
int *pi;
pi=(int *)malloc(sizeof(int));
```

2）calloc()函数

函数原型如下：

```
void *calloc(unsigned int n, unsigned int size)
```

作用：分配 n 个同一类型的、大小为 size 字节的连续存储空间。若分配成功则函数返回分配的存储空间的首地址，否则返回空指针。

calloc()函数可以为数组动态分配内存空间，其中，n 代表数组元素的个数，size 代表每个数组元素所占的内存空间。

示例如下：

```
double *pd;
pd=(double *)calloc(10,sizeof(double));
```

3）free()函数

函数原型如下：

```
void free(void *p)
```

作用：释放指针 p 所指向的内存空间。

需要注意的是，参数指针变量 p 指向的必须是由动态分配函数所分配的存储空间，该函数没有返回值。

示例如下：

```
int *p;
p=(int *)malloc(sizeof(int));
  …
free(p);//释放 p 所指向的由 malloc()函数分配的内存区域
```

2．单链表的创建

1）链表节点的定义

单链表是由若干节点通过指针域的指向连接起来的一个链。每个节点可以包含若干数据项成员和指针域，可以看出，节点应该定义为结构体类型。

示例如下：

```
struct Student
{   char no[20];
    char name[20];      //数据域
    float score;
    struct Student *next;//指针域
};
```

2）链表的创建

链表的创建过程实际上就是不断地在已存在链表的尾部插入元素。每添加一个元素都需要动态分配所需的内存空间，在创建链表的过程中，需要设置 3 个指针变量。

- head：头指针，指向第一个元素节点的首地址。当链表为空时，头指针为 NULL。

- p：指向新分配节点内存空间的指针变量。
- tail：尾指针，指向链表的最后一个节点，tail->next 为 NULL。

（1）创建初始链表（将头指针指向第一个节点的首地址），如图 8.2 所示。

   （a）空表   （b）创建节点   （c）头指针指向第一个节点

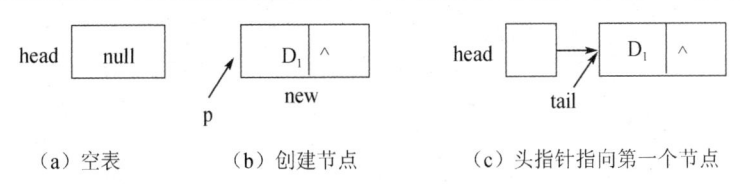

图 8.2 创建初始链表

（2）循环地在链表尾部插入新节点，如图 8.3 所示。

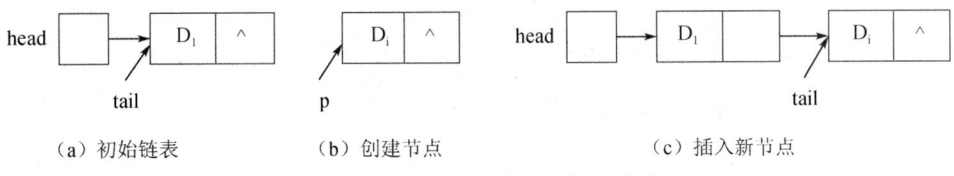

   （a）初始链表   （b）创建节点   （c）插入新节点

图 8.3 循环地在链表尾部插入节点

【例 8.10】编写 create()函数及 print()函数，创建长度为 3 的学生信息链表并对该链表进行遍历，输出所有学生的信息。

```
#include <stdio.h>
#include <stdlib.h>
struct Student
{   char no[20];
    char name[20];
    float score;                    //数据域
    struct Student *next;           //指针域
};
//创建一个包含头指针的链表，并返回该链表的头指针
struct Student *create()
{
    struct Student *head,*p,*tail;
    head=NULL;                      //创建空链表，head 的初始值为 NULL
    //创建初始链表
    p=(struct Student*)malloc(sizeof(struct Student));  //分配节点的内存空间
    scanf("%s%s%f",p->no,p->name,&p->score);            //为节点数据域赋值
    p->next=NULL;                   //新节点为链表的尾节点，指针域为 NULL
    head=p;                         //当前节点为第一个节点，为头指针赋值
    tail=p;                         //当前节点为最后一个节点，为尾指针赋值
    //循环地在链表尾部插入新节点
    int i;
    for(i=0;i<2;i++)
    {
        p=(struct Student*)malloc(sizeof(struct Student));
        scanf("%s%s%f",p->no,p->name,&p->score);
        p->next=NULL;
        tail->next=p;
```

链表的遍历

```
            tail=p;
        }
        return head;
}
void print(struct Student *head)
{
    struct Student *q;
    if(head==NULL)
        printf("该链表为空表");
    else{
        q=head;//q 指针指向第一个节点元素
        while(q!= NULL){
            printf("%s\t%s\t%.2f\n",q->no,q->name,q->score);
            q=q->next;//q 指针指向下一个节点元素
        }
    }
}
int main()
{
    struct Student *head=create();
    print(head);
    return 0;
}
```

由上述程序可以看出，插入第一个节点和其余节点的区别很小，因此，create()函数可以改写为如下形式：

```
struct Student *create()
{
    struct Student *head,*p,*tail;
    head=NULL;//创建空链表，head 的初始值为 NULL
    //插入新节点，其中第一个节点连接在头指针后，其余节点连接到链表尾部
    int i;
    for(i=0;i<3;i++)
    {
        p=(struct Student*)malloc(sizeof(struct Student));
        scanf("%s%s%f",p->no,p->name,&p->score);
        p->next=NULL;
        if(i==0)//第一个节点连接到头指针的后面
            head=p;
        else
            tail->next=p;//插入链表的尾部
        tail=p;
    }
    return head;
}
```

8.2.3 链表的操作

链表和数组都是线性表的一种，其操作主要包括插入、更新和删除等。

1. 删除链表中指定的节点

算法分析：首先找到指定的节点，然后对指定节点进行删除。链表中的节点的删除并不是真正从内存中删除，仅仅是将该节点从链表中分离出来。删除链表中的指定节点需要使用两个指针变量。

- p：指向当前删除的节点，初始值指向第一个节点。
- q：指向被删除节点的前一个节点。

节点的删除如图 8.4 所示。

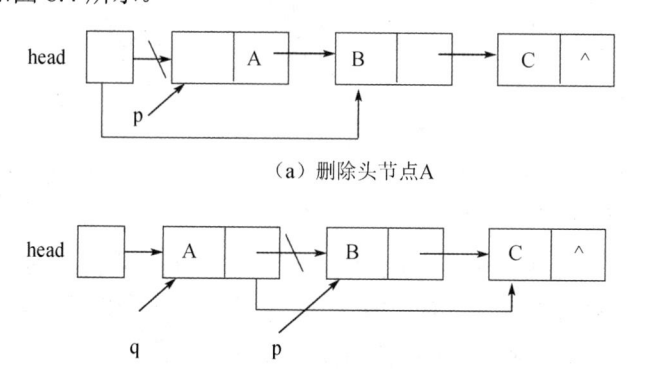

（a）删除头节点A

（b）删除非头节点B

图 8.4 节点的删除

【例 8.11】编写函数 deleteNode()，完成删除单链表中指定节点的操作。

```
//功能：删除单链表中指定学号的学生
struct Student *deleteNode(struct Student *head,char *no)
{
    struct Student *p,*q;
    if(head==NULL)
    {
        printf("该链表为空表");
    }
    else
    {
        p=head;
        //循环查找学号为 no 的学生
        while(p->next!= NULL&&strcmp(p->no,no)!=0)
        {
            q=p;
            p=p->next;
        }
        //若 p 的 no 与参数的 no 相等，则找到对应的节点，执行删除操作
        if(strcmp(p->no,no)==0)
        {
            if(head==p)
            {//p 为头节点，改变头指针的值
                head=p->next;
```

```
            }
            else
            {   //改变p的前一个节点q的指针域
                q->next=p->next;
            }
            free(p);
        }
        else
        {
            printf("找不到学号为%s的节点",no);
        }
    }
    return head;
}
```

2. 将节点插入链表的指定位置

算法分析：首先动态地分配内存，创建新节点，找到节点插入的位置，然后将已知节点插入指定的位置。插入节点需要使用3个指针变量。

链表元素的插入

- p：指向插入位置当前的节点，初始值指向第一个节点。
- q：指向插入位置的前一个节点，初始值指向第一个节点。
- t：指向待插入的新分配节点。

插入节点，如图8.5所示。

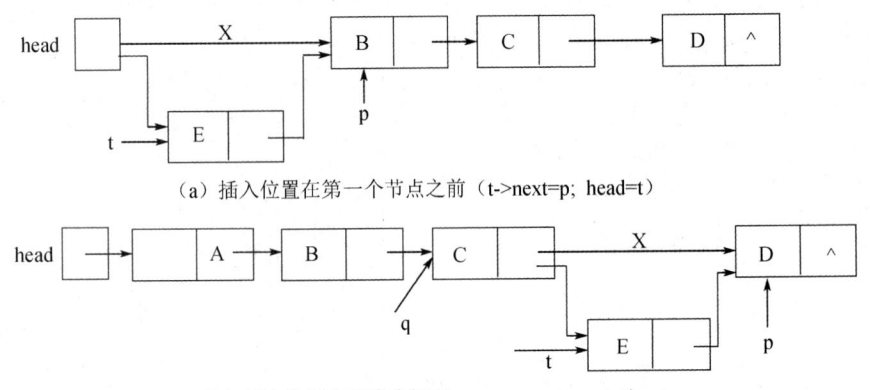

（a）插入位置在第一个节点之前（t->next=p; head=t）

（b）插入位置在链表中间（t->next=p; q->next=t）

图 8.5 插入节点

【例 8.12】编写函数 insert()，将节点插入链表的指定位置。假设学生链表有序，插入节点后使链表仍然有序。

```
//功能：将节点插入链表的指定位置，链表按成绩有序排列
struct Student *insert(struct Student *head,struct Student *node)
{
    struct Student *p,*q,*t;
    p=head;
    t=node;
    if(head==NULL)
    {   //原链表为空表，新插入节点既是头节点也是尾节点
```

```
            head=t;
            t->next=NULL;
        }
        else
        {
            //循环查找插入节点的位置（第一个大于当前节点成绩的节点位置）
            while(p->score<t->score&&p->next!=NULL)
            {
                q=p;
                p=p->next;
            }
            //判断插入节点的位置，在头节点之前、链表中间还是尾节点之后
            if(p->score>=t->score)
            {
                if(p==head)
                {   //插入位置在头节点之前
                    head=t;
                    t->next=p;
                }
                else
                {   //插入位置在链表中间
                    q->next=t;
                    t->next=p;
                }
            }
            else
            {   //插入位置在尾节点之后
                p->next=t;
                t->next=NULL;
            }
        }
    return head;
}
```

上述函数完整的调用格式如下：

```
int main(){
    struct Student *head=create();   //调用create()函数创建链表
    printf("******创建好的链表信息*****\n");
    print(head);                     //调用print()函数查看链表信息
    printf("请输入要删除学生的学号: ");
    char no[20];
    scanf("%s",no);
    head=deleteNode(head,no);        //调用deleteNode()函数删除指定节点
    printf("******删除节点后的链表信息*****\n");
    print(head);
    struct Student *node;
    node=(struct Student*)malloc(sizeof(struct Student));
    printf("请输入待插入学生的学号、姓名和成绩: ");
```

```
        scanf("%s%s%f",node->no,node->name,&node->score);
        head=insert(head,node);              //将节点插入链表的指定位置
        printf("******插入新节点后的链表信息*****\n");
        print(head);
        return 0;
}
```

8.3 共用体类型和枚举类型

共用体是指将不同的数据项保存在同一段内存单元的一种构造数据类型，它的类型说明和变量定义与结构体的类型说明和变量定义的方式基本相同，两者质的区别仅在于使用内存的方式。枚举是指把变量的值一一列举出来，以后该变量的取值范围只能是列举出来的值。本节将分别介绍共用体类型与枚举类型的定义、使用和初始化。

8.3.1 共用体类型的定义、使用和初始化

1. 共用体类型的定义和变量定义

定义共用体类型一般使用如下形式：

```
union 共用体名
{ 数据类型   成员名1;
  数据类型   成员名2;
  …
  数据类型   成员名n;
};
```

示例如下：

```
union example
{int a;
 long b;
 char ch;
};
```

上述代码定义了一个共用体类型 union example，它由 3 个成员项组成，分别为整型成员项 a、长整型成员项 b 和字符型成员项 ch。

定义共用体类型的变量的方式与定义结构体变量的方式相同：先定义类型，再定义变量；在定义类型的同时定义变量；直接定义共用体类型的变量等。

示例如下：

```
union example  u1;
```

u1 是共用体类型 union example 的变量，该变量的 3 个成员分别需要 2 字节、4 字节和 1 字节。系统在为变量 u1 分配空间时并不是按所有成员所需空间分配的，而是按其成员中字节数最大的数目分配的，即为变量 u1 分配 4 字节的存储空间。可以使用 sizeof 运算符求共用体类型数据的长度。

示例如下：

```
printf("union example size=%d\n",sizeof(union example));
```

或者：

```
printf("union example size=%d\n",sizeof(u1));
```

运行结果都是如下形式：

```
union example size=4
```

2．共用体类型的变量的使用与初始化

使用共用体类型的变量中的成员项与使用结构体变量中的成员项的方法相同，具体如下：

共用体变量名.成员项名

例如，u1.a、u1.b 和 u1.ch 就是引用变量 u1 的 3 个成员项的方法。

由于共用体类型的变量中的各个成员在内存中共占同一段空间，因此一个共用体类型的变量在某一时刻只能保存其中一个成员项的值。示例如下：

```
u1.a=15;
u1.b=150;
u1.ch='A';
```

当引用变量 u1 的值时，只能引用其成员项 ch 的值，即最后一个被赋值的成员项。其他成员项的值被覆盖，无法得到其原始值。

【例 8.13】通过定义指向共用体类型的变量的指针来引用共用体类型的变量的值。

```
union example{
    int a;
    long b;
    char ch;
} u1,*p;
int main(){
    p=&u1; u1.a=100;
    printf(" (*p).a=%d\n", (*p).a);
    p->ch='B';
    printf("p->ch=%c", p->ch);
    return 0;
}
```

程序的运行结果如下：

```
(*p).a=100
p->ch=B
```

同一类型的结构体变量之间可以相互赋值。示例如下：

```
union example u1,u2;
u1.a=100; u2=u1;
printf("u2.a=%d\n",u2.a);
```

程序的运行结果如下：

```
u2.a=100
```

共用体类型的变量的初始化只能针对一个成员项。示例如下：

```
union example  u1={100};
printf("u1.a=%d\n",u1.a);
```

程序的运行结果如下：

```
u1.a=100
```

如果定义 union example u1={15,100L,'A'};，则编译时会出错。

8.3.2 枚举类型的定义、使用和初始化

定义枚举类型的一般形式如下：

```
enum 枚举名 {枚举符号表};
```

enum 是定义枚举类型的关键字；枚举名是用户定义的枚举类型名，由 enum 和枚举名两部分组成；枚举符号表是一个由逗号分隔的一系列标识符，列出了一个枚举类型的变量可以具有的值。例如，定义如下枚举类型：

```
enum days {Sunday,Monday,Tuesday,Wednesday,Thursday,Friday,Saturday};
```

定义枚举类型的变量可以仿照定义结构体变量的方法，先定义枚举类型，再定义枚举变量；在定义枚举类型的同时定义枚举类型的变量；或者直接定义枚举类型的变量。示例如下：

```
enum days workday;
```

```
enum days{Sunday,Monday,Tuesday,Wednesday,Thursday,Friday,Saturday} workday;
```

```
enum {Sunday,Monday,Tuesday,Wednesday,Thursday,Friday,Saturday} workday;
```

上面定义的 workday 是枚举类型的变量，它的取值只能是 Sunday、Monday、Tuesday、Wednesday、Thursday、Friday 和 Saturday 中的一个。示例如下：

```
workday=Monday;
```

与其他类型的变量的初始化一样，在定义枚举类型的变量时也可以进行初始化。示例如下：

```
enum days workday=Wednesday;
```

上述代码表示定义了枚举变量 workday，同时初始化为 Wednesday。

枚举符号表中的每个标识符都表示一个整数，从花括号中的第一个标识符开始，各标识符分别代表 0,1,2,3,…。示例如下：

```
printf("%d,%d", Sunday, Friday);
```

运行结果如下：

```
0,5
```

可以在定义类型时对枚举标识符进行初始化。示例如下：

```
enum days {Sunday,Monday,Tuesday=100,Wednesday,Thursday,Friday=110,Saturday} ;
```

各个标识符的值如下：

```
Sunday      0
Monday      1
Tuesday     100
Wednesday   101
Thursday    102
Friday      110
Saturday    111
```

枚举符号表中的每个标识符虽然都表示一个整数，但不能将一个整数直接赋给枚举变量，可以用强制类型转换将一个整数代表的枚举常量赋给枚举变量。示例如下：

```
workday=1;
```

上述代码是错误的。

```
workday=(enum days)1;
```

上述代码是正确的，并且与如下代码是等价的：

```
workday= Monday;
```

枚举变量还可以进行比较。
示例如下：

```
if(workday== Monday) printf("Monday");
```

由于枚举符号不是字符串，实质上是一个整型数值，因此不能以字符串的形式输出。示例如下：

```
printf("%s",Sunday);
```

上述代码是错误的。

【例 8.14】输出枚举符号的示例。

```
#include <stdio.h>
int main(){
    enum days{Sunday,Monday,Tuesday,Wednesday,Thursday,Friday,Saturday} ;
    const char *day[]={"Sunday","Monday","Tuesday",
                       "Wednesday","Thursday","Friday","Saturday"};
    int workday;
    for(workday=Sunday; workday<=Saturday; workday++)
        printf("%s\n",day[workday]);
    return 0;
}
```

8.4 类型定义

除了提供标准数据类型、构造数据类型等，C 语言还允许用户使用 typedef 语句定义新的数据类型名代替已有的数据类型名。

类型定义的一般形式如下：

```
typedef 类型名 新类型名
```

其中，"typedef"是关键字，"类型名"是系统定义的标准类型名或用户自定义的构造类型名等，"新类型名"是用户对已有类型命名的新名字。

示例如下：

```
typedef double DOUBLE;
```

将双精度型定义为 DOUBLE，在程序中用 double 和 DOUBLE 都可以定义变量。

例如，DOUBLE x,y;与 double x,y;是等价的。

使用 typedef 可以为结构体类型、共用体类型和枚举类型等定义一个新类型名。示例如下：

```
typedef struct{
    char name[20];
    char sex;
    int age;
    char *address;
}PERSON;
```

新类型名 PERSON 代表上述结构体类型，可以用 PERSON 来定义该结构体变量。示例如下：

```
PERSON p1,p2[20];
```

使用 typedef 还可以定义指针类型和数组类型等。示例如下：

```
typedef char *NAME;
typedef int NUM[100];
```

上述代码定义的 NAME 为字符指针类型，NUM 为整型数组，可以用它们来定义变量。示例如下：

```
NAME student;
NUM a,b;
```

相当于：

```
char *student;
int a[100],b[100];
```

综上所述，使用 typedef 只是用新的类型名代替已有的类型名，用户并没有创建新的数据类型。使用 typedef 进行类型定义不仅可以增加程序的可读性，还可以为程序移植提供方便。

课程设计 4 学生管理程序

1. 设计题目

学生管理程序

2. 设计概要

本次课程设计的目的是在了解了结构体和链表的基础上，灵活运用结构体指针和链表的知识，主要涉及简单管理系统的设计、结构体类型的定义、动态内存空间的分配，以及链表的概念和使用等。

3．系统分析

本次课程设计要实现单链表的创建、插入、删除和查找等操作，从功能上可以分为以下几大模块。

（1）主函数：系统的启动。
（2）建立函数：完成学生链表的创建。
（3）插入函数：在已有的学生链表上添加新的学生节点。
（4）删除函数：删除指定学号的学生节点。
（5）查找函数：查找指定学号的学生是否存在。
（6）输出函数：输出学生链表中所有学生的信息。
（7）起始函数：输入/输出界面设计。

4．总体设计思想

本系统在起始函数中以菜单形式列出对各函数的调用，并根据输入的符号调用相应的模块。单链表可以由头指针唯一确定，这样在设计本系统时使用指针变量作为参数来完成头指针的传递。

5．程序清单

```c
#include <stdio.h>
#include <stdlib.h>
#include <string.h>
struct Student{
    char no[20];
    char name[20];
    float score;
    struct Student* next;
};
//创建一个包含头指针的链表，并返回该链表的头指针
struct Student* create(){
    struct Student* head, * p, * tail;
    head = NULL;
    tail = NULL;
    int i = 0;
    while (1)   {
        p = (struct Student*)malloc(sizeof(struct Student));
        printf("请输入学生信息（学号，姓名，成绩）\n");
        scanf("%s%s%f", p->no, p->name, &p->score);
        if (p->score == -1){
            free(p);
            break;
        }
        p->next = NULL;
        if (i == 0)
```

```c
                head = p;
            else
                tail->next = p;
            tail = p;
            i++;
        }
        return head;
    }
    //功能：将节点插入链表的指定位置，链表按成绩有序排列
    struct Student* insert(struct Student* head){
        struct Student* p, * q, * t;
        struct Student* node;
        node = (struct Student*)malloc(sizeof(struct Student));
        printf("请输入待插入学生的学号、姓名和成绩：\n");
        scanf("%s%s%f", node->no, node->name, &node->score);
        p = q = head;
        t = node;
        if (head == NULL){
            head = t;
            t->next = NULL;
        }
        else{
            while(p->score < t->score && p->next != NULL){
                q = p;
                p = p->next;
            }
            if(p->score >= t->score){
                if (p == head){
                    head = t;
                    t->next = p;
                }
                else{
                    q->next = t;
                    t->next = p;
                }
            }
            else{
                p->next = t;
                t->next = NULL;
            }
        }
        return head;
    }
    //功能：删除单链表中指定学号的学生
    struct Student* deleteNode(struct Student* head, char* no){
        struct Student* p, * q;
        if (head == NULL){
            printf("该链表为空表，无法进行删除操作\n");
```

```c
        }
        else {
            p = q = head;
            while (p->next != NULL && strcmp(p->no, no) != 0){
                q = p;
                p = p->next;
            }
            if (strcmp(p->no, no) == 0){
                if (head == p){
                    head = p->next;
                }
                else{
                    q->next = p->next;
                }
                free(p);
                printf("恭喜您，删除成功！");
            }
            else{
                printf("学号为%s 的节点不存在\n", no);
            }
        }
        return head;
}
//功能：查找单链表中指定学号的学生，若找到则输出该学生的信息
void findNode(struct Student* head, char* no){
    struct Student* p;
    if (head == NULL){
        printf("该链表为空，无法进行查找操作\n");
    }
    else{
        p = head;
        while (p->next != NULL && strcmp(p->no, no) != 0){
            p = p->next;
        }
        if(strcmp(p->no, no) == 0){
            printf("找到学号为%s 的节点\n", no);
            printf("%s\t%s\t%.2f\n", p->no, p->name, p->score);
        }
        else{
            printf("学号为%s 的节点不存在\n", no);
        }
    }
}
//功能：对学生链表进行遍历，输出学生链表中所有学生的信息
void print(struct Student* head){
    struct Student* q;
    q = head;
    if (head == NULL)
```

```c
            printf("对不起，该链表为空表，请先添加学生信息\n");
        else{
            while (q != NULL){
                printf("%s\t%s\t%.2f\n", q->no, q->name, q->score);
                q = q->next;
            }
        }
    }
    //功能：对学生链表进行遍历，输出学生链表中所有学生的信息
    void start(){
        struct Student* head = NULL;
        char no[20];
        int i;
        while (1){
            printf("*************欢迎进入学生管理系统******************\n");
            printf("     1.建立初始学生链表，输入成绩为-1时结束\n");
            printf("     2.添加新学生\n");
            printf("     3.删除指定学号的学生\n");
            printf("     4.按学号查找学生\n");
            printf("     5.输出所有学生的信息\n");
            printf("please choice(1-5): ");
            scanf("%d", &i);/*输入选择的序号*/
            printf("%d", i);
            switch (i) {
            case 1:head = create();
                if (head != NULL){
                    printf("恭喜您，链表创建成功! \n");
                }
                break;
            case 2:head = insert(head); break;
            case 3:printf("请输入要删除学生的学号: ");
                scanf("%s", no);
                head = deleteNode(head, no);
                break;
            case 4:printf("请输入要查找学生的学号: ");
                scanf("%s", no);
                findNode(head, no);
                break;
            case 5:printf("\nThe List:\n"); print(head); break;
            default:printf("请输入正确的功能编号");
            }
        }
    }
    int main(){
        start();
        return 0;
    }
```

本章小结

本章先介绍了 C 语言中用户自定义类型的各种形式，如结构体、共用体和枚举类型，从定义方法上看，它们非常相似。结构体类型名由 struct 和结构体名组成，后面是用一对花括号括起来的若干成员项；共用体类型名由 union 和共用体名组成，后面是用一对花括号括起来的若干成员项；枚举类型名由 enum 和枚举名组成，后面是用一对花括号括起来的若干枚举符号，这些枚举符号表示枚举变量的取值范围。然后介绍了链表的概念、实现及操作等，链表是结构体应用的重要方面，同时提供了一种新的存储结构。最后介绍的 typedef 只是用新的类型名代替已有的类型名，并不产生新的数据类型。读者在学习这些类型定义时，要注意比较，找出其共同点和不同点，以便更好地掌握本章内容。

习题 8

1. 选择题

（1）设有以下说明语句：

```
struct stu{
   int a;
   float b;
} stutype;
```

则下面的叙述正确的是（　　）。

A．struct 是结构体类型名
B．struct stu 是用户定义的结构体变量名
C．stutype 是用户定义的结构体变量名
D．a 和 b 都是结构体变量名

（2）根据以下定义，能输出字母 M 的语句是（　　）。

```
struct person{
   char name[9];
   int age;
}students[10]={{"John",17},{"Paul",19},{"Mary",18},{"Adam",16}};
```

A．printf("%c", students[3].name);
B．printf("%c", students[3].name[1]);
C．printf("%c", students[2].name[1]);
D．printf("%c", students[2].name[0]);

（3）下列程序的运行结果是（　　）。

```
#include <stdio.h>
int main()
{struct cmplx
 {int x;
  int y;
 }cnum[2]={{2,3},{4,5}};
printf("%d",cnum[0].y/cnum[0].x*cnum[1].x);
```

```
    return 0;
}
```

    A．2   B．3   C．4   D．5

（4）以下对变量 stu1 中的成员 age 的引用不合法的是（　　）。

```
struct student
{
    int age;
    int num;
}stu1, *p;
p=&stu1;
```

    A．stu1.age   B．student.age   C．p->age   D．(*p).age

（5）设有以下说明和定义语句，则下列表达式中值为 3 的是（　　）。

```
struct s
{ int i;
    struct s *i2;
};
struct s a[3]={1, &a[1],2,&a[2],3,&a[0]};
struct s *ptr;
ptr=&a[1];
```

    A．ptr->i++   B．ptr++->I   C．*ptr->i   D．++ptr->i

（6）下列程序的运行结果是（　　）。

```
int main()
{   union {
        int n;
        char c;
    } u1;
u1.c='A';
printf("%c\n",u1.n);
return 0;
}
```

    A．产生语法错误   B．随机值   C．A   D．65

（7）已知字符'0'的 ASCII 码值的十进制数是 48，并且数组的第 0 个元素在低位，下列程序的运行结果是（　　）。

```
int main()
{ union {int i[2]
        long k;
        char c[4];
    } r,*s=&r;
    s->i[0]=0x39;
    s->i[1]=0x38;
    printf("%x",s->c[0]);
    return 0;
```

A．39　　　　　　　B．9　　　　　　　C．38　　　　　　　D．8

（8）下列程序的运行结果是（　　）。

```
int main()
{
    typedef  enum { Red,Yellow,Blue=100,White,Black}COLOR;
    printf("%d, %d",White,sizeof(COLOR));
    return 0;
}
```

A．101, 1　　　　　B．101, 4　　　　　C．3, 1　　　　　D．3, 2

（9）设有语句 typedef struct student{char name[20];int age;}S;，则下面的语句描述错误的是（　　）。

A．可以使用 strut student 定义结构体变量

B．可以使用 S 定义结构体变量

C．S 是 struct student 类型的变量

D．typedef 为 struct student 定义了新的类型名

（10）设有以下说明和定义语句：

```
struct student{
    int age;
    char num[8];
};
struct student stu[3]={{20,"20090501"},{21,"20090510"},{19,"20090506"}};
struct student *p = stu;
```

则下列选项中引用结构体变量的成员表达式错误的是（　　）。

A．(*p).num　　　B．(p++)->num　　　C．p->num　　　D．stu[3].num

2．程序阅读题

（1）若一个整型数据占用 4 字节，则下列程序的运行结果是（　　）。

```
union{
    int i;
    char c;
} test;
int main(){
    printf("%d",sizeof(test));
    return 0;
}
```

（2）下列程序的运行结果是（　　）。

```
#include <stdio.h>
struct Student{
    char name[20];
    int age;
}s1={"lily",20};
void fun(struct Student *s){
```

```
    s->age++;
}
int main(){
    fun(&s1);
    printf("%s,%d",s1.name,s1.age);
}
```

（3）下列程序的运行结果是（　　）。

```
#include <stdio.h>
#include <stdlib.h>
struct NODE{
    int num;
    struct NODE *next;
};
int main(){
    struct NODE *p,*q,*r;
    p=(struct NODE*)malloc(sizeof(struct NODE));
    q=(struct NODE*)malloc(sizeof(struct NODE));
    r=(struct NODE*)malloc(sizeof(struct NODE));
    p->num=10;
    q->num=20;
    r->num=30;
    p->next=q;
    q->next=r;
    printf("%d",p->next->num+q->next->num);
    return 0;
}
```

（4）下列程序的运行结果是（　　）。

```
typedef struct Student{
    char name[20];
    int age;
}STU;
int main(){
    STU s[5]={"lily",20,"tom",25,"lisi",21,"zhangsan",19,"lucy",22};
    int i;
    int sum=0;
    for(i=0;i<5;i+=2){
        sum=sum+s[i].age;
    }
    printf("sum=%d",sum);
    return 0;
}
```

3．有 10 个职工，每个职工的信息包括姓名、基本工资、补贴和水电费。计算每个职工的实发工资并输出。

4．有 5 个学生，每个学生的信息包括学号、姓名和成绩，要求按成绩递增排序并输出。

（1）学生信息的输入和输出在主函数中实现。

（2）按成绩递增排序在 sort_incr()函数中实现。

5．有一批图书，每本书要登记作者姓名、书名、出版社、出版年月和价格等信息，试编写一个程序完成下列任务。

（1）读入每本书的信息并存入数组中。

（2）输出价格在 20.50 元以上的图书的书名。

（3）输出 2000 年以后出版的图书的书名和作者名。

6．取月份作为枚举常量，设 1 月的序号为 1，2 月的序号为 2，以此类推。编写程序求 7 月的序号并显示其英文名。

7．已知 head 指向一个带头节点的单向链表，链表中的每个节点包含数据域（data）和指针域（next），数据域为整型。请分别编写函数，在链表中查找数据域值最大的节点。

（1）由函数返回找到的最大值。

（2）由函数返回最大值所在节点的地址值。

第 9 章

文件

前面介绍了 C 语言的基本组成部分，这些基本组成部分都是为数据处理服务的，而数据的输出和输入都以终端为对象，即从键盘输入数据，运行结果输出到终端显示器上。实际上，常常需要处理大量的数据，这些数据以文件的形式存储在外部介质（如磁盘）上，当需要时可以从磁盘调入计算机内存中，处理完后输出到磁盘上存储起来。

文件是存储在外部介质上的数据的集合，是程序设计中一个重要的概念。系统以文件为单位对数据进行管理，也就是说，如果想找存储在外部介质上的数据，就必须先按文件名找到指定的文件，然后从该文件中读取数据。要向外部介质上存储数据也必须先建立一个文件（以文件名为标识），才能向它输出数据。

在 C 语言中，文件的输入和输出由库函数来完成。C 语言中没有用于完成文件输入/输出操作的专用语句。ANSI 标准中定义了一组完整的输入/输出操作函数。旧的 UNIX 标准中还定义了另外一组输入/输出操作函数。在这两个标准中，第一组函数叫作缓冲型文件系统（Buffered File System），有时也叫作格式文件系统或高级文件系统。而 UNIX 中的第二组函数叫作非缓冲型文件系统，也叫作非格式文件系统或低级文件系统，它仅仅是 UNIX 标准定义的。

ANSI 标准没有定义非缓冲型文件系统有多个原因，其中的一个重要原因是非缓冲型文件系统用得越来越少，定义两组输入/输出操作函数实在太多余了，因此建议新程序最好按照 ANSI 标准的输入/输出函数来编写。目前，这两个标准都被广泛应用，Dev-C++支持这两个标准。本章侧重于介绍 ANSI 标准的缓冲型文件系统，并且以 Dev-C++的文件系统为例讲述。Dev-C++缓冲型文件输入/输出函数的函数原型说明、一些预定义类型和常数都包含在头文件 stdio.h 和 stdlib.h 中，支持非缓冲型文件的输入/输出函数包含在头文件 io.h 中。本章重点介绍缓冲型文件系统，忽略非缓冲型文件系统。

1. 流和文件

首先要搞清楚流和文件这两个概念的区别。C 语言把文件看作一个字符的序列，即由一个个字符的数据流组成，一个文件是一个字符流。在 C 语言中对文件的存取是以字符为单位的，这种文件称为流式文件。C 语言允许对文件存取一个字符，这增加了处理的灵活性。

C 语言的输入/输出系统在编程者和被使用的设备之间提供了一个统一的接口，与具体的被访问设备无关。也就是说，C 语言的输入/输出系统在编程者和使用设备之间提供了一层抽象的东西，这个抽象的东西就叫作流。具体的实际设备叫作文件。

　　缓冲型文件系统在设计上可以支持多种不同的设备，包括终端、磁盘驱动器和磁带机等。虽然各种设备的差别很大，但是缓冲型文件系统把每个设备都转换为逻辑设备，叫作流。所有的流都具有相同的行为，因为流在很大程度上与设备无关，这样，一个用来进行磁盘文件写入操作的函数也可以进行控制台写入。C 语言提供了两种类型的流，分别为文本流和二进制流。

　　一个文本流是一行行的字符，换行符表示这一行的结束。ANSI 标准规定，换行符取决于所使用的环境工具程序，是可选的。在一个文件流中，某些字符的变换由环境工具的需要来决定。例如，一个换行符可以变换为回车换行，这是 Dev-C++的工作方式。因此，所读/写的字符与外围设备中的字符没有一一对应的关系，并且所读/写的字符个数与外围设备中的也可以不同。

　　一个二进制流是由与外围设备中的内容一一对应的系列字节组成的。使用中没有字符翻译过程，并且所读/写的字节数目也与外围设备中的字节数目相同。根据 ANSI 标准的规定，一个二进制流的尾部可以有由工具程序所定义的一定数目的空字节，这些空字节可以用来插入一些信息，如加一些空字节使一个流占满磁盘的一个扇区。

　　在 C 语言中，文件是一个逻辑概念，可以用来表示从磁盘文件到终端等所有的东西。用一个打开操作可以使流和一个特定的文件建立联系。一旦一个文件被打开，程序就可以与该文件交换信息。

　　并不是所有的文件都有相同的功能。例如，一个磁盘文件可以随机存取，但一个终端就不行。这说明了 C 语言的输入/输出系统的一个重要观点：所有的流都是相同的，但文件是不同的。

　　如果一个文件支持随机存取（有时称为位置请求），则打开该文件时先把文件位置指示器设置到它的开头处。每当从该文件中读取或写入一个字符后，该位置指示器就增加，以保证整个文件的读/写顺序。

　　关闭操作可以使文件脱离一个特定的流。对于一个打开的输出流，关闭这个流时将与这个流有关的缓冲区的内容写到外围设备上，这个过程一般叫作刷新这个流，以保证没有残存信息留在磁盘缓冲区内。当程序按正常情况由调用 main()函数来结束并返回系统时，或者以调用在 stdlib.h 文件中定义的 exit()函数返回系统时，所有的文件都将自动关闭。假如程序调用 abort()函数或由于运行出错而中断，文件不会关闭，而缓冲区内的内容将无法写回到文件中，从而造成信息的丢失。

　　每个与文件相结合的流都有一个文件型的控制结构，在头文件 stdio.h 中定义了这个结构。

　　对于编程人员来说，所有的输入/输出都是通过流来进行的。所有的流都相同，都是一系列字符。文件输入/输出系统把流与文件（即那些有输入/输出功能的外围设备）连接起来。由于各个设备有不同的功能，因此文件各不相同，但这种差别对于编程人员来说是很小的。C 语言的输入/输出系统把来自设备的原信息转换到流中，或者反过来把流中的信息转换给各设备。除了需要了解哪类文件可以随机存取，编程人员可以不必考虑具体的物理设备,而只针对流这个逻辑设备,自由地考虑编程问题即可。在 C 语言中,编程人员只要掌握了流这个概念,并且只使用一个文件系统就可以完成全部的输入/输出操作。

2. 标准设备文件

在开始执行一个程序时,常用的 3 个预定义流对象 cin、cout 和 cerr 就被打开。这 3 个预定义流对象是与系统相连接的标准输入/输出设备。其中,cin 指的是标准输入设备,即键盘;cout 指的是标准输出设备,即终端显示器;cerr 指的是标准出错输出设备,一般是终端显示器。

前面各章涉及的数据输入/输出都是针对标准输入/输出设备而言的。

控制台输入/输出是指计算机键盘和显示器屏幕上的操作。由于控制台的输入/输出操作用得最多,因此它的输入/输出由缓冲型文件系统的一个专用子系统来完成。从技术上讲,这些函数用来完成系统标准输入和标准输出。包括 DOS 系统在内的很多系统,控制台输入/输出可以重定向到其他的设备。

9.1 文件类型指针

缓冲型文件系统由若干有内在联系的函数构成。这些函数定义了文件的许多东西,包括文件名、状态和当前位置。其中,文件结构指针是缓冲型文件系统的关键概念。

文件结构指针是一个指向文件有关信息的指针,这些信息定义了文件的文件名、状态和当前位置。在概念上,文件结构指针标志着一个指定的磁盘文件。与文件结构指针组合的流用来告诉系统的每个缓冲型输入/输出函数应该到什么地方完成操作。文件结构指针是一个文件型指针变量,在头文件 stdio.h 中已定义,定义如下:

```
/*Definition of the control structure for streams*/
typedef struct
{
    short         level;        /*fill/empty level of buffer*/
    unsigned      flags;        /*File status flags*/
    char          fd;           /*File descriptor*/
    unsigned char hold;         /*Ungetc char if no buffer*/
    short         bsize;        /*Buffer size*/
    unsigned char *buffer;      /*Data transfer buffer*/
    unsigned char *curp;        /*Current active pointer*/
    unsigned      istemp;       /*Temporary file indicator*/
    short         token;        /*Used for validity checking*/
} FILE;                         /*This is the FILE object*/
```

下面定义一个文件型指针变量:

```
FILE *fp;
```

其中,fp 就是一个指向文件型结构的指针变量,通过该文件指针变量就可以找到与它相关联的文件,从而对文件进行读/写操作。在对文件进行读/写操作时,可以假设有一个文件位置指针,用于指示文件中的读/写位置,也称为当前位置。对文件进行的读/写操作都在当前位置进行。文件位置指针随着读/写操作的进行而移动。

9.2 文件的打开与关闭

同其他语言一样，C 语言规定在对文件进行读/写操作之前应该首先打开该文件，在操作结束之后应关闭该文件。

1．fopen()函数

使用 fopen()函数可以打开一个流并把一个文件与这个流连接。最常用的文件是磁盘文件（这也是本章讨论的主要对象）。调用 fopen()函数的语法格式如下：

```
FILE *fp;
fp=fopen(filename,mode);
```

其中，filename 必须是一个字符串组成的有效文件名，文件名允许带有路径名（路径包括绝对路径和相对路径）。在使用带有路径名的文件名时，一定要注意"\"的使用。例如，在 DOS 环境下，正确表示的带有路径名的文件名为 c:\tc\hello.c。

mode 是说明文件打开方式的字符串，在 Dev-C++中，有效的 mode 值如表 9.1 所示。

表 9.1 有效的 mode 值

文件操作方式	含义	指定文件不存在时	指定文件存在时
"r"	打开一个文本文件进行只读操作	出错	正常打开
"w"	生成一个文本文件进行只写操作	建立新文件	原文件内容丢失
"a"	对一个文本文件添加内容	建立新文件	在原文件尾部追加数据
"rb"	打开一个二进制文件进行只读操作	出错	正常打开
"wb"	生成一个二进制文件进行只写操作	建立新文件	原文件内容丢失
"ab"	对一个二进制文件添加内容	建立新文件	在原文件尾部追加数据
"r+"	打开一个文本文件进行读/写操作	出错	正常打开
"w+"	生成一个文本文件进行读/写操作	建立新文件	原文件内容丢失
"a+"	打开或生成一个文本文件进行读/写操作	建立新文件	在原文件尾部追加数据
"rb+"	打开一个二进制文件进行读/写操作	出错	正常打开
"wb+"	生成一个二进制文件进行读/写操作	建立新文件	原文件内容丢失
"ab+"	打开或生成一个二进制文件进行读/写操作	建立新文件	在原文件尾部追加数据

如表 9.1 所示，一个文件可以用文本模式或二进制模式打开。如果采用文本模式，在输入时，"回车换行"译为"另起一行"；在输出时就反过来，把"另起一行"译为"回车换行"指令序列。但是二进制文件中没有这种翻译过程。

使用 fopen()函数如果成功地打开所指定的文件，则返回指向新打开文件的指针，并且假想的文件位置指针指向文件首部；如果未能打开文件，则返回一个空指针。

【例 9.1】如果想打开一个名为 test .txt 的文件并准备写操作，则可以使用如下语句。

```
FILE *fp;
fp=fopen("test.txt","w");
```

其中，fp 是一个文件型指针变量。下面的用法比较常见：

```
if ((fp=fopen("test.txt","w"))==NULL)
{
    puts("不能打开此文件 \ n");
    exit (1);
}
```

这种用法可以在写文件之前先检验已打开的文件是否有错,如写保护或磁盘已写满等。例 9.1 中使用了 NULL,也就是 0,因为没有文件指针会等于 0。NULL 是 stdio.h 文件中定义的一个宏。

需要说明以下几点。

(1)在打开一个文件作为读操作时,该文件必须存在。如果文件不存在,则返回出错信息。

(2)当以"r"方式或"rb"方式打开一个文件时,只能对该文件进行读取而不能对该文件进行写入。

(3)当以"w"方式或"wb"方式打开一个文件准备写操作时,如果该文件存在,则文件中原有的内容将被全部抹掉,并开始保存新内容;如果文件不存在,则建立这个文件。以"w"方式或"wb"方式打开一个文件,只能对该文件进行写入而不能对该文件进行读取。

(4)当以"r+"方式或"rb+"方式打开一个文件进行读/写操作时,该文件必须存在,如果文件不存在,则返回出错信息。

(5)当以"w+"方式或"wb+"方式打开一个文件进行读/写操作时,如果该文件存在,则文件中原有的内容将被抹掉;如果该文件不存在,则建立这个文件。

(6)当以"a"方式、"ab"方式、"a+"方式或"ab+"方式打开一个文件时,要在文件的尾部再加一些内容,在打开文件时,如果该文件存在,则文件中原有的内容不会被抹掉,文件位置指针指向文件尾部;如果该文件不存在,则建立这个文件。

2. fclose()函数

fclose()函数用来关闭使用 fopen()函数打开的流。必须在程序结束之前关闭所有的流。fclose()函数把留在磁盘缓冲区中的内容都传给文件,并执行正规的系统级的文件关闭。文件未关闭会引起很多问题,如数据丢失、文件损坏及其他一些错误。fclose()函数释放了与这个流有关的文件控制块,以便再次被使用。(系统有时需要同时打开多个文件。例如,在 DOS 系统中,可以在 config.sys 配置文件中确定同时被打开文件的个数,如 files=40,但实际上可以使用的文件并没有 40 个,因为有几个文件是系统自动打开的,它们是以隐含的方式实现的。)

fclose()函数的调用形式如下:

```
fclose(fp);
```

其中,fp 是调用 fopen()函数时返回的文件指针。在使用完一个文件后应该将其关闭,以防止它被误操作。若关闭文件成功,则 fclose()函数的返回值为 0;若 fclose()函数的返回值不为 0,则说明出现错误。通常,只是在磁盘已被取出驱动器或磁盘已写满时才会出现关闭文件错误。可以使用标准函数 ferror()来确定和显示错误类型。

9.3 文件的读/写操作

打开文件之后，就可以对它进行读/写操作。常用的读/写函数有如下几个。

1. fputc()函数、fgetc()函数和 feof()函数

（1）fputc()函数用来向一个已使用 fopen()函数打开的写操作流中写一个字符。

调用 fputc()函数的语法格式如下：

```
fputc(ch,fp);
```

其中，fp 是由 fopen()函数返回的文件指针，ch 表示输出的字符变量。fputc()函数将字符变量值输出到文件指针 fp 所指文件中当前的位置上。若 fputc()函数操作成功，则返回值就是那个输出的字符；若操作失败，则返回 EOF（EOF 是 stdio.h 文件中定义的一个宏，其含义是"文件结束"）。为了编写方便，在 stdio.h 文件中已经定义了一个宏 putc()：

```
#define putc(ch,fp) fputc(ch,fp)
```

因此，可以将 putc()与 fputc()作为相同的函数来对待。

（2）fgetc()函数用来从一个已使用 fopen()函数打开的读操作流中读取一个字符。

调用 fgetc()函数的语法格式如下：

```
fgetc(fp);
```

其中，fp 是由 fopen()函数返回的文件指针。fgetc()函数返回文件指针所指文件中当前位置上的字符。当读到文件尾部时，fgetc()函数返回一个 EOF 文件结束标记，其不能在屏幕上显示。同样，为了编写方便，在 stdio.h 文件中已经定义了一个宏 getc()：

```
#define getc(fp) fgetc(fp)
```

【例 9.2】下面的程序段可以从文件首部一直读到文件尾部。

```
FILE *fp;
char ch;
fp=fopen("test.txt","r");
ch=fgetc(fp);
while(ch!=EOF){
   printf("%c",ch);
   ch=fgetc(fp);
}
```

这只适用于读文本文件，不能用于读二进制文件。当一个二进制文件被打开输入时，可能会读到一个等于 EOF 的整型数值，因此，可能出现读入一个有用数据而被处理为"文件结束"的问题。为了解决这个问题，C 语言提供了一个判断文件是否真的结束的函数，即 feof()函数。

（3）feof()函数。

为了解决在读二进制数据时文件是否真的结束这个问题，Dev-C++定义了 feof()函数。调用 feof()函数的语法

格式如下：

```
feof(fp);
```

其中，fp 是由 fopen()函数返回的文件指针。feof()函数将返回一个整型值，当到达文件结束点时其值为 1，当未到达文件结束点时其值为 0。

【例 9.3】下面的语句可以从二进制文件首部一直读到文件尾部。

```
while(!feof(fp))
    ch=getc(fp);
```

上述语句对文本文件同样适用，即对任何类型的文件都有效，所以建议使用 feof()函数来判断文件是否结束。

2．getw()函数和 putw()函数

除了 getc()函数和 putc()函数，C 语言还提供了另外两个缓冲型输入/输出函数，分别为 getw()函数和 putw()函数。它们用于从磁盘文件中读或写一个整型数据（一个字）。这两个函数的用法与 getc()函数和 putc()函数的用法完全相同，不同之处在于读/写的是整型数据而不是字符。

【例 9.4】下面的语句用来向文件指针 fp 所指的磁盘文件中的当前位置写一个整型数据。

```
putw(100,fp);
```

3．fgets()函数和 fputs()函数

C 语言提供的缓冲型输入/输出系统中还有两个函数，分别为 fgets()函数和 fputs()函数，用来读/写字符串。调用 fgets()函数的语法格式如下：

```
fgets(str,length,fp);
```

调用 fputs()函数的语法格式如下：

```
fputs(str,fp);
```

其中，str 是字符指针，length 是整型值，fp 是文件指针。fgets()函数从 fp 指定的文件的当前位置读取字符串，直至读到换行符或第 length-1 个字符或遇到 EOF 为止。如果读入的是换行符，则它将作为字符串的一部分（这与 gets()函数不同）。当操作成功时，返回 str；若发生错误或到达文件尾部，则 fgets()函数返回一个空指针。

fputs()函数与 puts()函数几乎完全一样，只是 fputs()函数用来向 fp 指定的文件的当前位置写字符串。当操作成功时，fputs()函数返回 0；当操作失败时，fputs()函数返回非 0 值。

【例 9.5】从指定文件中读取一个字符串。

```
fgets(str,100,fp);
```

向指定的文件输出一个字符串。

```
fputs("guan-zhi@163.com",fp);
```

4．fread()函数和 fwrite()函数

fread()和 fwrite()是缓冲型输入/输出系统中提供的两个用来读/写数据块的函数。

fread()函数和 fwrite()函数的使用

调用 fread()函数的语法格式如下：

```
fread(buffer,num_bytes,count,fp);
```

调用 fwrite()函数的语法格式如下：

```
fwrite(buffer,num_bytes,count,fp);
```

对于 fread()函数，buffer 是一个指针，指向用来存储从文件中读出的那些数据的地址。对于 fwrite()函数，buffer 指向存储将被写到文件中的那些数据的地址。读/写的字节数用 num_bytes 来表示。参数 count 指示共有多少个字段（每个字段的长度为 num_bytes）要被读/写。fp 是一个有效的文件指针。

当 fread()函数操作成功时，返回实际读取的字段个数 count；当到达文件尾部或出现错误时，返回值小于 count。当 fwrite()函数操作成功时，返回实际所写的字段个数 count。如果返回值小于 count，则说明发生了错误。

【例 9.6】 如果文件以二进制的方式打开，则可以用 fread()函数和 fwrite()函数读/写任何类型的信息。

```
fread(f,4,2,fp);
```

或者：

```
fwrite(f,4,2,fp);
```

5．fprintf()函数和 fscanf()函数

除了基本输入/输出函数，缓冲型输入/输出系统中还有 fprintf()函数和 fscanf()函数。这两个函数的功能与 printf()函数和 scanf()函数的功能完全相同，但其操作对象是磁盘文件。

fprintf()函数和 fscanf()函数的使用

调用 fprintf()函数的语法格式如下：

```
fprintf(fp, "控制字符串",参数表);
```

调用 fscanf()函数的语法格式如下：

```
fscanf(fp, "控制字符串",参数表);
```

其中，fp 是一个有效的文件指针，控制字符串和参数表与 printf()函数和 scanf()函数的一样。这两个函数将其输入/输出指向由 fp 确定的文件。

fprintf()函数操作成功时返回实际被写的字符个数，出现错误时返回一个负数。fscanf()函数操作成功时返回实际被赋值的参数个数，若返回 EOF 则表示试图读取超过文件尾部的部分。

【例 9.7】 按格式实现文件 fp 与变量 i、t 之间的输入/输出操作。

```
fprintf(fp, "%d,%6.2f",i,t);
```

或者：

```
fscanf(fp, "%d,%f",&i,&t);
```

需要注意的是，虽然使用 fprintf()函数和 fscanf()函数是向磁盘文件读/写各种数据最容易的方法，但效率并不一定最高。因为这两个函数以格式化的 ASCII 数据而不是二进制数

据进行输入/输出,与在屏幕上显示是相同的。如果要求速度快或文件很长,则应使用 fread() 函数和 fwrite()函数。

实训 22 文件加密程序的实现及文件的读/写操作

1. 实训目的

掌握文件的打开、读/写和关闭的过程。

2. 实训内容

(1)编写一个简单的任何类型文件加密的程序,把加密后的文件保存在另一个文件中,加密过程利用位运算。

```c
#include <stdio.h>
#include <stdlib.h>
int main(){
    FILE *in,*out;
    char ch,infile[10],outfile[10];
    printf("请输入原文件名:\n");
    scanf("%s",infile);
    printf("请输入加密文件名:\n");
    scanf("%s",outfile);
    if ((in=fopen(infile,"rb"))==NULL){
        printf("原文件不能打开!\n");
        exit(0);
    }
    if ((out=fopen(outfile,"wb"))==NULL){
        printf("加密文件不能打开!\n");
        exit(0);
    }
    while(!feof(in)){
        ch=fgetc(in);
        ch=ch^'g';
        fputc(ch,out);
    }
    fclose(in);
    fclose(out);
    return 0;
}
```

运行程序,根据提示进行操作:

```
请输入原文件名:file1.c↙
请输入加密文件名:file2.c↙
```

程序的运行结果是将 file1.c 文件中的每个字节与字符'g'进行异或操作,并写到 file2.c 文件中。

(2)编写一条简单的 DOS 命令——TYPE 命令。

```c
#include <stdio.h>
#include <stdlib.h>
```

```
int main(){
    FILE *in;
    char ch,infile[10];
    printf("请输入原文件名：\n");
    scanf("%s",infile);
    if ((in=fopen(infile,"r"))==NULL){
        printf("原文件不能打开！\n");
        exit(0);
    }
    while(!feof(in)){
        ch=fgetc(in);
        putchar(ch);
    }
    fclose(in);
    return 0;
}
```

运行程序，根据提示进行操作：

请输入原文件名：file1.c↙

程序的运行结果是将 file1.c 文件中的每个字节显示出来。

（3）编写一条简单的 DOS 命令——COPY 命令。

```
#include <stdio.h>
#include <stdlib.h>
int main(){
    FILE *in,*out;
    char infile[10],outfile[10];
    printf("请输入原文件名：\n");
    scanf("%s",infile);
    printf("请输入目标文件名：\n");
    scanf("%s",outfile);
    if ((in=fopen(infile,"r"))==NULL){
        printf("原文件不能打开！\n");
        exit(0);
    }
    if ((out=fopen(outfile,"w"))==NULL){
        printf("目标文件不能打开！\n");
        exit(0);
    }
    while(!feof(in))
        putw(getw(in),out);
    fclose(in);
    fclose(out);
    return 0;
}
```

运行程序，根据提示进行操作：

请输入原文件名：file1.c↙
请输入目标文件名：file2.c↙

程序的运行结果是将 file1.c 文件中的内容复制到 file2.c 文件中。

（4）有 5 个学生，每个学生有 3 门课程的成绩，从键盘上输入数据（其中包括学生的学号、姓名和 3 门课程的成绩），计算平均分，并将原有数据和计算出的平均分保存在磁盘文件 stud.dat 中。

```c
#include <stdio.h>
#include <stdlib.h>
#define SIZE 5
struct student_type{
    char name[10];
    int num;
    int score[3];
    int ave;
};
struct student_type stud[SIZE];
int main(){
    void save();
    int i,sum[SIZE];
    FILE *fp1;
    for(i=0;i<SIZE;i++)
    sum[i]=0;
for(i=0;i<SIZE;i++){
    scanf("%s %d %d %d %d",stud[i].name,&stud[i].num,&stud[i].score[0],
    &stud[i].score[1],&stud[i].score[2]);
    sum[i]=stud[i].score[0]+stud[i].score[1]+stud[i].score[2];
    stud[i].ave=sum[i]/3;
}
save();
fp1=fopen("stud.dat","rb");
printf("\n 姓名   学号   成绩1  成绩2  成绩3  平均分\n");
printf("-----------------------------------------------\n");
for(i=0;i<SIZE;i++){
    fread(&stud[i],sizeof(struct student_type),1,fp1);
    printf("%-10s %3d %5d %5d %5d %5d\n",stud[i].name,stud[i].num,stud[i].score[0],
    stud[i].score[1],stud[i].score[2],stud[i].ave);
}
fclose(fp1);
return 0;
}
void save(){
FILE *fp;
int i;
if((fp=fopen("stud.dat","wb"))==NULL)   {
    printf("本文件不能打开，出错！\n");
    exit(0);
}
for(i=0;i<SIZE;i++)
```

```
    if(fwrite(&stud[i],sizeof(struct student_type),1,fp)!=1)
      {
        printf("文件写入数据时出错！\n");
        exit(0);
      }
fclose(fp);
}
```

运行程序，根据提示进行操作：

张红 1 80 90 85✓
刘力 2 70 80 77✓
陈明 3 82 91 83✓
崔鹏 4 68 92 85✓
邱雨 5 78 63 81✓

计算出平均分，将原有数据和计算出的平均分保存在磁盘文件 stud.dat 中。
程序的运行结果如下：

姓名	学号	成绩1	成绩2	成绩3	平均分
张红	1	80	90	85	85
刘力	2	70	80	77	75
陈明	3	82	91	83	85
崔鹏	4	68	92	85	81
邱雨	5	78	63	81	74

（5）将上道题目按平均分进行排序处理，并且将已排序的学生数据保存到新文件 stud_sort.dat 中。

```c
#include <stdio.h>
#include <stdlib.h>
#define SIZE 5
struct student_type{
    char name[10];
    int num;
    int score[3];
    int ave;
};
struct student_type stud[SIZE],work;
int main(){
    void sort();
    int i;
    FILE *fp2;
    sort();
    fp2=fopen("stud_sort.dat","rb");
    printf("排完序的学生成绩列表如下：\n");
    printf("---------------------------------------------\n");
    printf("\n 姓名   学号   成绩1   成绩2   成绩3 平均分\n");
    printf("---------------------------------------------\n");
```

```c
        for(i=0;i<SIZE;i++){
            fread(&stud[i],sizeof(struct student_type),1,fp2);
            printf("%-10s %3d %5d %5d %5d\n",stud[i].name,stud[i].num,stud[i].score[0],
            stud[i].score[1],stud[i].score[2],stud[i].ave);
        }
        fclose(fp2);
        return 0;
}
void sort(){
    FILE *fp1,*fp2;
    int i,j;
    if((fp1=fopen("stud.dat","rb"))==NULL){
        printf("本文件不能打开,出错!\n");
        exit(0);
    }
    if((fp2=fopen("stud_sort.dat","wb"))==NULL){
        printf("文件写入数据时出错!\n");
        exit(0);
    }
for(i=0;i<SIZE;i++)
    if(fread(&stud[i],sizeof(struct student_type),1,fp1)!=1){
        printf("文件读入数据时出错!\n");
        exit(0);
        }
    for(i=0;i<SIZE;i++){
        for(j=i+1;j<SIZE;j++)
        if(stud[i].ave<stud[j].ave){
            work=stud[i];
            stud[i]=stud[j];
            stud[j]=work;
        }
        fwrite(&stud[i],sizeof(struct student_type),1,fp2);
    }
    fclose(fp1);
    fclose(fp2);
}
```

程序的运行结果如下：

```
------------------------------------------------
    姓名    学号    成绩1   成绩2   成绩3   平均分
------------------------------------------------
    张红    1       80      90      85      85
    陈明    3       82      91      83      85
    崔鹏    4       68      92      85      81
    刘力    2       70      80      77      75
    邱雨    5       78      63      81      74
------------------------------------------------
```

程序的运行结果是将上道题目中的学生成绩按平均分进行排序处理，并将已排序的学生数据保存到新的磁盘文件 stud_sort.dat 中。

3．实训思考

如果要把原文件转换为加密文件，但仍保留在原文件中，那么应该如何编写程序？

9.4 文件定位与出错检测

9.4.1 文件定位函数——fseek()函数

对流式文件既可以进行顺序读/写操作，也可以进行随机读/写操作，关键在于控制文件的位置指针，如果位置指针是按字节位置顺序移动的，就是顺序读/写。但也可以将文件位置指针按需要移到文件的任意位置，从而实现随机访问文件。

fseek()函数的使用

缓冲型输入/输出系统中的 fseek()函数可以用来完成随机读/写操作，也可以用来随机设置文件位置指针。调用 fseek()函数的语法格式如下：

```
fseek(fp,num_bytes,origin);
```

其中，fp 是调用 fopen()函数时返回的文件指针。num_bytes 是长整型变量，表示由 origin（起点）位置到当前位置的字节数。几个宏的 origin 如表 9.2 所示。

表 9.2　几个宏的 origin

宏名	数值表示	origin（起点）
SEEK_SET	0	文件首部为起点
SEEK_CUR	1	文件当前位置为起点
SEEK_END	2	文件尾部为起点

这些宏被定义为整型变量，SEEK_SET 为 0，SEEK_CUR 为 1，SEEK_END 为 2。为了从文件首部开始搜索第 num_bytes 个字节，origin 应该用 SEEK_SET。如果从当前位置开始向下搜索则用 SEEK_CUR，如果从文件尾部开始向上搜索则用 SEEK_END。

必须用一个长整型数作为偏移量来支持大于 64KB 的文件。fseek()函数只能用于二进制文件，不要将其应用于文本文件，因为字符翻译会造成位置上的错误。

若 fseek()函数操作成功则返回 0，否则返回非 0 值。

9.4.2 出错检测函数——ferror()函数

ferror()函数用来确定文件操作中是否出错。调用 ferror()函数的语法格式如下：

```
ferror(fp);
```

其中，fp 是调用 fopen()函数时返回的文件指针。若在文件操作中发生了错误，则 ferror()函数返回一个非 0 值，即"真"；否则返回值为 0，即"假"。由于每个文件操作都可能出错，因此应该在每次文件操作后立即调用 ferror()函数，否则可能会使错误被遗漏。在执行 fopen()函数时，ferror()函数的初始值自动置为 0。

9.5 其他文件函数

1. rewind()函数

rewind()函数用来将文件的位置指针重新设置到该文件的首部。

调用 rewind()函数的语法格式如下：

```
rewine(fp);
```

其中，fp 是一个有效的文件指针，其定义如前所述。此函数没有返回值，但使 feof()函数的值置为 0。

此函数等价于 fseek(fp,0L,SEEK_SET);。

2. ftell()函数

ftell()函数的作用是得到流式文件中位置指针的当前位置,用相对于文件开头的位移量来表示。

调用 ftell()函数的语法格式如下：

```
ftell(fp);
```

其中，fp 是一个有效的文件指针，其定义如前所述。

由于文件中的位置指针经常移动，因此不容易辨清其当前位置，但使用 ftell()函数可以得到当前位置。如果 ftell()函数的返回值为-1L，则表示出错。示例如下：

```
i=ftell(fp);
if (i==-1L)   printf("出错\n");
```

变量 i 保存当前位置，应当定义为长整型变量，若调用函数出错（如不存在这个文件），则输出出错信息。

3. clearerr()函数

clearerr()函数的作用是将文件错误标志和文件结束标志置为 0。

调用 clearerr()函数的语法格式如下：

```
clearerr(fp);
```

其中，fp 是一个有效的文件指针，其定义如前所述。

假设在调用一个输入/输出函数时出现错误，则 ferror()函数返回非 0 值。在调用 clearerr(fp)后，ferror(fp)的值变成 0。

只要出现错误标志，就一直保留，直到对同一文件调用 clearerr()函数或 rewind()函数，或者任何其他一个输入/输出函数为止。

4. remove()函数

remove()函数用于删除指定的文件。

调用 remove()函数的语法格式如下：

```
remove(filename);
```

字符串 filename 是指定要删除的文件名。若 remove()函数正确执行完毕则返回 0，否则返回非 0 值。

实训 23　文件定位操作

1．实训目的

使用 fseek()函数。

2．实训内容

（1）编写获取 Access 2000 数据库密码的程序。

Access 2000 数据库采用口令加密法，并把数据与口令异或来达到加密的效果，Access 2000 数据库的加密原理很简单，当设置了密码后，Access 2000 数据库就将密码（请注意输入的密码是 ASCII 字符）的 ASCII 码与 40 字节的数据进行异或操作，因此，从数据库文件的地址 00000042 开始的 40 字节就变成密钥。由于使用异或操作加密，因此使用下面的程序既可以加密又可以解密。

```
//假设 Access 2000 数据库名为 myacc.mdb，并且保存在 D 盘的根目录下
#include <stdio.h>
#include <stdlib.h>
int main(){
    FILE *fp;
    char mm0[40]={
    0x29,0x77,0xec,0x37,0xf2,0xc8,0x9c,0xfa,
    0x69,0xd2,0x28,0xe6,0xbc,0x3a,0x8a,0x60,
    0xfb,0x18,0x7b,0x36,0x5a,0xfe,0xdf,0xb1,
    0xd8,0x78,0x13,0x43,0x60,0x23,0xb1,0x33,
    0x9b,0xed,0x79,0x5b,0x3d,0x39,0x7c,0x2a
    };
    //这是 40 个原始数据
    char mm1[40],mm2[40];
    //mm1 用来保存加密后的 40 个密钥；mm2 用来保存密码
    int i,k;
    fp=fopen("d:\\myacc.mdb","rb");
    if (fp==NULL){
        printf("\n 不能打开该数据库！");
        exit(0);
    }
    rewind(fp);
    fseek(fp,0x42L,0);
    fread(mm1,40,1,fp);
    //读取密钥
    for(i=0;i<40;i++)
    mm2[i]=mm0[i]^mm1[i];
    //原始数据与密钥异或
    fclose(fp);
    k=0;
    for(i=0;i<40;i++)
```

```
            if(mm2[i]!=0){
                k=1;
                break;
            }
        if(k==0)//k 为 0，表示未设密码
            printf("\n 未设密码！");
        else//k 为 1，表示设有密码
        {
        printf("\n 密码是：");
        for(i=0;i<40;i=i+2)//打印密码
            printf("%c",mm2[i]);
        }
    }
}
```

说明：由于 Access 2000 数据库对每个密码字符采用双字节表示，因此 40 字节的原始数据可以依次分为 20 组，每组一个密码字符，进行异或操作的是每组的第一个字节，第二个字节不变。

（2）将文件内容逆序输出。

```
#include <stdio.h>
int main(){
    FILE *fp;
    char c;
    long pos;//用来表示文件位置指针的偏移量
    fp=fopen("d:\\a.txt","r");//以只读方式打开文件
    if (fp==NULL){
        printf("\n 不能打开此文件！");
        exit(0);
    }
    pos=-1;
    fseek(fp,pos,SEEK_END);          //定位到最后一个字符前
    while(ftell(fp)!=0L)             //当文件指针移到文件首部时结束循环
    {
        //定位到最后一个字符前
        c=fgetc(fp);//读取一个字符
        putchar(c);
        pos-=1;
        fseek(fp,pos,SEEK_END);
    }
    c=fgetc(fp);
    putchar(c);
    return 0;
}
```

3. 实训思考

第二道题目中的循环结束后为什么还需要读取一个字符？

课程设计 5　学生管理程序（文件版本）

1．设计题目
学生管理程序（文件版本）。

2．设计概要
本次课程设计的目的是在学习了文件操作的基础上，灵活运用文件进行数据的存取操作，涉及的知识点包括使用文件开展管理系统设计、文件类型指针的定义，以及文件的打开、关闭和读/写等。

3．系统分析
本次课程设计主要实现文件的新建、打开、关闭和读/写等操作，实现学生数据信息和程序的分类，从功能上可以分为以下几大模块。

（1）主函数：启动系统。
（2）文件新建函数：完成学生文件的建立。
（3）插入函数：在已有的学生文件中添加新学生信息。
（4）删除函数：删除学生文件中指定学号的学生信息。
（5）查找函数：查找学生文件中指定学号的学生是否存在。
（6）输出函数：输出学生文件中所有学生的信息。
（7）起始函数：输入/输出界面设计。

4．总体设计思想
在课程设计 3 的基础上，本系统建立名为 students.dat 的学生文件，在执行学生数据操作前读取文件中已经存在的学生数据，并且在操作结束后将结果数据保存到文件中。

5．程序清单

```c
#include <stdio.h>
#include <stdlib.h>
#include <string.h>
struct Student{
    char no[20];
    char name[20];
    float score;
    struct Student* next;
};
//读取学生信息
struct Student* read_students(){
    FILE *fp=NULL;
    //打开文件
    fp=fopen("students.dat","r");
    if(fp==NULL){
        printf("文件打开失败！\n");
        return;
```

```c
    }
    struct Student*head, *p, *tail;
    head = NULL;
    tail = NULL;
    int i = 0;
    while (!feof(fp)){
        p = (struct Student*)malloc(sizeof(struct Student));
        fscanf(fp,"%s %s %f\n", p->no, p->name, &p->score);
        p->next = NULL;
        if (i == 0)
            head = p;
        else
            tail->next = p;
        tail = p;
        i++;
    }
    //关闭文件
    fclose(fp);
    return head;
}
//保存学生信息
void save_students(struct Student* head){
    FILE *fp=NULL;
    struct Student*q;
    q = head;
    //打开文件
    fp=fopen("students.dat","a");
    if(fp==NULL){
        printf("文件打开失败！\n");
        return;
    }
    //写文件
    while (q!=NULL){
            fprintf(fp,"%s %s %f\n",q->no,q->name,q->score);
            q = q->next;
        }
    //关闭文件
    fclose(fp);
    return;
}
//初始化学生信息
void init_students(){
    FILE *fp=NULL;
    //打开文件
    fp=fopen("students.dat","w");
    if(fp==NULL){
        printf("文件打开失败！\n");
        return;
```

```c
    }
    //关闭文件
    fclose(fp);
    return;
}
//创建一个包含头指针的链表，并返回该链表的头指针
struct Student* create(){
    struct Student* head, * p, * tail;
    head = NULL;
    tail = NULL;
    int i = 0;
    init_students();
    while (1){
        p = (struct Student*)malloc(sizeof(struct Student));
        printf("请输入学生信息（学号 姓名 成绩），以空格隔开\n");
        scanf("%s%s%f", p->no, p->name, &p->score);
        if (p->score == -1){
            free(p);
            break;
        }
        p->next = NULL;
        if (i == 0)
            head = p;
        else
            tail->next = p;
        tail = p;
        i++;
    }
    save_students(head);
    return head;
}
//功能：将节点插入链表的指定位置，链表按成绩有序排列
struct Student* insert(struct Student* head){
    struct Student* p, * q, * t;
    struct Student* node;
    init_students();
    node = (struct Student*)malloc(sizeof(struct Student));
    printf("请输入待插入学生的学号、姓名和成绩，以空格隔开\n");
    scanf("%s%s%f", node->no, node->name, &node->score);
    p = q = head;
    t = node;
    if (head == NULL){
        head = t;
        t->next = NULL;
    }
    else{
        while (p->score < t->score && p->next != NULL){
            q = p;
```

```
                p = p->next;
            }
            if (p->score >= t->score)    {
                if (p == head){
                    head = t;
                    t->next = p;
                }
                else{
                    q->next = t;
                    t->next = p;
                }
            }
            else{
                p->next = t;
                t->next = NULL;
            }
        }
        save_students(head);
        return head;
}
//功能：删除单链表中指定学号的学生
struct Student* deleteNode(struct Student* head, char* no){
    struct Student* p, * q;
    init_students();
    if (head == NULL){
        printf("该链表为空表，无法进行删除操作\n");
    }
    else{
        p = q = head;
        while (p->next != NULL && strcmp(p->no, no) != 0){
            q = p;
            p = p->next;
        }
        if (strcmp(p->no, no) == 0){
            if (head == p){
                head = p->next;
            }
            else{
                q->next = p->next;
            }
            free(p);
            printf("恭喜您，删除成功！");
        }
        else{
            printf("学号为%s 的节点不存在\n", no);
        }
    }
    save_students(head);
```

```c
        return head;
}
//功能：查找单链表中指定学号的学生，若找到则输出该学生的所有信息
void findNode(struct Student* head, char* no){
    struct Student* p;
    if (head == NULL){
        printf("该链表为空，无法进行查找操作\n");
    }
    else{
        p = head;
        while (p->next != NULL && strcmp(p->no, no) != 0){
            p = p->next;
        }
        if (strcmp(p->no, no) == 0){
            printf("找到学号为%s 的节点\n", no);
            printf("%s\t%s\t%.2f\n", p->no, p->name, p->score);
        }
        else{
            printf("学号为%s 的节点不存在\n", no);
        }
    }
}
//功能：对学生链表进行遍历，输出学生链表中所有学生的信息
void print(struct Student* head){
    struct Student* q;
    q = head;
    if (head == NULL)
        printf("对不起，该链表为空，请先添加学生信息\n");
    else    {
        while (q != NULL){
            printf("%s\t%s\t%.2f\n", q->no, q->name, q->score);
            q = q->next;
        }
    }
}
//功能：对学生链表进行遍历，输出学生链表中所有学生的信息
void start(){
    struct Student* head = NULL,* p;
    char no[20];
    int i;
    printf("原学生信息表如下:\n");
    p=read_students();
    head=p;
    print(head);
    printf("\n-------------\n");
    while (1){
        printf("*************欢迎进入学生管理系统******************\n");
        printf("1.建立初始学生链表，输入成绩为-1 时结束\n");
```

```c
            printf("2.添加新学生\n");
            printf("3.删除指定学号的学生\n");
            printf("4.按学号查找学生\n");
            printf("5.输出所有学生的信息\n");
            printf("please choice(1-5): ");
            scanf("%d", &i);//输入选择的序号
            switch (i) {
            case 1:head = create();
                if (head != NULL){
                    printf("恭喜您，链表创建成功！\n");
                }
                break;
            case 2:head = insert(head); break;
            case 3:printf("请输入要删除学生的学号：");
                scanf("%s", no);
                head = deleteNode(head, no);
                break;
            case 4:printf("请输入要查找学生的学号：");
                scanf("%s", no);
                findNode(head, no);
                break;
            case 5:printf("\nThe List:\n"); print(head); break;
            default:printf("请输入正确的功能编号");
            }
        }
    }
    int main(){
        start();
        return 0;
    }
```

本章小结

文件是程序设计中一种重要的数据类型，是指存储在外部介质上的一组数据集合。C语言中的文件可以看作字节或字符的序列，称为流式文件。根据数据组织形式可以将文件分为二进制文件和字符（文本）文件。

（1）对文件操作分为3步，即打开文件、读/写文件和关闭文件。文件的访问是通过stdio.h中定义的名为FILE的结构类型实现的，FILE包括文件操作的基本信息。一个文件被打开时，编译程序自动在内存中建立该文件的FILE结构，并返回指向文件起始地址的指针。

（2）文件的读/写操作可以使用库函数fscanf()函数与fprintf()函数、fgetc()函数与fputc()函数、fgets()函数与fputs()函数、fread()函数与fwrite()函数，这些函数最好配对使用，以免引起输入/输出的混乱。调用这些函数，能实现文件的顺序读/写。通过调用fseek()函数，可以移动文件指针，从而实现随机读/写文件。

（3）文件读/写操作完成后，注意调用fclose()函数关闭文件。

习题 9

1. 选择题

(1) 系统的标准输入文件是指（　　）。
A．硬盘　　　　　　　　　　　　B．软盘
C．显示器　　　　　　　　　　　D．键盘

(2) 如果要用 fopen()函数打开一个新的二进制文件，该文件要既能读也能写，则文件打开方式字符串应是（　　）。
A．"ab"　　　　　　　　　　　　B．"ab+"
C．"rb+"　　　　　　　　　　　D．"wb+"

(3) 如果执行 fopen()函数时发生错误，则函数的返回值是（　　）。
A．0　　　　　　　　　　　　　B．1
C．地址值　　　　　　　　　　　D．EOF

(4) 调用 fscanf()函数的正确形式是（　　）。
A．fscanf(文件指针,"控制字符串",参数表)
B．fscanf("控制字符串",参数表,文件指针);
C．fscanf("控制字符串",文件指针，参数表);
D．fscanf(文件指针,"控制字符串",参数表);

(5) fgetc()函数的作用是从指定文件中读入一个字符，该文件的打开方式必须是（　　）。
A．只写　　　　　　　　　　　　B．追加
C．读或读/写　　　　　　　　　　D．选项 B 和选项 C 都正确

(6) 函数调用语句 fseek(fp,-20L,2);的含义是（　　）。
A．将文件位置指针移到距离文件首部 20 字节处
B．将文件位置指针从当前位置向后移动 20 字节
C．将文件位置指针从文件尾部后退 20 字节
D．将文件位置指针移到离当前位置 20 字节处

(7) 利用 fseek()函数可以完成随机读/写操作，该函数正确的调用形式是（　　）。
A．fseek(文件类型指针,起始点,位移量);
B．fseek(fp,位移量,起始点);
C．fseek(位移量,起始点,fp);
D．fseek(起始点,位移量,文件类型指针);

(8) 在执行 fopen()函数时，ferror()函数的初值是（　　）。
A．TRUE　　　　　　　　　　　B．−1
C．1　　　　　　　　　　　　　D．0

2. 简答题

(1) 什么是文件型指针？通过文件型指针访问文件有什么好处？

（2）文件的打开和关闭的含义是什么？为什么要打开和关闭文件？

（3）C语言根据数据的组织形式把文件分为哪两种？

（4）C语言中设置文件指针位置的函数是什么？检测文件指针位置的函数是什么？

（5）对文件操作分为哪3个步骤？

（6）写出文件的读/写操作中可以使用的库函数。

3．编程题

编写程序，完成由键盘输入一个文件名，并把从键盘输入的字符依次保存到该文件中，用"#"作为结束输入的标志。

第 10 章

实训项目

10.1 趣味程序

10.1.1 移动的心

使用 C 语言完成动画的制作：一颗移动的心，要求在屏幕上显示一个心形图案，当该图案移到屏幕边缘时，随机选择一个方向继续移动。运行效果如图 10.1 所示。

图 10.1 运行效果

参考代码如下：

```
#include <stdio.h>
#include <windows.h>
#include <time.h>
```

```c
#define MAX_ROW 20              //最大行数，根据具体的机器测试调整
#define MAX_COL 100             //最大列数，根据具体机器测试调整
void print_heart(int r, int c);
void print_row(int n);
void print_column(int n);
int get_direct(int r, int c);
//心形数组：0 表示空白，1 表示要打印的符号
int heart[8][18] = {
    {0,0,0,1,1,1,1,0,0,0,0,1,1,1,1,0,0,0},
    {0,1,1,1,1,1,1,1,1,1,1,1,1,1,1,1,1,0},
    {1,1,1,1,1,1,1,1,1,1,1,1,1,1,1,1,1,1},
    {1,1,1,1,1,1,1,1,1,1,1,1,1,1,1,1,1,1},
    {0,1,1,1,1,1,1,1,1,1,1,1,1,1,1,1,1,0},
    {0,0,0,1,1,1,1,1,1,1,1,1,1,1,0,0,0,0},
    {0,0,0,0,0,1,1,1,1,1,1,1,0,0,0,0,0,0},
    {0,0,0,0,0,0,0,0,1,1,0,0,0,0,0,0,0,0}
};
//让一个心形图案在屏幕范围内移动
int main(){
    int cur_row = 0;                    //当前行位置
    int cur_column = 0;                 //当前列位置
    int cur_direct = 3;                 //当前方向：初始向右
    while (1){
        switch (cur_direct){
        case 0:                         //向上
            cur_row--;
            if (cur_row == 0){          //获得新的移动方向
                cur_direct = get_direct(cur_row, cur_column);
            }
            break;
        case 1:                         //向下
            cur_row++;
            if (cur_row == MAX_ROW){
                cur_direct = get_direct(cur_row, cur_column);
            }
            break;
        case 2:                         //向左
            cur_column-=2;
            if (cur_column == 0){
                cur_direct = get_direct(cur_row, cur_column);
            }
            break;
        case 3:                         //向右
            cur_column+=2;
            if (cur_column == MAX_COL){
                cur_direct = get_direct(cur_row, cur_column);
            }
```

```c
                break;
        }
        print_heart(cur_row, cur_column);       //打印心形图案
        Sleep(50);
    }
    return 0;
}

//在第 r 行第 c 列打印出心形图案
void print_heart(int r, int c){
    int i, j;
    system("cls");
    //打印出空行
    print_row(r);
    for (i = 0; i < 8; i++){
        //打印符号前先打印出空格
        print_column(c);
        for (j = 0; j < 18; j++){
            if (heart[i][j] == 0){
                printf(" ");            //0 打印出空格
            }
            else{
                printf("*");            //1 打印出 "*"
            }
        }
        //一行打印完要换行
        printf("\n");
    }
}
//打印 n 行空行
void print_row(int n){
    int i;
    for (i = 0; i < n; i++){
        printf("\n");
    }
}
//打印 n 个空格
void print_column(int n){
    int i;
    for (i = 0; i < n; i++){
        printf(" ");
    }
}
//当移到屏幕边缘时，改变移动方向。此程序用以下数字表示方向：0 表示上，1 表示下，2 表示左，3 表示右
int get_direct(int r, int c){
    int dir = 3;
    //当前移到左上角（r 为 0、c 为 0），只能朝下（1）/右（3）移动
```

```
    if (r == 0 && c == 0){
        dir = 1 + rand() % 2 * 2;    //1 + [0,1]*2的结果只能为1（下）或3（右）
    }
    //当前移到左下角（r为最大、c为0），只能朝上（0）/右（3）移动
    else if (r == MAX_ROW && c == 0){
        dir = rand() % 2 * 3;        //[0,1]*3 的结果只能为0（上）或3（右）
    }
    //当前移到右上角（r为0、c为最大），只能朝左（2）/下（1）移动
    else if (r == 0 && c == MAX_COL){
        dir = 1 + rand() % 2;        //1 + [0,1]的结果只能为1（下）或2（左）
    }
    //当前移到右下角（r为最大、c为最大），只能朝上（0）/左（2）移动
    else if (r == MAX_ROW && c == MAX_COL){
        dir = rand() % 2 * 2;        //[0,1]*2的结果只能为0（上）或2（左）
    }
    return dir;
}
```

10.1.2 彩色文字

C语言的控制台输出的文字不仅可以是黑白的，还可以是彩色的，这样输出的文字更漂亮。彩色文字的运行效果如图10.2所示（扫描二维码观看程序的运行效果）。

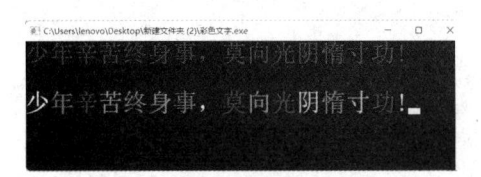

图10.2　彩色文字的运行效果

彩色文字

说明：颜色值可以使用控制台颜色命令来查看，颜色值如图10.3所示。

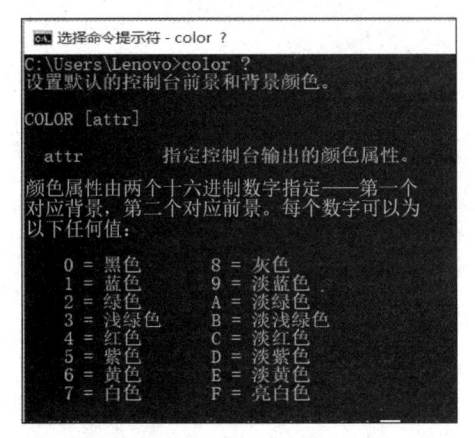

图10.3　颜色值

参考代码如下：

```
#include <stdio.h>
#include <windows.h>
```

```c
int main(){
    char wz[] = "少年辛苦终身事,莫向光阴惰寸功!";
    int i;
    int color = 0x01;                    //文字颜色选择从1(蓝色)开始,背景色保持黑色不变
    while (1) {
        //wz数组中的所有字符用一种颜色打印
        printf("%s\n\n", wz);
        //wz数组中的每个字符用一种颜色打印
        for (i = 0; i < strlen(wz); i++) {
            //设置一种颜色,打印一个字符
            SetConsoleTextAttribute(GetStdHandle(STD_OUTPUT_HANDLE), color);
            printf("%c", wz[i]);
            //颜色值变化,若自增后超过15则继续从1开始,否则不变
            color = ++color > 15 ? 1 : color;
        }
        //当前显示暂停200毫秒后,擦除,循环继续显示
        Sleep(200);
        system("cls");
    }
    return 0;
}
```

10.1.3 五子棋

编写一个简单的五子棋游戏,双方分别使用黑白两色的棋子(用不同的符号代替),下在棋盘方格内,先形成五子连珠者获胜。运行效果如图10.4所示。

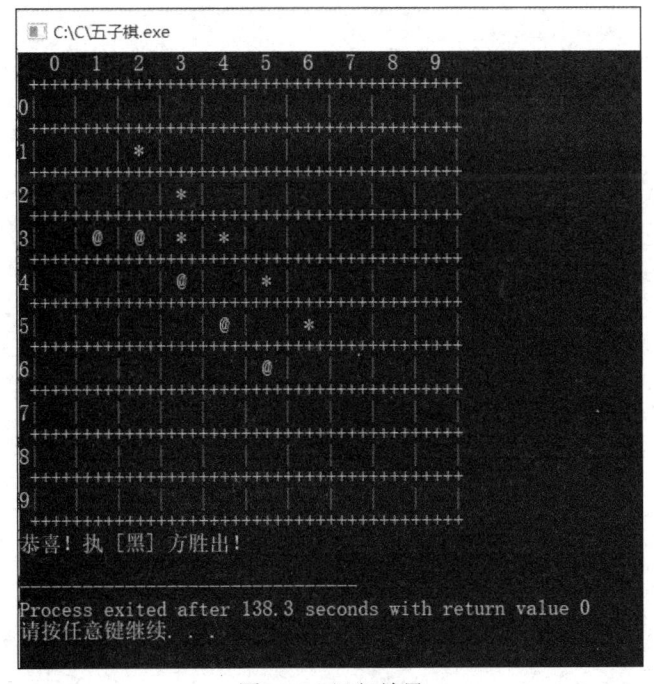

图 10.4 运行效果

参考代码如下:

```c
#include <stdio.h>
#include <windows.h>
void print_line();
void print_board();
int check(int r, int c, int who);
#define ROW 10                          //棋盘行数
#define COL 10                          //棋盘列数
//游戏数组,0为空白,1表示黑子,-1表示白子
int game[ROW][COL] = {0};
int main(){
    int row, col;
    int who = 1;                        //执黑先行
    int res = 0;
    print_board();                      //绘制棋盘
    do{
        printf("请执 %s 方落子,输入位置(如 0_8): ", who == 1 ? "[黑]" : "[白]");
        scanf("%d_%d", &row, &col);
        if (game[row][col] != 0){
            printf("该位置已经有棋子了!\n");
            system("pause");
        }
        else{
            game[row][col] = who;       //将当前落子位置的值置为1(黑子)或-1(白子)
            who = who * -1;
        }
        print_board();
    } while ((res = check(row, col, -who)) == 0);
//该循环用于判断当前方落子后游戏是否结束。当res为0时未结束,继续循环;当res为1或-1时结束循环
    switch (res){
    case 1:
        printf("恭喜! 执 [黑] 方胜出!\n");
        break;
    case -1:
        printf("恭喜! 执 [白] 方胜出!\n");
        break;
    }
    return 0;
}
//绘制棋盘
void print_board(){
    int i, j;
    system("cls");
    printf(" ");
    for (i = 0; i < ROW; i++){
        printf(" %d ", i);
    }
```

```c
        printf("\n");
        print_line();                       //打印行分割线
        for (i = 0; i < ROW; i++){
            printf("%d|", i);
            for (j = 0; j < COL; j++){
                if (game[i][j] == 0){
                    printf("   ");
                }
                else if (game[i][j] == 1){      //黑方落子用"*"表示
                    printf(" * ");
                }
                else if (game[i][j] == -1){     {//白方落子用"@"表示
                    printf(" @ ");
                }
                printf("|");
            }
            printf("\n");
            print_line();
        }
}
//打印行分割线
void print_line(){
    int i;
    printf(" +");
    for (i = 0; i < COL; i++){
        printf("++++");
    }
    printf("\n");
}
//检测当前方落子后游戏是否结束,返回 0 表示未结束,返回 1 表示执黑方胜出,返回-1 表示执白方胜出
int check(int r, int c, int who){
    int i, j;
    int count;
    //水平方向
    count = 1;
    //检测左侧相同棋子的个数
    for (i = c - 1; i >= 0; i--){
        if (game[r][i] == who){
            count++;
        }
        else{
            break;
        }
    }
    //检测右侧相同棋子的个数
    for (i = c + 1; i < COL; i++){
        if (game[r][i] == who){
            count++;
```

```c
        }
        else{
            break;
        }
    }
    if (count >= 5){
        return who;
    }
    //垂直方向
    count = 1;
    //检测上方相同棋子的个数
    for (i = r - 1; i >= 0; i--){
        if (game[i][c] == who){
            count++;
        }
        else{
            break;
        }
    }
    //检测下方相同棋子的个数
    for (i = r + 1; i < ROW; i++){
        if (game[i][c] == who){
            count++;
        }
        else  {
            break;
        }
    }
    if (count >= 5){
        return who;
    }
    //对角线
    count = 1;
    //检测当前位置左上至右下对角相同棋子的个数
    for (i = r - 1, j = c - 1; i >= 0 && j >= 0; i--, j--){
        if (game[i][j] == who){
            count++;
        }
        else{
            break;
        }
    }
    for (i = r + 1, j = c + 1; i < ROW && j < COL; i++, j++){
        if (game[i][j] == who){
            count++;
        }
        else{
            break;
```

```
        }
    }
    if (count >= 5){
        return who;
    }
    //对角线
    count = 1;
    //检测当前位置左下至右上对角相同棋子的个数
    for (i = r - 1, j = c + 1; i >= 0 && j < COL; i--, j++){
        if (game[i][j] == who){
            count++;
        }
        else{
            break;
        }
    }
    for (i = r + 1, j = c - 1; i < ROW && j >= 0; i++, j--){
        if (game[i][j] == who){
            count++;
        }
        else{
            break;
        }
    }
    if (count >= 5){
        return who;
    }
    return 0;
}
```

10.1.4 姓名大作战

编写一个简单的竞技型小游戏：姓名大作战。输入两个姓名，先计算生命力值和攻击力值，然后互相发起攻击，并且可以随机发出暴击，若暴击则增加 50%的伤害，当一方的生命力值为 0（小于 0 时认定为 0）时，另一方胜出。运行效果如图 10.5 所示。

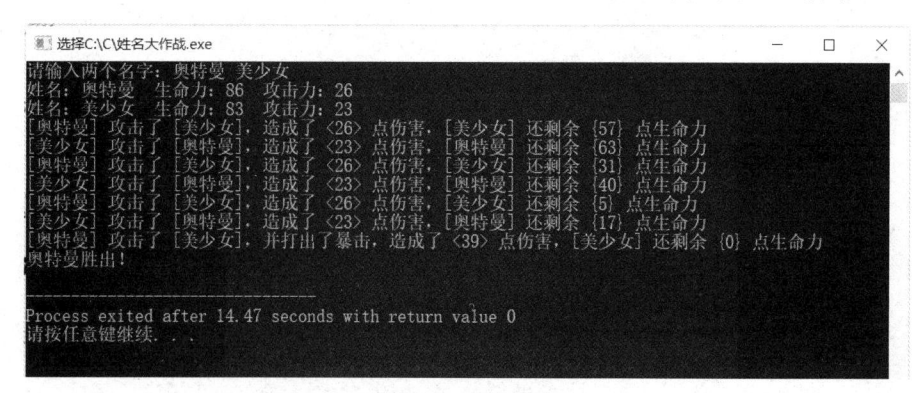

图 10.5　运行效果

参考代码如下：

```c
#include <stdio.h>
#include <string.h>
#include <math.h>
#include <windows.h>
typedef struct _PLAYER{
    char name[32];                    //姓名
    int HP;                           //生命力
    int atk;                          //攻击力
}PLAYER;
void print(PLAYER *p);
void calc(PLAYER *p);
int fight(PLAYER *pa, PLAYER *pb);
int main(){
    PLAYER p1 = {0}, p2 = {0};
    //输入姓名并计算属性
    printf("请输入两个名字：");
    scanf("%s %s", p1.name, p2.name);
    calc(&p1);                        //计算生命力值和攻击力值
    calc(&p2);
    while (1)    {
        if (fight(&p1, &p2) == 1){
            printf("%s 胜出！\n", p1.name);
            break;
        }
        Sleep(200);
        if (fight(&p2, &p1) == 1){
            printf("%s 胜出！\n", p2.name);
            break;
        }
        Sleep(200);
    }
    return 0;
}
//计算属性方法，可以适当调整
void calc(PLAYER *p){
    int i, count = 0;
    for (i = 0; i < strlen(p->name); i++){
        count += abs(p->name[i]);
    }
    p->HP = count % 21 + 80;          //HP 范围：80-100
    p->atk = count % 21 + 20;         //atk 范围：20-40
    print(p);
}
//打印属性方法
void print(PLAYER *p){
    printf("姓名：%s  生命力：%d  攻击力：%d\n", p->name, p->HP, p->atk);
}
//战斗，pa 为攻击方，pb 为防御方
```

```
int fight(PLAYER *pa, PLAYER *pb){
    int harm = 0;
    printf("[%s] 攻击了 [%s], ", pa->name, pb->name);
    harm = pa->atk;
    //暴击
    if (rand() % 100 > 70)    {
        harm += pa->atk * 0.5;          //暴击增加50%的伤害
        printf("并打出了暴击, ");
    }
    pb->HP -= harm;
    if (pb->HP < 0) {                   //当生命力值小于0时,值也为0
        pb->HP = 0;
    }
    printf("造成了 <%d> 点伤害, [%s] 还剩余 {%d} 点生命力\n", harm, pb->name, pb->HP);
    if (pb->HP == 0){
        return 1;
    }
    return 0;
}
```

10.2 密码管理系统

如今的网络越来越发达,网络应用也越来越多,涉及生活的方方面面,在使用时经常需要进行注册,而网络威胁也在逐渐增多,所以时刻面临被盗号的风险,需要设置复杂的密码或经常变换密码,这给我们的记忆带来了很大的不便。因此,需要设计密码管理系统,不仅可以帮助我们记忆和管理密码,还可以对其进行加密保存。

10.2.1 系统基本需求

本系统要求实现密码的管理,包括密码的增加、密码的查询、密码的显示、密码的修改、密码的删除、密码的保存及退出等功能。密码管理系统的功能界面如图 10.6 所示。

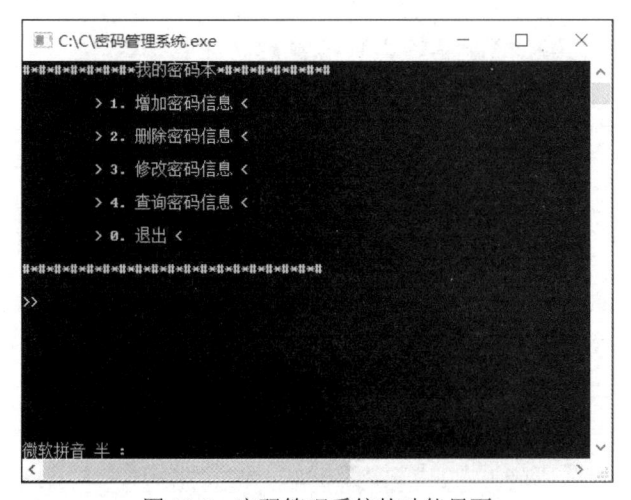

图 10.6　密码管理系统的功能界面

1. 增加密码信息

要增加密码信息，先根据系统菜单提示选择功能编号 1，出现密码信息后录入提示，再根据提示输入网站名称、账户和密码信息，检查在该网站中该账户是否已经存在。若存在则给出"该账号已经存在，不能添加"的提示信息；若不存在且存储数量未达到可存储最大数值则添加成功，并将其保存在文件中，若已达到可存储最大数值则提示"已经存满"。增加密码信息的功能界面如图 10.7 所示。

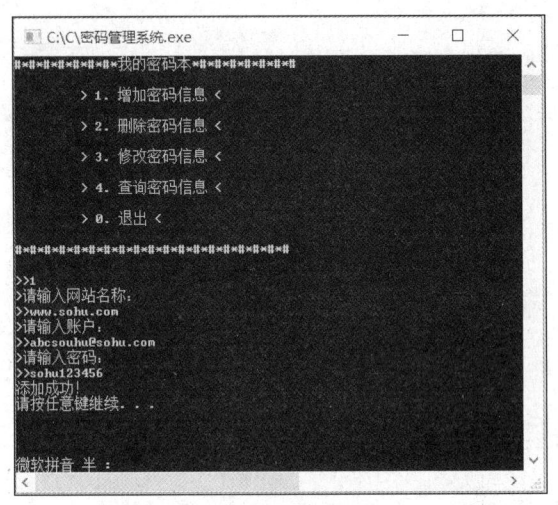

图 10.7 增加密码信息的功能界面

2. 删除密码信息

要删除密码信息，先根据系统菜单提示选择功能编号 2，再根据提示输入需要删除的网站名称、账号信息。若未查到则给出"没有找到对应的网站与账号，无法删除"的提示信息；若查找到则输入密码信息再次确认，若密码不正确则给出"输入密码有错误"的提示信息，若密码正确则提示是否确认删除，输入 y（或 Y）表示删除该条密码信息，并将其余密码信息重新保存在文件中，否则取消删除。删除密码信息的功能界面如图 10.8 所示。

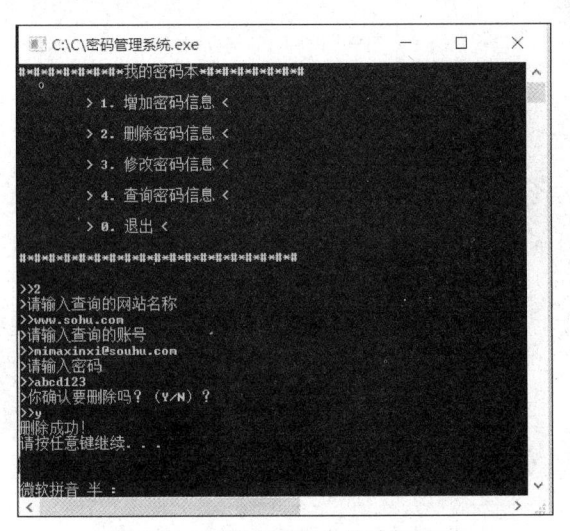

图 10.8 删除密码信息的功能界面

3. 修改密码信息

要修改密码信息，先根据系统菜单提示选择功能编号 3，再根据提示输入需要修改的网站名称、账号信息。若未查到则给出"您要修改的网站及账号不存在"的提示信息；若查找到，则根据提示输入新密码，显示修改成功，并将修改的密码信息重新保存在文件中。修改密码信息的功能界面如图 10.9 所示。

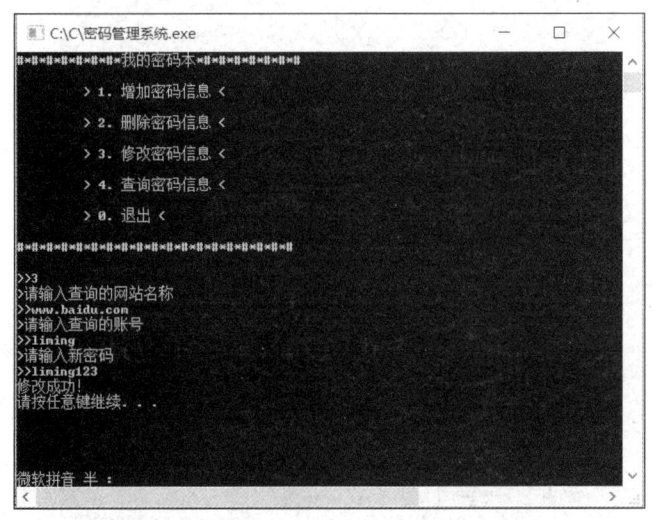

图 10.9　修改密码信息的功能界面

4. 查询密码信息

要查询密码信息，根据系统菜单提示选择功能编号 4，显示查询选项"1.根据网站查询"和"2.查看所有密码"。查询密码信息的功能界面如图 10.10 所示。

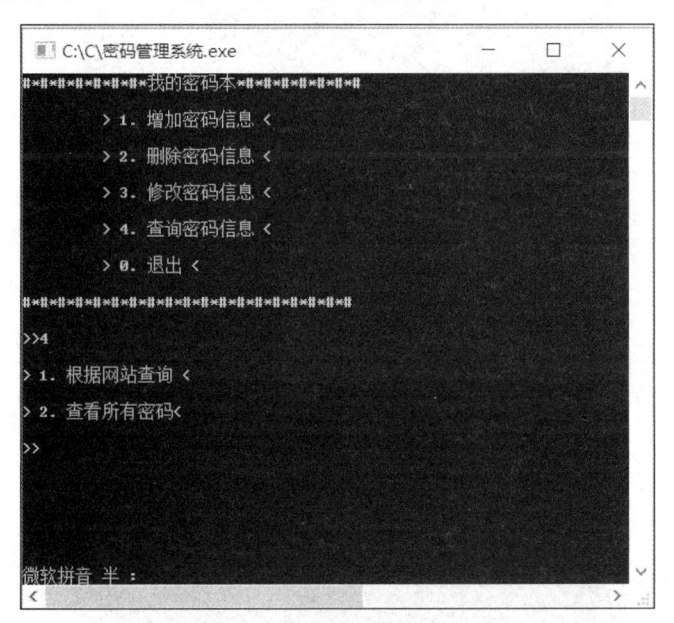

图 10.10　查询密码信息的功能界面

如果根据网站查询则选择"1. 根据网站查询"选项，输入需要查询的网站名称信息，若未查找到则给出"您在该网站还没有注册任何账号"的提示信息,若查找到则显示该网站的所有账户信息。根据网站查询密码的功能界面如图 10.11 所示。如果查询所有密码则选择"2. 查看所有密码"选项,若未添加任何密码则显示"当前没有任何账号信息!"的提示信息,若存在则显示所有的账户信息。查询所有密码的功能界面如图 10.12 所示。

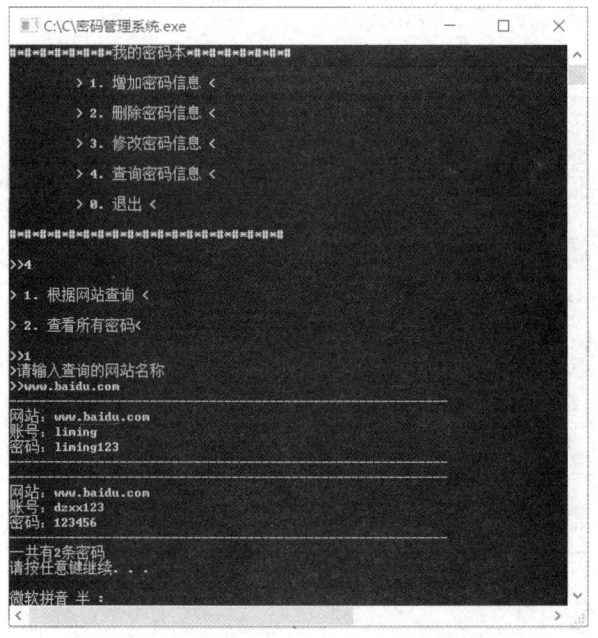

图 10.11　根据网站查询密码的功能界面

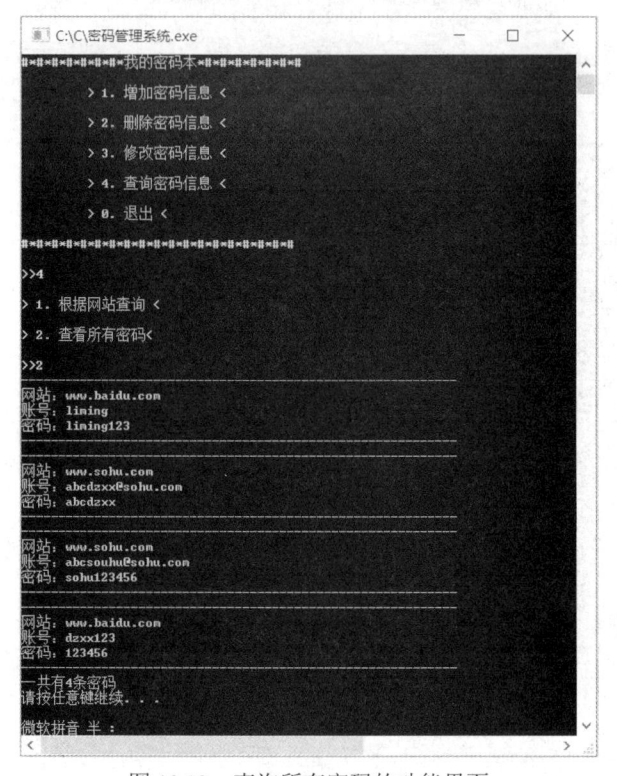

图 10.12　查询所有密码的功能界面

10.2.2 结构设计

根据系统的基本需求，给出系统的基本流程图，如图 10.13 所示。

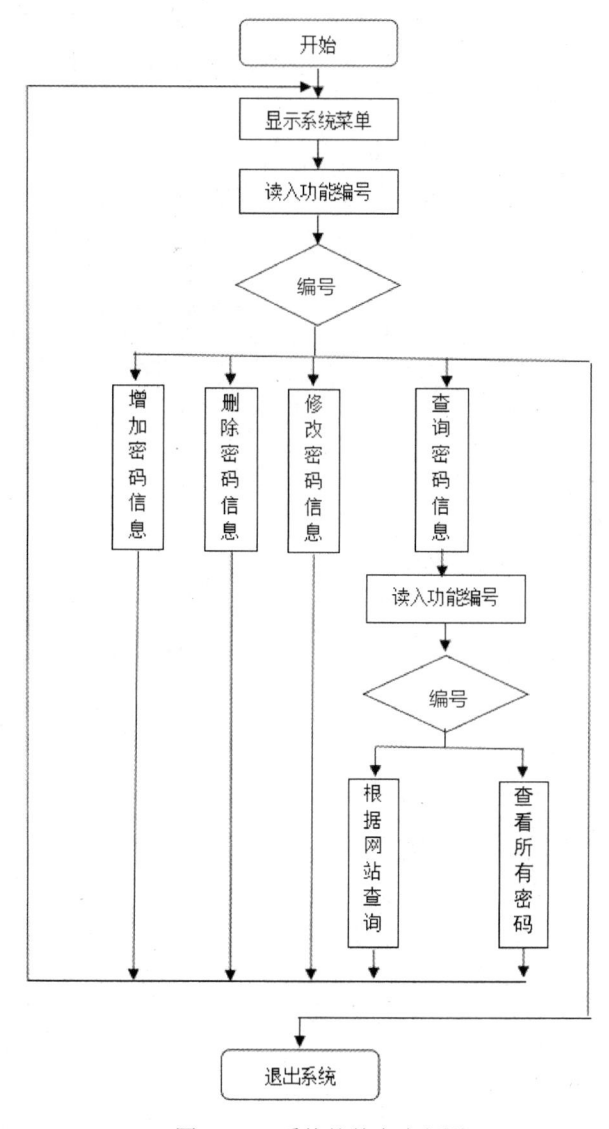

图 10.13 系统的基本流程图

如图 10.13 所示，系统启动后，显示系统菜单，等待用户选择操作功能，接收用户输入的操作功能编号后，系统自动对编号功能进行测试，根据对应的编号，执行对应的增加、删除、修改、查询密码信息的功能，执行结束后，返回系统菜单，等待用户下一步的操作选择。如果选择退出功能编号，则自动退出系统。

对于密码的保存功能，当系统启动时，首先读取文件中已保存的所有密码，并且只读取一次，在执行增加、删除和修改密码功能操作时，若密码信息有变化，则将密码信息重新存储到文件中。

10.2.3 功能函数的实现

系统具体实现的代码如下：

```c
#include <stdio.h>                      //引入所需的头文件
#define MAX 100                         //定义可处理最大密码信息数量
//定义数据类型
typedef struct
{ char website[256];                    //网站名称
  char account[32];                     //账号
  char password[32];                    //密码
}PASSWORD;
PASSWORD passwords[MAX];                //定义结构体数组
void main_menu();
int add_pass();
int delete_pass();
int modify_pass();
void query_by_website();
void query_all();
void save_pass();
void load_pass();
int main(){
    int select=0;                       //用于接收用户选择的菜单项
    load_pass();                        //读取所有密码
    while(1){
        main_menu();
        scanf("%d",&select);
        if(select==0){
            printf("\n谢谢使用！\n");
            break;
            }
        else if (select==1)
            add_pass();
        else if (select==2)
            delete_pass();
        else if (select==3)
            modify_pass();
        else if (select==4){
            printf("\n> 1. 根据网站查询 <\n");
            printf("\n> 2. 查看所有密码 <\n");
            printf("\n>>");
            scanf("%d", &select);
            if(select==1)
                query_by_website();
              else if(select==2)
                query_all();
          }
        else {
```

```c
            printf("功能指令输入错误！\n");
        }
        system("pause");
    }
    return 0;
}
//显示密码管理系统的主菜单
void main_menu(){
    system("cls");                          //清除屏幕内容
    printf("#*#*#*#*#*#*#*我的密码本*#*#*#*#*#*#*#\n");
    printf("\n\t > 1. 增加密码信息 <\n");
    printf("\n\t > 2. 删除密码信息 <\n");
    printf("\n\t > 3. 修改密码信息 <\n");
    printf("\n\t > 4. 查询密码信息 <\n");
    printf("\n\t > 0. 退出 <\n\n");
    printf("#*#*#*#*#*#*#*#*#*#*#*#*#*#*#*#*#\n");
    printf("\n>>");
}
//增加密码功能
int add_pass(){
    PASSWORD tmp;
    int i;
    //输入信息
    printf(">请输入网站名称：\n");
    printf(">>");
    scanf("%s", tmp.website);
    printf(">请输入账户：\n");
    printf(">>");
    scanf("%s", tmp.account);
    printf(">请输入密码：\n");
    printf(">>");
    scanf("%s", tmp.password);

    //检测是否有重复
    for(i=0;i<MAX;i++)
        if(strcmp(tmp.website ,passwords[i].website)==0&&
            strcmp(tmp.account,passwords[i].account)==0)    {
                printf("该账号已经存在，不能添加\n");
                return 1;
            }
    //检测数组空位置保存数据
    for(i=0;i<MAX;i++)
        if(strlen(passwords[i].website)==0){
        passwords[i]=tmp;
            save_pass();
            printf("添加成功！\n");
            return 0;
        }
```

```c
            printf("已经存满。\n");
            return 2;
    }
    //查看所有密码功能
    void query_all(){
        int i;
        int counter=0;      //统计密码的记录数
        for(i=0;i<MAX;i++){
            if(strlen(passwords[i].website)!=0){
                printf("--------------------------------------------------------------\n");
                printf("网站:%s\n账号:%s\n密码:%\s\n",passwords[i].website,passwords[i].account,passwords[i].password);
                printf("--------------------------------------------------------------\n");
                counter++;
            }
        }
        if(counter==0)
            printf("当前没有任何账号信息!\n");
        else
            printf("一共有%d条密码\n",counter);
    }
    //根据网站查询密码信息
    void query_by_website(){
        int i;
        int counter=0;      //统计密码的记录数
        char website[256];
        printf(">请输入查询的网站名称\n");
        printf(">>");
        scanf("%s",website);
        for(i=0;i<MAX;i++){
            if(strlen(passwords[i].website)!=0 && strcmp(passwords[i].website,website)==0)
            {   printf("--------------------------------------------------------------\n");
                printf("网站:%s\n账号:%s\n密码:%\s\n",passwords[i].website,passwords[i].account,passwords[i].password);
                printf("--------------------------------------------------------------\n");
                counter++;
            }
        }
        if(counter==0)
            printf("您在该网站还没有注册任何账号\n");
        else
            printf("一共有%d条密码\n",counter);
    }
    //修改指定网站的指定账号的密码
    int modify_pass(){
        int i;
        char website[256];
```

```c
        char account[32];
        char password[32];  //新密码
        int counter=0;
        printf(">请输入查询的网站名称\n");
        printf(">>");
        scanf("%s",website);
        printf(">请输入查询的账号\n");
        printf(">>");
        scanf("%s",account);
        for(i=0;i<MAX;i++)
            if(strcmp(passwords[i].website,website)==0&&strcmp(passwords[i].account,account)==0)
            {   printf(">请输入新密码\n");
                printf(">>");
                scanf("%s",password);
                strcpy(passwords[i].password ,password);
                save_pass();
                printf("修改成功!\n");
                return 0;
            }
        printf("您要修改的网站及账号不存在!\n");
        return 1;
    }
    //删除指定网站的指定账号记录
    int delete_pass(){
        int i;
        char website[256];
        char account[32];
        char password[32];
        char c[2];                              //接收"确认Y/N"信息
        printf(">请输入查询的网站名称\n");
        printf(">>");
        scanf("%s",website);
        printf(">请输入查询的账号\n");
        printf(">>");
        scanf("%s",account);
        for(i=0;i<MAX;i++){
        if(strcmp(passwords[i].website,website)==0&&strcmp(passwords[i].account,account)==0)
            {
                //再次核对
                printf(">请输入密码\n");
                printf(">>");
                scanf("%s",password);
                if(strcmp(passwords[i].password ,password)==0)    {
                    printf(">您确认要删除吗?(Y/N)?\n");
                    printf(">>");
                    scanf("%s",c);
```

```c
                    if(c[0]=='y'||c[0]=='Y'){
                        strcpy(passwords[i].password ,"");
                        strcpy(passwords[i].account ,"");
                        strcpy(passwords[i].website ,"");
                        save_pass();
                        printf("删除成功!\n");
                        return 0;
                    }
                    else{
                        printf("取消删除!\n");
                        return -1;
                    }
                }
                else{
                    printf(">输入密码有错误!\n");
                    return 1;
                }
            }
        }
    printf("没有找到对应的网站与账号,无法删除\n");
    return 2;
}
//保存所有密码,在涉及数组数据变化后调用,如增、删、改后调用
void save_pass(){
    FILE *fp=NULL;
    int i;
    //打开文件
    fp=fopen("pass.dat","w");
    if(fp==NULL)    {
        printf("文件打开失败!\n");
        return;
    }
    //写文件
    for(i=0;i<MAX;i++){
        if(strlen(passwords[i].website)!=0)
fprintf(fp,"%s %s %s\n",passwords[i].website ,passwords[i].account,passwords[i].password);
    }
    //关闭文件
    fclose(fp);
}
//读取所有密码,只在程序启动时调用一次
void load_pass(){
    FILE *fp=NULL;
    int i;
    //打开文件
    fp=fopen("pass.dat","r");
    if(fp==NULL){
```

```
            printf("文件加载失败！请检查。\n");
            return;
        }
        //读文件
        for(i=0;!feof(fp);i++){
        if((fscanf(fp,"%s %s %s",passwords[i].website ,passwords[i].account,passwords[i].
password))==3)
            printf("加载成功！\n");
        }
        //关闭文件
        fclose(fp);
    }
```

10.2.4 项目总结

通过密码管理系统的设计，读者可以进一步了解项目设计的步骤，快速进行编程开发。

1．本项目设计中涵盖的 C 语言中的知识点

（1）main()函数的使用。

（2）数组的使用。

（3）结构体的使用。

（4）函数的定义及调用。

（5）文件的读/写操作。

2．项目的改进与完善

本项目在设计时，为了降低难度，对密码信息的存储未采用链表方式实现，而采取数组方式实现，指定了数组的最大存储元素个数，在实际处理过程中，读者可以考虑采用链表方式存储，以满足任意数量的信息存储的要求。

总之，学习程序设计是为了将来的应用，提高综合分析能力有助于程序编写水平的提高。

附录 A

常用字符与标准 ASCII 码的对照表

ASCII 码值			字符	ASCII 码值			字符
八进制数	十六进制数	十进制数		八进制数	十六进制数	十进制数	
0	0	0	NUL	100	40	64	@
1	1	1	SOH	101	41	65	A
2	2	2	STX	102	42	66	B
3	3	3	ETX	103	43	67	C
4	4	4	EOT	104	44	68	D
5	5	5	END	105	45	69	E
6	6	6	ACK	106	46	70	F
7	7	7	BEL	107	47	71	G
10	8	8	BS	110	48	72	H
11	9	9	HT	111	49	73	I
12	0a	10	LT	112	4a	74	J
13	0b	11	FF	113	4b	75	K
14	0c	12	ff	114	4c	76	L
15	0d	13	CR	115	4d	77	M
16	0e	14	SO	116	4e	78	N
17	0f	15	SI	117	4f	79	O
20	10	16	DLE	120	50	80	P
21	11	17	DC1	121	51	81	Q
22	12	18	DC2	122	52	82	R
23	13	19	DC3	123	53	83	S
24	14	20	DC4	124	54	84	T
25	15	21	NAK	125	55	85	U
26	16	22	SYN	126	56	86	V
27	17	23	ETB	127	57	87	W
30	18	24	CAN	130	58	88	X
31	19	25	EM	131	59	89	Y

续表

ASCII 码值			字符	ASCII 码值			ASCII 码值
八进制数	十六进制数	十进制数	八进制数	十六进制数	十进制数	八进制数	
32	1a	26	SUB	132	5a	90	Z
33	1b	27	ESC	133	5b	91	[
34	1c	28	FS	134	5c	92	\
35	1d	29	GS	135	5d	93	]
36	1e	30	RS	136	5e	94	^
37	1f	31	US	137	5f	95	_
40	20	32	(space)	140	60	96	`
41	21	33	!	141	61	97	a
42	22	34	"	142	62	98	b
43	23	35	#	143	63	99	c
44	24	36	$	144	64	100	d
45	25	37	%	145	65	101	e
46	26	38	&	146	66	102	f
47	27	39	`	147	67	103	g
50	28	40	(	150	68	104	h
51	29	41	)	151	69	105	i
52	2a	42	*	152	6a	106	j
53	2b	43	+	153	6b	107	k
54	2c	44	,	154	6c	108	l
55	2d	45	-	155	6d	109	m
56	2e	46	.	156	6e	110	n
57	2f	47	/	157	6f	111	o
60	30	48	0	160	70	112	p
61	31	49	1	161	71	113	q
62	32	50	2	162	72	114	r
63	33	51	3	163	73	115	s
64	34	52	4	164	74	116	t
65	35	53	5	165	75	117	u
66	36	54	6	166	76	118	v
67	37	55	7	167	77	119	w
70	38	56	8	170	78	120	x
71	39	57	9	171	79	121	y
72	3a	58	:	172	7a	122	z
73	3b	59	;	173	7b	123	{
74	3c	60	<	174	7c	124	|
75	3d	61	=	175	7d	125	}
76	3e	62	>	176	7e	126	~
77	3f	63	?	177	7f	127	del

附录 B

运算符的优先级和结合性

优先级	运算符	含义	要求运算对象的个数	结合方向
1	()	圆括号		自左至右
	[]	下标运算符		
	->	指向结构体成员运算符		
	.	结构体成员运算符		
2	!	逻辑非运算符	1（单目运算符）	自右至左
	~	按位取反运算符		
	++	自增运算符		
	--	自减运算符		
	-	负号运算符		
	（类型）	类型转换运算符		
	*	指针运算符		
	&	地址与运算符		
	sizeof	长度运算符		
3	*	乘法运算符	2（双目运算符）	自左至右
	/	除法运算符		
	%	求余运算符		
4	+	加法运算符	2（双目运算符）	自左至右
	-	减法运算符		
5	<<	左移运算符	2（双目运算符）	自左至右
	>>	右移运算符		
6	< <= > >=	关系运算符	2（双目运算符）	自左至右
7	==	等于运算符	2（双目运算符）	自左至右
	!=	不等于运算符	2（双目运算符）	自左至右
8	&	按位与运算符	2（双目运算符）	自左至右
9	^	按位异或运算符	2（双目运算符）	自左至右
10	|	按位或运算符	2（双目运算符）	自左至右
11	&&	逻辑与运算符	2（双目运算符）	自左至右

续表

优先级	运算符	含义	要求运算对象的个数	结合方向
12	||	逻辑或运算符	2（双目运算符）	自左至右
13	?:	条件运算符	3（双目运算符）	自右至左
14	= += -= *= /= %= >>= <<= &= ^= |=	赋值运算符	2（双目运算符）	自右至左
15	,	逗号运算符（顺序求值运算符）		自左至右

附录 C

常用库函数

附表 C.1 输入/输出函数（<stdio.h>）

函数名	函数原型说明	功能	返回值
scanf	int scanf(char *format,args)	从标准输入设备按 format 指定的格式把输入数据存入 args 所指的内存中	已输入的数据的个数，若出错则返回 0
printf	int printf(char *format,args)	把 args 的值以 format 指定的格式输出到标准输出设备	输出字符的个数，若出错则返回负数
putchar	int putchar(char ch)	把 ch 输出到标准输出设备	返回输出的字符，若出错则返回 EOF
getchar	int getchar(void)	从标准输入设备读取下一个字符	返回所读字符，若出错或文件结束则返回-1
gets	char *gets(char *s)	从标准设备读取一行字符串放入 s 所指存储区，用 "\0" 替换读入的换行符	返回 s，若出错则返回 NULL
puts	int puts(char *str)	把 str 所指的字符串输出到标准设备，将 "\0" 转成回车换行符	返回换行符，若出错则返回 EOF
fscanf	int fscanf(FILE *fp, char *format, args,…)	从 fp 所指的文件中按 format 指定的格式把输入数据存入 args,…所指的内存中	已输入的数据个数，若遇到文件结束或出错则返回 0
fprintf	int fprintf(FILE *fp, char *format, args,…)	把 args,…的值以 format 指定的格式输出到 fp 指定的文件中	实际输出的字符数
fgetc	int fgetc(FILE *fp)	从 fp 所指的文件中取得下一个字符	若出错则返回 EOF，否则返回所读字符
fputc	int fputc(char ch, FILE *fp)	把 ch 中的字符输出到 fp 指定的文件中	若成功则返回该字符，否则返回 EOF
fgets	char *fgets(char *buf,int n, FILE *fp)	从 fp 所指的文件中读取一个长度为 n-1 的字符串，将其存入 buf 所指的存储区	返回 buf 所指的地址，若遇到文件结束或出错则返回 NULL

续表

函数名	函数原型说明	功能	返回值
fputs	int fputs(char *str, FILE *fp)	把 str 所指的字符串输出到 fp 所指的文件中	若成功则返回非负整数，否则返回-1（EOF）
clearerr	void clearerr(FILE *fp)	清除与文件指针 fp 有关的所有出错信息	无
fopen	FILE *fopen(char *filename,char *mode)	以 mode 指定的方式打开名为 filename 的文件	若成功则返回文件指针（文件信息区的起始地址），否则返回 NULL
fwrite	int fwrite(char *pt,unsigned size, unsigned n, FILE *fp)	把 pt 所指向的 n*size 字节输入 fp 所指的文件中	输出的数据项个数
fread	int fread(char *pt,unsigned size, unsigned n, FILE *fp)	从 fp 所指的文件中读取长度 size 为的 n 个数据项，并保存到 pt 所指的文件中	读取的数据项个数
fclose	int fclose(FILE *fp)	关闭 fp 所指的文件，释放文件缓冲区	若出错则返回非 0 值，否则返回 0
feof	int feof(FILE *fp)	检查文件是否结束	若遇到文件结束则返回非 0 值，否则返回 0
fseek	int fseek(FILE *fp,long offer,int base)	移动 fp 所指文件的位置指针	若成功则返回当前位置，否则返回非 0 值
ftell	long ftell(FILE *fp)	求出 fp 所指文件当前的读/写位置	读/写位置，若出错则返回-1L
rewind	void rewind(FILE *fp)	将文件位置指针置于文件开头	无
rename	int rename(char *oldname,char *newname)	把 oldname 所指的文件名改为 newname 所指的文件名	若成功则返回 0，若出错则返回-1

附表 C.2 数学函数（<math.h>）

函数名	函数原型说明	功能	返回值
abs	int abs(int x)	求整数 x 的绝对值	计算结果
fabs	double fabs(double x)	求双精度实数 x 的绝对值	计算结果
acos	double acos(double x)	计算以弧度表示的 x 的反余弦	计算结果
asin	double asin(double x)	计算以弧度表示的 x 的反正弦	计算结果
atan	double atan(double x)	计算以弧度表示的 x 的反正切	计算结果
atan2	double atan2(double y,double x)	计算以弧度表示的 y/x 的反正切	计算结果
cos	double cos(double x)	计算 cos(x)的值	计算结果
cosh	double cosh(double x)	计算双曲余弦 cosh(x)的值	计算结果
exp	double exp(double x)	计算 e 的 x 次幂的值	计算结果
floor	double floor(double x)	求不大于双精度实数 x 的最大整数	
fabs	double fabs(double x)	求双精度实数 x 的绝对值	计算结果
fmod	double fmod(double x,double y)	求 x/y 整除后的双精度余数	
log	double log(double x)	求 lnx	计算结果
log10	double log10(double x)	计算 x 的自然对数（底数为 e 的对数）	计算结果
pow	double pow(double x,double y)	计算 xy 的值	计算结果
sin	double sin(double x)	计算 sin(x)的值	计算结果

续表

函数名	函数原型说明	功能	返回值
frexp	double frexp(double val,int *exp)	把浮点数 x 分解成尾数和指数,所得的值是 val=x*2^n, n 保存在 exp 所指的变量中	返回位数 x（0.5≤x<1）
modf	double modf(double val,double *ip)	把双精度 val 分解成整数部分和小数部分,整数部分保存在 ip 所指的变量中	返回小数部分
sinh	double sinh(double x)	计算 x 的双曲正弦函数 sinh(x)的值	计算结果
sqrt	double sqrt(double x)	计算 x 的开方	计算结果
tan	double tan(double x)	计算 tan(x)	计算结果
tanh	double tanh(double x)	计算 x 的双曲正切函数 tanh(x)的值	计算结果

附表 C.3　字符函数（<ctype.h>）

函数名	函数原型说明	功能	返回值
isalnum	int isalnum(int ch)	检查 ch 是否为字母或数字	若是则返回 1，否则返回 0
isalpha	int isalpha(int ch)	检查 ch 是否为字母	若是则返回 1，否则返回 0
iscntrl	int iscntrl(int ch)	检查 ch 是否为控制字符	若是则返回 1，否则返回 0
isdigit	int isdigit(int ch)	检查 ch 是否为数字	若是则返回 1，否则返回 0
isgraph	int isgraph(int ch)	检查 ch 是否为 ASCII 码值在 ox21 到 ox7e 的可打印字符（即不包含空格字符）	若是则返回 1，否则返回 0
islower	int islower(int ch)	检查 ch 是否为小写字母	若是则返回 1，否则返回 0
isprint	int isprint(int ch)	检查 ch 是否为包含空格符在内的可打印字符	若是则返回 1，否则返回 0
ispunct	int ispunct(int ch)	检查 ch 是否为除空格、字母和数字外的可打印字符	若是则返回 1，否则返回 0
isspace	int isspace(int ch)	检查 ch 是否为空格、制表符或换行符	若是则返回 1，否则返回 0
isupper	int isupper(int ch)	检查 ch 是否为大写字母	若是则返回 1，否则返回 0
isxdigit	int isxdigit(int ch)	检查 ch 是否为十六进制数	若是则返回 1，否则返回 0
tolower	int tolower(int ch)	把 ch 中的字母转换为小写字母	返回对应的小写字母
toupper	int toupper(int ch)	把 ch 中的字母转换为大写字母	返回对应的大写字母

附表 C.4　字符串函数（<string.h>）

函数名	函数原型说明	功能	返回值
strcat	char *strcat(char *s1,char *s2)	把字符串 s2 接到字符串 s1 的后面	s1 所指的地址
strchr	char *strchr(char *s,int ch)	在 s 所指字符串中,找出第一次出现字符 ch 的位置	返回找到的字符的地址,若找不到则返回 NULL
strcmp	int strcmp(char *s1,char *s2)	对 s1 和 s2 所指的字符串进行比较	若 s1<s2，则返回负数；若 s1==s2，则返回 0；若 s1>s2，则返回正数
strcpy	char *strcpy(char *s1,char *s2)	把 s2 指向的字符串复制到 s1 指向的空间	s1 所指的地址

续表

函数名	函数原型说明	功能	返回值
strlen	unsigned strlen(char *s)	求字符串 s 的长度	返回字符串中字符（不计最后的 "\0"）的个数
strstr	char *strstr(char *s1,char *s2)	在 s1 所指的字符串中，找出字符串 s2 第一次出现的位置	返回找到的字符串的地址，若找不到则返回 NULL

附表 C.5　时间函数（<time.h>）

函数名	函数原型说明	功能	返回值
asctime	char *asctime(const struct tm *timeptr)	获得一个指向字符串的指针，它代表结构 struct timeptr 的日期和时间	返回一个指向字符串的指针，包含可读格式的日期和时间信息 www mmm dd hh:mm:ss yyyy，其中，www 表示星期几，mmm 是以字母表示的月份，dd 表示一个月中的第几天，hh:mm:ss 表示时间，yyyy 表示年份
clock	clock_t clock(void)	获取从程序开始运行到 clock()函数被调用时所耗费的时间	返回自程序启动起，处理器时钟所使用的时间
ctime	char *ctime(const time_t *timer)	获取一个表示当地时间的字符串，当地时间基于参数 timer	返回一个表示当地时间的字符串，该字符串包含可读格式的日期和时间信息
difftime	double difftime(time_t time1, time_t time2)	计算 time1 和 time2 之间相差的秒数（time1-time2）	以双精度浮点型值表示的两个时间之间相差的秒数（time1-time2）
gmtime	struct tm *gmtime(const time_t *timer)	timer 的值被分解为 tm 结构，并用协调世界时（Coordinate Universal Time，UTC）（也可称为格林尼治标准时间）表示	指向 tm 结构的指针，该结构带有被填充的时间信息
localtime	struct tm *localtime(const time_t *timer)	timer 的值被分解为 tm 结构，并用本地时区表示	指向 tm 结构的指针，该结构带有被填充的时间信息
mktime	time_t mktime(struct tm *timeptr)	把 timeptr 所指向的结构转换为一个依据本地时区的 time_t 值	自 1970 年 1 月 1 日以来持续时间的秒数。如果发生错误，则返回-1
strftime	size_t strftime(char *str, size_t maxsize, const char *format, const struct tm *timeptr)	根据 format 中定义的格式化规则，格式化结构 timeptr 表示的时间，并把它存储在 str 中	如果产生的 C 字符串的长度小于 size 个字符（包括空结束字符），则返回复制到 str 中的字符总数（不包括空结束字符）；否则返回 0
time	time_t time(time_t *timer)	计算当前日历时间，并把它编码成 time_t 格式	当前日历时间

附表 C.6　动态分配函数和随机函数（<stdlib.h>）

函数名	函数原型说明	功能	返回值
calloc	void *calloc(unsigned n,unsigned size)	分配 n 个数据项的内存空间，每个数据项的大小为 size 字节	分配内存单元的起始地址。若不成功，则返回 0
free	void *free(void *p)	释放 p 所指的内存区域	无
malloc	void *malloc(unsigned size)	分配 size 字节的存储空间	分配内存空间的地址。若不成功，则返回 0
realloc	void *realloc(void *p,unsigned size)	把 p 所指内存区域的大小改为 size 字节	新分配内存空间的地址。若不成功，则返回 0
rand	int rand(void)	产生 0~32767 的随机整数	返回一个随机整数
exit	void exit(int state)	程序终止执行，返回调用过程，state 若为 0 则表示正常终止，若为非 0 值则表示非正常终止	无